ARTILLERIESYSTEME DER NVA

Jörg Siegert

Motorbuch Verlag

Einbandgestaltung: Sven Rauert

Bildnachweis: 1. Privatarchive und Sammlungen: J. Siegert (93), E. Gerecke (35), J. Plate (19), M. Wilhelm (17), W. Fleischer (10), K. Piotrowski , A. Junghans (je 7), H. Hanske (5), R. Sommer (4), M. Smíšek, L. Gau (je 3), U. Braumann, B. Hildebrand, M. Pahlkötter (je 2), F. Trauer, E. Schlenker, W. Kopenhagen (je 1)
2. Öffentliche Institutionen: KSE-Katalog Bulgarien (2), Werkfoto Zentrales Forschungsinstitut für Artilleriewaffen (4), Artilleriemuseum St.-Petersburg - Leningrad (9)
3. Bundesarchiv Freiburg (7): DVW 1/40657, Blatt 55; DVW 1/40657, Blatt 56; DVW 1/40657, Blatt 59; DVW 1/40657, Blatt 60; DVW 1/40657, Blatt 63; DVH 32/115488, Blatt 016; DVH 32/115488, Blatt 020
4. Dokumentationen: Dienstvorschriften der NVA (9)
Weiterführende Literatur:
1. Schützenwaffen heute 1 - Militärverlag der DDR 1988
2. Die deutschen Geschütze - 1939 - 1945 - F.M. von Senger und Etterlin

ISBN 978-3-613-04556-9

1. Auflage 2023

Sie finden uns im Internet unter www.motorbuch-verlag.de

Lektorat: Georg Otto
Innengestaltung: WS – WerbeService Linke, 76185 Karlsruhe
Druck und Bindung: Conzella, 85609 Aschheim-Dornach
Printed in Germany

Inhalt

Einführung

Das Buch »Artilleriewaffen der NVA« versteht sich als Weiterführung der beiden Bücher »Panzer der NVA« und »Gepanzerte Rad- und Spezialfahrzeuge der NVA«.

Die Organisation für Sicherheit und Zusammenarbeit in Europa (OSZE) definierte den Begriff **Artillerie** im Vertrag über Konventionelle Streitkräfte in Europa (KSE-Vertrag) von November 1990 in Artikel II wie folgt: *Artillerie bezeichnet großkalibrige Systeme, die Bodenziele in erster Linie durch Schießen im indirekten Richten bekämpfen können. Solche* ***Artilleriesysteme*** *bieten Truppenteilen der verbundenen Waffen die unerlässliche Unterstützung durch Feuer im indirekten Richten. Großkalibrige Artilleriesysteme sind Kanonen, Haubitzen sowie Artilleriewaffen, die Eigenschaften von Kanonen und Haubitzen miteinander verbinden, und Mörser (Granatwerfer - Anm. des Autors) sowie Mehrfachraketenwerfer mit einem Kaliber von 100 Millimetern und darüber.*

Die Gliederung der einzelnen Artilleriesysteme in diesem Buch richtet sich nach ihren Gefechtseigenschaften. Um ein breites Spektrum an Informationen abzudecken, standen die technische Beschreibungen, der geschichtliche Aspekt und die Nutzung im Vordergrund. In den beiden, anfangs genannten, Büchern wurden Fahrzeuge wie SFL oder Panzer vorgestellt. Da sie bei der Darstellung der Artilleriesysteme nicht fehlen durften, wurde bei ihnen nur auf den speziell *artilleristischen* Teil hingewiesen. Tabellen blieben dabei außen vor. Bei der ersten Materialstudie zeigte sich, dass zusätzlich zur Darstellung der Artilleriesysteme die Möglichkeit bestand, einige Mittel der Gefechtssicherstellung der Flak-Artillerie zu präsentieren. Leider mussten Artillerie- und Meteorologische Funkmess-Stationen, Schallmess- und Vermessungs-Gerätesätze sowie Führungs- und Werkstatt-Technik vernachlässigt werden. Hier sei auf die am Anfang genannten Bücher verwiesen.
Die Bezeichnung und Schreibweise einzelner Artilleriesysteme veränderten sich im Laufe der Jahre. Hier musste zum besseren Verständnis eine einheitliche Begrifflichkeit gefunden werden. Der geneigte Leser möge dies bitte akzeptieren. Leider war es nicht möglich, alle artilleristischen Begriffe zu erklären.
Für die geschichtlichen und strukturellen Hintergründe, die hier nicht in aller Ausführlichkeit beschrieben werden konnten, fand Material aus dem Bundesarchiv Militärarchiv in Freiburg und der Bibliothek des Militärgeschichtlichen Forschungsamtes der Bundeswehr in Potsdam Verwendung. Es ist von Vorteil, wenn der Leser über ein gewisses Basiswissen verfügt.
Die geplante, aber nicht eingeführte, Technik wurde an das jeweilige Ende der einzelnen Kapitel gesetzt. Ihre Überschriften sind *KURSIV* gesetzt.

Dank

Mein Dank gilt den Herren E. Gerecke, M. Wilhelm, R. Sommer, K. Piotrowski, M. Smíšek, H. Hanske, J. Plate, A. Junghans und W. Fleischer, die durch ihr Bildmaterial am Gelingen des Buches erheblichen Anteil hatten. Ein ganz besonderer Dank geht an Ralf Wagner für seine professionelle Hilfe und Peter Schulz für seine fachliche Unterstützung. Wenn sich das Buch leicht und gut verständlich lesen lässt, ist es in erster Linie meiner Ehefrau Doris zu verdanken, die mit Rücksichtnahme, mit bewundernswerter Ausdauer und mit nicht nachlassender Hartnäckigkeit mehr als einmal Korrektur las.

ARTILLERIESYSTEME

Trophäenwaffen

Der Leiter der Hauptverwaltung für Ausbildung, der Generalinspekteur der Volkspolizei, meldete am 11.12.1950 dem Leiter der Sowjetischen Kontrollkommission in Deutschland (SKK) die Ergebnisse der im November/Dezember durchgeführten Untersuchung der deutschen Geschütze, die von der SKK übernommen wurden. Dabei wurden folgende, sogenannte *schwere, deutsche Trophäengeräte* aufgelistet:

- 7,5-cm leichtes Infanteriegeschütz 18
- 7,5-cm PaK 40
- 8,8-cm PaK 41/43
- 10,5-cm leichte Feldhaubitze 18
- 10,5-cm leichte Feldhaubitze 18/40
- 10,5-cm leichte Feldhaubitze 18/M
- 10,5-cm schwere Kanone 18
- 15-cm schwere Feldhaubitze 18
- 15-cm schweres Infanteriegeschütz 33

Diese Trophäenwaffen waren nur zum Teil einsatzbereit und deshalb für Lehr- und Ausbildungszwecke bestimmt. Es fehlten Zubehör und Ersatzteile, für Übungszwecke war keine Munition vorhanden.

7,5-cm Panzerabwehrkanone 40

Von der HVA übernommen: 27 Stück

Von Rheinmetall-Borsig ab 1939 entwickelt, wurde die 7,5-cm PaK 40 ab 1941 als Standardwaffe in der Panzerabwehr eingesetzt. Die PaK verfügte über einen halbautomatischen, horizontalen Schubkurbel-Keilverschluss, eine Mündungsbremse, eine Spreizlafette mit Rohrholmen sowie ein drehstabgefedertes Fahrgestell mit Vollgummibereifung.

Der niedrige, an den Seiten abgewinkelte, Schild hatte eine Stärke von vier Milimeter, Rohrbremse und Rohrvorholer waren in der Wiege integriert. Das Geschütz wog 1425 kg, die Anfangsgeschwindigkeit der Panzer-Granate erreichte 792 m/s. Die Rohrlänge betrug 3450 mm/ 46 Kaliber, der Schwenkbereich rechts/links lag bei je 32°, der vertikale Richtbereich bei +22° und -5°, die Feuergeschwindigkeit erreichte 12 bis 14 S/min.

Die 7,5-cm Panzerabwehrkanone 40 in Marschlage.

8,8-cm Panzerabwehrkanone 41/43

Von der HVA übernommen: Neun Stück

Die von Krupp ab 1940 entwickelte 8,8-cm FlaK wurde zur Kampfwagen- und Panzerabwehrkanone weiterentwickelt. Für die Verbesserung der Beweglichkeit als PaK kam eine Spreizlafette zum Einsatz. Die Rohrlänge betrug 6610 mm/ 71 Kaliber, die Panzer-Granate erreichte eine Anfangsgeschwindigkeit von 1000 m/s. Die PaK verfügte über einen halbautomatischen, horizontalen Schubkurbel-Keilverschluss, eine Mündungsbremse und eine Spreizlafette.

Das Geschütz wog in Feuerstellung 4380 kg, die maximale Schussweite lag bei 15.300 m. Verschossen wurden Panzer-, Hohlladungs- und Spreng-Granaten.

Die 8,8-cm Panzerabwehrkanone 41/43 in Marschlage.

7,5-cm leichtes Infanteriegeschütz 18

Von der HVA übernommen: 24 Stück

Das 1927 eingeführte Infanteriegeschütz fand unter anderem als Standardgeschütz in Infanterie-Geschütz-Kompanien, in Infanterie- und Grenadier-Regimentern sowie in Aufklärungs-Abteilungen Verwendung. Das Geschütz verfügte über eine Kastenlafette mit Holzrädern für den Pferdezug oder mit gummibereiften Stahlscheibenrädern für den Kfz-Zug. Das 88,5-cm lange Rohr (11,8 Kaliber) war in einer kastenförmigen Wiege eingebettet, die Elemente der Rohrrücklaufeinrichtung befanden sich unter dem Rohr. Das feststehende Bodenstück beinhaltete den Abzugsmechanismus. Zum Laden wurde das hintere Rohrende mittels Hebel angehoben (Kippverschluss). Der Erhöhungs-/Neigungswinkel erreichte +71°/-10°, die Feuergeschwindigkeit betrug acht bis zwölf S/min.

Das 7,5-cm leichte Infanteriegeschütz 18 in Feuerstellung.

Das 15-cm schwere Infanteriegeschütz 33 in Marschlage.

15-cm schweres Infanteriegeschütz 33

Von der HVA übernommen: 26 Stück

Die Entwicklung des schweren Infanteriegeschützes 33 begann 1927, ab 1933 wurde es in die Truppe als Standardwaffe der Infanterie-Geschütz-Kompanien, der Grenadier- und der Panzergrenadier-Regimenter eingeführt. Für den Transport der besonders stark ausgebildeten Kastenlafette kamen Stahlgussräder mit Vollgummi zum Einsatz. Die Rücklaufbremse und der Rohrvorholer befanden sich in der Wiege unter dem Rohr. Ein Federausgleicher ermöglichte ein leichtes Handhaben der Höhenrichtmaschine. Das Rohr mit abnehmbarem Bodenstück verfügte über einen horizontal gleitenden Schubkurbel-Flachkeilverschluss. Der Erhöhungs-/Neigungswinkel erreichte +75°/-10°, die Feuergeschwindigkeit betrug 2 bis 3 S/min. Ein zweigeteilter Schild schützte die Bedienung. Die Rohrlänge erreichte 1700 mm/11,4 Kaliber, die maximale Schussweite lag bei 4700 m. Mit einem Gewicht in Marschlage von 2872 kg war das Geschütz für die Infanterie zu schwer und unhandlich.

Die modernisierte 10,5-cm leichte Feldhaubitze 18M in Gefechtslage.

10,5-cm leichte Feldhaubitze 18, 18M und 18/40

Von der HVA übernommen: Acht leichte Feldhaubitze 18, sechs leichte Feldhaubitze 18M und 15 leichte Feldhaubitze 18/40

Die Entwicklung der 10,5-cm leichten Feldhaubitze 18 bei der Firma Rheinmetall begann 1928, die Einführung als Standardhaubitze erfolgte ab 1935.

Die leichte Feldhaubitze 18 verfügte über eine Spreizlafette mit genieteten Kastenholmen und großen Klappspornen. Die Holzspeichenräder mit Stahlfelgen oder die Stahlguss-Speichenräder mit Vollgummiauflage waren an gefederten Stummelachsen befestigt und verfügten über Trommelbremsen. Das Vollrohr mit abnehmbarem Bodenstück nutzte einen horizontal gleitenden Schubkurbel-Flachkeilverschluss. Die Rücklaufbremse befand sich unter, der Rohrvorholer über dem Rohr. Die Rohrlänge betrug 2940 mm/28 Kaliber, das Gewicht 1985 kg. Die Schussweite lag bei 10.700 m, die Feuergeschwindigkeit bei 6 bis 8 S/min.

Die Geschützkonstruktion der 10,5-cm leichten Feldhaubitze 18/40 kam der Forderung nach Fertigungsvereinfachung und -vereinheitlichung, die seit März 1943 vorlag, weitgehend entgegen. Das Rohr und die Wiege mit den Elementen der Rücklaufeinrichtung stammten von der 10,5-cm leichten Feldhau-

Die 10,5-cm leichte Feldhaubitze 18/40 in Gefechtslage.

bitze 18, die nur wenig abgewandelte Lafette stammte von der 7,5-cm PaK 40.
Die ballistischen Eigenschaften glichen denen der 10,5-cm leichten Feldhaubitze 18M. Die Lafette erwies sich jedoch in der Folgezeit als zu schwach, da sie den starken Belastungen auf Dauer nicht standhielt. Das Geschütz verfügte über eine neue doppelte Drehstabfederung, die sich beim Spreizen der Holme selbsttätig ausschaltete, die Mündungsbremse wurde in ihrem Wirkungsgrad verstärkt und für die Räder kamen breitere und damit standfestere Felgen zum Einsatz.

15-cm schwere Feldhaubitze 18

15-cm schwere Feldhaubitze 18 in Marschlage.

Von der HVA übernommen: 24 Stück zuzüglich 9 Rohrwagen und 8 Protzen

1926 begann Krupp die Entwicklung der schweren Feldhaubitze 18, ab 1933 erfolgte die Einführung in die Truppe. Die Lafette kam hauptsächlich von Krupp, das Rohr von Rheinmetall. Das Geschütz wurde 1942 mit einer Mündungsbremse ausgestattet. Das Rohr verfügte über einen Schubkurbel-Keilverschluss, die Rohrbremse mit Kühlmantel befand sich unter, der hydro-pneumatische Rohrvorholer über dem Rohr. Die Spreizlafette verfügte über genietete Holme mit abnehmbaren Spornen. Die Feldhaubitze wurde im Pferdezug in zwei Lasten, im motorisierten Zug mit zurückgezogenem Rohr in einer Last transportiert. Leichtmetall-Scheibenräder mit Eisenreifen fanden für den Pferdezug, Vollgummireifen für den motorisierten Zug Verwendung.

Mit Hilfe einer auf der Lafette angeordneten Handwinde wurde das Rohr aus der Marsch- in die Gefechtslage und umgekehrt bewegt. In Gefechtslage mussten die Achsblattfedern von der Achse entriegelt werden, sodass sich die Lafette den Unebenheiten des Bodens anpassen konnte. Die Rohrlänge betrug 4440 mm/29,5 Kaliber, mit bis zu acht Ladungen wurde eine maximale Schussweite von 12.325 m bei einer Anfangsgeschwindigkeit von 599 m/s erreicht. Die Masse in Marsch-/Gefechtslage betrug 6304/5512 kg.

10,5-cm schwere Kanone 18

Von der HVA übernommen: Vier Stück

Die Entwicklung der Kanone bei Krupp begann 1926, die Einführung in die Truppe 1933. Das Rohr verfügte über ein Bodenstück mit Schubkurbel-Keilverschluss, über dem Rohr war die Rohrbremse mit Kühlmantel, unter dem Rohr der hydropneumatische Rohrvorholer angeordnet. Es kam die gleiche Spreizlafette mit genieteten Holmen und abnehmbaren Spornen wie bei der 15-cm schweren Feldhaubitze 18 zum Einsatz. Im Pferdezug wurde die schwere Kanone in zwei Lasten, im motorisierten Zug in einer Last mit zurückgezogenem Rohr transportiert. Leichtmetall-Scheibenräder mit Eisenreifen kamen beim Pferdezug, Leichtmetall-Scheibenräder mit Vollgummireifen für den motorisierten Zug zum Einsatz. Mit Hilfe einer auf der Lafette angeordneten Handwinde wurde das Rohr aus der Marsch- in die Gefechtslage und umgekehrt bewegt. In Gefechtslage mussten die Achsblattfedern von der Achse entriegelt werden, sodass sich die Lafette den Unebenheiten des Bodens anpassen konnte. Schnell zeigte sich, dass die ballistischen Leistungen nicht befriedigten. Das Geschütz war für den Pferdezug zu schwer. Für das Verhältnis von Kaliber zu Gefechtsgewicht war die Wirkung im Ziel zu gering. Die Rohrlänge betrug 5460 mm/52 Kaliber, mit bis zu drei Ladungen wurde eine maximale Schussweite von 19.075 m bei einer Anfangsgeschwindigkeit von 835 m/s erreicht. Die Masse in Marsch-/Gefechtslage betrug 6334/5542 kg.

Die 10,5-cm schwere Kanone 18 in Gefechtslage. Da das Geschütz auf einer betonierten Fläche steht, wurden die an den Holmen mitgeführten Sporne nicht montiert.

Panzerabwehrkanonen

45-mm Panzerabwehrkanone Modell 1937 und Modell 1942

45-мм противотанковая пушка обр. 1937 года М-37
= 45-mm Panzerabwehrkanone Modell 1937
45-мм противотанковая пушка обр. 1942 года М-42
= 45-mm Panzerabwehrkanone Modell 1942

45-mm PaK	Modell 1937	Modell 1942
GAU-Index	52-P-243-PP-1	52-P-243S
Einführungszeitraum	1952	1952
Einsatzebene	Bataillon	Bataillon
Kaliber (mm)	45	45
Rohrlänge (mm) / Kalіberlängen	2070 / 46	3087 / 68
Weite des direkten Schusses (m)	850	1000
Maximale Schussentfernung (m)	4400	4400
Max. Anfangsgeschwindigkeit UKG (m/s)		1070
Feuergeschwindigkeit (S/min)	15 - 20	15 - 20
Erhöhungswinkel max. (Grad)	25	25
Neigungswinkel max. (Grad)	8	8
Seitenschwenkbereich (Grad)	60	60
Länge in Marschlage (mm)	3868	4885
Breite in Marschlage (mm)	1400	1400
Breite in Gefechtslage (mm)	1634	1634
Höhe bis Oberkante Schild (mm)	1200	1200
Spurweite (mm)	1400	1400
Bodenfreiheit (mm)	225	225
Masse Gefechtslage (kg)	560	625
Masse Marschlage (kg)	1120	1250
Granatarten	PG, SplG, UKG	PG, SplG, UKG
Index der Granaten	240	240
Bedienung	5	5

Zu den ersten Panzerabwehrwaffen der KVP zählten die 45-mm Panzerabwehrkanonen (PaK) Modell 1937 und Modell 1942. Basierend auf der deutschen 3,7-cm Pak von Rheinmetall entwickelte die Sowjetunion Ende 1931 die 45-mm PaK Modell 1932. Nachdem die Kinderkrankheiten beseitigt waren, erfolgte die Einführung der 45-mm PaK Modell 1934 in die Truppe. Weitere technische Veränderungen führten zum Modell 1937. Wegen der unzureichenden Panzerabwehr gegenüber den deutschen Panzer-Kampfwagen P-III und P-VI Anfang des II. Weltkrieges war die Sowjetunion zu einer erneuten Überarbeitung der PaK gezwungen. Dazu wurde das Kanonenrohr verlängert, die Treibladung der Granatpatronen verstärkt und die Dicke des Geschützschildes von 4,5 auf 7 mm erhöht. Die Anfangsgeschwindigkeit der Panzer-Granaten stieg von 760 auf 870 m/s. Die 45-mm PaK Modell 1942 verfügte über eine Spreizlafette mit Rohrholmen und einem geneigten, an den Seiten abgewinkelten, Schutzschild. Die Elemente der Rohrrücklaufeinrichtung befanden sich unter dem Rohr. Um die Silhouette der PaK zu verkleinern, konnten die oberen Segmente des Schildes abgeklappt werden.

Die 45-mm Panzerabwehrkanone Modell 1937 mit kurzem Rohr.

Die KVP übernahm im Juni 1952 die ersten 300 45-mm PaK-Modell 1937 und Modell 1942 mit Protze. Die Protze diente dem Transport der PaK, der Munition und des Geschützzubehörs. Im Februar 1955 zählte die KVP, dokumentiert in einer *Übersicht über den Bestand und die Einsatzbereitschaft der Bewaffnung der Einheiten der KVP*, 328 45-mm PaK Modell 1937 und Modell 1942.

Die 45-mm PaK Modell 1942 konnte mit dem Aufsatz PP 1-2, PP 1-3 oder PP 9-3 ausgestattet werden. Verschossen wurden Splitter-Spreng-, Panzer- und Unterkaliber-Granaten. Die Unterkaliber-Granate hatte eine Anfangsgeschwindigkeit von 1070 m/s, sie durchschlug bei einem Auftreffwinkel von 90°

und einer Entfernung von 100 m etwa 111 mm Panzerstahl. Bei einer Schussentfernung von 1000 m betrug die Durchschlagsleistung noch 45 mm.

Die Geschütze wurden 1956 von der NVA übernommen. So kamen zum Beispiel 36 45-mm PaK als Ersatzbewaffnung in den Panzerjäger-Kompanien der 1. Mechanisierten Division zum Einsatz.
Die PaK wurden von 1958 bis 1960 sukzessiv aus der NVA herausgelöst und an das MdI übergeben. Bei der Bestandsaufnahme im Juni 1960 befanden sich in den schweren Hundertschaften der Kampfgruppen 243 Geschütze, was einem Ausrüstungsstand von 100 Prozent entsprach.

Gefechtsausbildung an einer 45-mm Panzerabwehrkanone Modell 1942 unter den Augen eines aufmerksamen Ausbilders. Zur Bedienung gehörten fünf Soldaten.

Die 45-mm Panzerabwehrkanone Modell 1942 – markantes Merkmal war das lange Kanonenrohr.

57-mm Panzerabwehrkanone Modell 1943 (ZIS-2)

57-мм противотанковая пушка образца 1943 года ЗиС-2 = 57-mm-Panzerabwehrkanone Modell 1943 ZIS-2

Die KVP erhielt im Oktober 1952 eine einmalige Lieferung von 97 57-mm PaK Modell 1943 (ZIS-2). Dazu wurden vier Lehrwaffen empfangen.

Im Frühjahr 1940 begann die Sowjetunion mit der Entwicklung einer neuen Panzerabwehrkanone, deren Kaliber erstmalig auf 57 mm festgelegt wurde. Der Prototyp der Kanone wurde im Herbst 1940 fertig gestellt und Anfang 1941 unter dem Werksindex ZIS-2 (*ЗИС завод имени Сталина - ZIS Werk Stalin*) in die Serienproduktion überführt. Auf die weitere Produktion der 57-mm PaK wurde aus Kapazitätsgründen verzichtet, da die 45-mm PaK die Frontpanzerung der ab 1941 eingesetzten deutschen Panzerkampfwagen III und IV erfolgreich durchschoss. Erst mit dem Auftauchen der deutschen Panzerkampfwagen V PANTHER und VI TIGER ab 1943 wurde die Produktion wieder aufgenommen und das Geschütz unter der Bezeichnung *57-mm PaK Modell 1943 (ZIS-2)* wieder in die Truppe eingeführt.

Der Einsatz in der NVA erfolgte hauptsächlich in den Panzerjäger-Kompanien zur Vernichtung von Panzern und gepanzerten Fahrzeugen sowie zur Bekämpfung gegnerischer Infanteriefeuermittel. Dazu befanden sich 60 Splitter-, 45 Panzer- und 15 Unterkaliber-Granatpatronen im Kampfsatz. In den Schusstafeln waren sogar Werte für Schrapnell-Geschosse enthalten.

57-mm PaK Modell 1943 (ZIS-2)	
GAU-Index	52-P-271
Einführungszeitraum	1952
Einsatzebene	Bataillon
Kaliber (mm)	57
Rohrlänge (mm) / Kaliberlängen	4159 / 73
Weite des direkten Schusses (m)	1250
Maximale Schussentfernung (m)	8400
Anfangsgeschwindigkeit UKG (m/s)	1270
Feuergeschwindigkeit (S/min)	15 - 25
Marschgeschwindigkeit (km/h)	45
Erhöhungswinkel max. (Grad)	25
Neigungswinkel max. (Grad)	5
Seitenschwenkbereich (Grad)	54
Richtaufsatz	PP1-2
Zielfernrohr	OP2-55 oder OP4-55
Nachtbeleuchtungssatz	LUTSCH-1
Länge in Marschlage (mm)	875
Breite (mm)	1697
Höhe bis Oberkante Schild (mm)	1375
Spurweite (mm)	845
Bodenfreiheit (mm)	340
Masse Gefechtslage (kg)	1250
Masse Marschlage (kg)	1780
Kampfsatz	120
Granatarten	PG, SplG, UKG
Index der Granaten	271

Die 57-mm Panzerabwehrkanone Modell 1943 (ZIS-2) als Ausstellungsexponat im Flugplatzmuseum Cottbus (linkes Bild) und in Berlin-Karlshorst.

Die leichten Lkw GRANIT-27 und LO-1800A (rechtes Bild) wurden als Zugmittel für die 57-mm Panzerabwehrkanone Modell 1943 (ZIS-2) eingesetzt.

Die Unterkaliber-Granate durchschlug aus 500 m Entfernung, bei einem Auftreffwinkel von 90°, eine Panzerung von 155 mm, bei einer Schussentfernung von 1500 m noch 125 mm.
Die PaK war als halbautomatischer Rückstoßlader mit Fallkeilverschluss, einer Zahnbogen- und einer Spindel-Richtmaschine und einem Federausgleicher ausgelegt. Die Rohrrücklaufeinrichtung, bestehend aus Rohrbremse und Rohrvorholer, war über und unter dem Kanonenrohr angeordnet. Die Federung des Fahrgestells erfolgte durch zwei Schraubenfedern, die beim Spreizen und Schließen der Holme aus-, beziehungsweise eingeschaltet wurden.
Die Einheitsprotze der 76-mm Kanone diente dem Transport der PaK, von 24 Granatpatronen und des Geschützzubehörs. Die Protze war als zweirädriges, gefedertes Gestell mit Sitzplätzen für die Bedienung ausgelegt. Der dreigeteilte Schutzschild schützte die Bedienung und die Einrichtungen der PaK vor Infanteriegeschossen und Granatsplittern. Er setzte sich aus dem Oberschild mit oberem, beweglichem Schild und dem Unterschild zusammen. Das Rohr besaß keine Mündungsbremse. Als Zugmittel fanden die leichten Lkw GRANIT-27, 30-K und LO-1800A, aber auch mittlere Lkw ZIS-151 Verwendung.
In der Perspektivplanung für Bewaffnung und Ausrüstung der NVA von 1958 bis 1960 fand das Geschütz keine weitere Erwähnung. Es blieben aber noch 124 PaK bis 1972 als Ersatzbewaffnung für fehlende *tragbare Panzerabwehrlenkraketen-Komplexe 9K11 MALJUTKA* im Bestand der Panzerabwehr-Züge der MSB. Sie wurden ab 1973 schrittweise ausgemustert.

57-mm selbstfahrende Panzerabwehrkanone SD-57 und 57-mm Kanone K-70

57-мм самодвижущаяся пушка СД-57 = 57-mm Selbstfahrlafette SD-57

Als Version der 57-mm PaK Modell 1942 (ZIS-2) erhielt die NVA ab 1960 die motorisierte Ausführung, die 57-mm selbstfahrende PaK SD-57. Das Geschütz war wegen seiner großen Beweglichkeit und seinem hohen Feuertempo eine wirksame Panzerabwehrwaffe. Sie verdrängte in den Panzerabwehr-Zügen der MSB das 82-mm rückstoßfreie Geschütz B-10. *Der Plan der Verteilung, Zuführung und Umsetzung von Bewaffnung* von 1964 wies einen Ist-Bestand von 77 Geschützen aus. Im Planungszeitraum 1966 bis 1970 erfolgte die schrittweise Umrüstung der MSR der MSD/PD von der 57-mm selbstfahrenden PaK SD-57 auf die 73-mm schwere Panzerbüchse SPG-9. Zwei PaK erhielt das Armeemuseum der DDR und 75 PaK wurden zu 57-mm Kanonen K-70 umgerüstet.
Ende der 1940er Jahre begannen in der Sowjetunion die Arbeiten an einer Panzerabwehrkanone, die als eine Art Selbstfahrlafette selbständig auf dem Gefechtsfeld agieren konnte. Bei längeren Marschstrecken sollte die Waffe als Anhängegerät von einem Zugmittel geschleppt werden. Mit der Entwicklung be-

Die 57-mm selbstfahrende Panzerabwehrkanone SD-57 in Marschlage, das Kanonenrohr erhielt eine Zweikammer-Mündungsbremse.

57-mm PaK	sf PaK SD-57	K-70
GAU-Index	52-P-274	
Einführungszeitraum	ab 1961	ab 1970
Einsatzebene	MSB	Mob.-Einheiten
Kaliber (mm)	57	57
Rohrlänge (mm)	4227	4227
Weite des direkten Schusses (m)	1100	1300
Maximale Schussentfernung (m)	6700	6700
Anfangsgeschwindigkeit UKG (m/s)	1250	1250
Feuergeschwindigkeit (S/min)	12	15
Marschgeschwindigkeit mit Zgm (km/h)	60	80
Marschgeschwindigkeit mit Eigenantrieb (km/h)	40	
Erhöhungswinkel max. (Grad)	15	15
Neigungswinkel max. (Grad)	8	8
Seitenschwenkbereich (Grad)	52	52
Richtaufsatz	MP 1-50	MP 1-50
Zielfernrohr	OP 4A-50	OP 4A-50
Länge in Marschlage (mm)	7010	6275
Breite (mm)	1800	1800
Höhe Schildoberkante (mm)	1300	1300
Feuerhöhe (mm)	762	762
Spurweite (mm)	1580	1580
Bodenfreiheit (mm)	314	314
Masse Gefechtslage (kg)	1250	890
Masse Marschlage (kg)	1900	900
Kampfsatz	120	120
Granatarten	PG, SplG, UKG	PG, SplG, UKG
Index der Granaten	271	271
Zugmittel	LO-1800A	LO-1800A
Bedienung	6	5

fassten sich das *Sonderkonstruktionsbüro OKBL-46 (Ch-71 – Basis bildete die deutsche 7,5-cm Pak 41)* und das *Werk Nr. 9 Uralmashzawod (SD-57 – Basis bildete die 57-mm PaK M-43)* in Swerdlowsk. Ende 1954 wurden beide Geschütze umfangreichen Tests unterzogen. Letztendlich entschied man sich für die 57-mm selbstfahrende PaK SD-57. Ab 1957 wurde das Geschütz in die sowjetischen Streitkräfte eingeführt.

Die selbstfahrende PaK verschoss die gleiche Munition wie die 57-mm PaK ZIS-2. Sie verfügte als Rückstoßlader über einen Fallkeilverschluss mit Halbautomatik und Öffnerhilfe. Das drehstabgefederte Fahrgestell wurde beim Spreizen und Schließen der Holme automatisch aus- und eingeschaltet. Beim Fahren im Gelände mit eigenem Antrieb wurden an der PaK 20 Granaten mitgeführt. Die Munition befand sich in Munitionskisten, die auf den Holmen befestigt waren. Da die Rücklaufbremseinrichtung nur aus einer hydraulischen Rohrbremse und einem mechanischen Federvorholer bestand, erhielt das Geschützrohr zur Minimierung des Rückstoßes eine Zweikammer-Mündungsbremse. Höhen- und Seitenrichtmaschine waren als Spindelrichtmaschine ausgelegt. Durch die geringe Feuerhöhe wurde beim Schießen sehr viel Staub aufgewirbelt. Um die Verunreinigung des Rohres zu verhindern, sollte der Boden unter dem Rohr umgegraben oder angefeuchtet werden. Zur Selbstfahreinrichtung gehörte ein Zweizylinder-Viertakt-Vergasermotor (Motor des Kraftrades M-72) mit Luftkühlung und Magnetzündung. Er war mit dem Motorrahmen am Schild befestigt. Die 35 Liter Kraftstoff wurden in den Holmen transportiert und mit einer Kraftstoffpumpe dem Motor zugeführt. Die Kraftübertragung erfolgte vom Motor über eine Kupplung zum Wechselgetriebe (drei Vorwärts- und ein Rückwärtsgang), weiter über ein Untersetzungsgetriebe zum Ausgleichsgetriebe, zum Seitenvorgelege und zu den Rädern. Das Untersetzungsgetriebe ermöglichte die Fahrt auch im schweren Gelände. Die Innenbackenbremsen wirkten über einen Fußhebel auf beide Antriebsräder. An den Rädern befanden sich Trommeln zum Aufwickeln der Seile beim Selbstbergen. Die Lenkbewegungen wurden mit Hilfe eines Schneckenrad- und eines Kegelradgetriebes auf das Spornrad übertragen, das beim Spreizen der Holme und beim Transport mit einem Zugmittel auf dem rechten Holm abgeklappt wurde.

Detailaufnahmen der 57-mm selbstfahrende Panzerabwehrkanone SD-57. Man sieht deutlich, dass die Selbstfahreinrichtung am Schild befestigt war, sodass die Holme frei bewegt werden konnten. An den Rädern befanden sich die Trommeln zum Aufwickeln der Seile beim Selbstbergen.

Die Elemente für die Bedienung der Selbstfahreinrichtung (linkes Bild), das Spornrad abgeklappt auf dem rechten Holm, dahinter das Lenkrad und der verkleidete Motor.

In der NVA wurde die 57-mm selbstfahrende PaK SD-57 vor allem in den MSB der MSR sowohl in den MSD als auch in den PD eingesetzt. Für die Panzerabwehr setzte der Kommandeur eines MSB von 1961 bis 1965 unter anderem zwei 57-mm sf PaK SD-57 ein. Mit Zuführung der 85-mm Kanone D-44 ab 1964 wurden die selbstfahrenden PaK in die Mobilmachungsdivisionen und die schweren Grenz-Kompanien der 1. und 2. Grenz-Brigade (Raum Berlin) verlegt. In den elf Grenz-Regimentern kamen insgesamt 33 sf PaK zum Einsatz. Ab 1970 wurden die Geschütze von der 85-mm Kanone D-44 abgelöst. In den Ausbildungseinheiten der NVA wurde eine geringe Anzahl von 57-mm sf PaK SD-57 genutzt.

Auf Grund fehlender Ersatzteile für den Motor der selbstfahrenden PaK wurden ab 1970 sämtliche Geschütze umgebaut. Der Motor mit seinen Selbstfahreinrichtung wurde demontiert, Räder des Lkw LO-1800A montiert und die PaK unter der Bezeichnung **Kanone K-70** als Ersatzbewaffnung für noch fehlende *tragbare Panzerabwehrlenkraketen-Komplexe 9K11 MALJUTKA* in den MSB genutzt. 1982 wurde ein Teil dieser Geschütze durch die DDR an afrikanische Staaten verkauft.

100-mm Panzerabwehrkanone T-12

100-мм гладкоствольная противотанковая пушка Т-12 = 100-mm Panzerabwehrkanone T-12 mit glattem Lauf

Die *Artillerie-Abteilungen 85-mm Kanone* der AR/MB und der AR/MSD erhielten 1966 jeweils eine Batterie (6 Geschütze) 100-mm PaK T-12. Sie ersetzten die 85-mm Kanonen 1952. Mit dieser neuen Waffe war es möglich, eine neue militärische Einheit, die Panzerjäger-Abteilung des MB und der MSD, aufzustellen. Bis 1970 konnte der Bestand auf 75 PaK angehoben werden, was die Bildung von Panzerjäger-Regimentern in den MB mit 24 Geschützen ermöglichte. Ab 1971 wurde die 100-mm PaK MT-12 zugeführt.

Die Entwicklung der 100-mm PaK T-12 begann Anfang der 1950er Jahre im *Jurginsker Maschinenbau-Werk Nr.75*. Im Kampf gegen die neuen, zu erwartenden Kampfpanzer der NATO wären die 45-mm, 57-mm und auch die ab Mitte der 1940er Jahre entwickelten 85-mm PaK wenig erfolgversprechend gewesen. In Jurgan wurde ein völlig neues Glattrohr für die Kanone entwickelt. 1961 wurde die 100-mm PaK T-12 in die Streitkräfte der UdSSR eingeführt. Als Basis für das neue, über sechs Meter lange Kanonenrohr mit Loch-Mündungsbremse diente die ab 1948 entwickelte und 1955 eingeführte 85-mm Kanone D-48. Durch den Verzicht auf ein gezogenes Rohr konnte die Anfangsgeschwindigkeit der Granaten deutlich erhöht werden. Nach dem Verlassen des Kanonenrohres klappten Stabilisierungsflügel auf und bewirkten die Dre-

Auffallend an der 100-mm Panzerabwehrkanone T-12 ist das über sechs Meter lange Rohr mit Loch-Mündungsbremse.

hung der Granate auf der Flugbahn, wodurch die erforderliche Treffergenauigkeit erreicht wurde. Laut Kampfsatzanordnung vom April 1984 gehörten 80 Granatpatronen, davon 30 Hohlladungs-Splitter- und 50 Unterkaliber-Granatpatronen zum Kampfsatz. Ab 1985 ergänzte die Splitter-Spreng-Granatpatrone mit erhöhter Wirkung den Kampfsatz.
Im direkten Richten wurde mit der Unterkaliber- und der Hohlladungs-Splitter-Granate geschossen. Die Anfangsgeschwindigkeit der Unterkaliber-Granate betrug 1880 m/s, was eine Durchschlagsleistung von 230 mm bei einer Entfernung vom 500 m zum Ziel und einem Auftreffwinkel von 90° ermöglichte. Bei einer Zielentfernung von 3000 m wurde bei einem Auftreffwinkel von 90° noch Panzerstahl von 140 mm durchschlagen. Mit der Hohlladungs-Splitter-Granate wurde, unabhängig von der Entfernung zum Ziel, Panzerung bis 380 mm durchschlagen. Beim Schießen im indirekten Richten kam bis 8000 m die Splitter-Spreng-Granate zum Einsatz. Da patronierte Munition verwendet wurde, konnte eine Schussfolge von bis zu 14 S/min erreicht werden.

Die Elemente der Rohrrücklaufeinrichtung waren über dem Rohr hinter dem Schutzschild angeordnet. Der halbautomatische Fallkeilverschluss verschloss das Rohr, ermöglichte das Abfeuern der Granate und warf die beschossene Hülse aus. Eine Schutzeinrichtung schützte das Nachtsichtgerät vor dem Mündungsfeuer des eigenen Geschützes. Die Oberlafette diente dem Richten der Kanone nach Höhe und Seite, sie nahm die Elemente der Rohrrücklaufeinrichtung auf. Das zur Oberlafette gehörende Schutzschild verfügte über drei Richtfenster, die für das Richten mit dem Zielfernrohr, mit dem Nachtsichtgerät und mit dem Richtaufsatz mit Rundblickfernrohr benötigt wurden. Die Unterlafette war als Spreizlafette ausgelegt, die Holme waren geschweißte Kastenholme. Das Spornrad wurde zum Bewegen der Kanone im Mannschaftszug verwendet, es war am linken Holmende befestigt. Die Federung des Fahrgestells wurde beim Spreizen und Schließen der Holme aus- und eingeschaltet. Die Spurbreite von 1475 mm und die einfache Drehstabfederung waren die Schwachstellen des Geschützes, da es bei zu scharfer Kurvenfahrt umzufallen drohte. In der NVA wurde deshalb die PaK von einem mittleren Lkw G-5, hauptsächlich aber von einem Lkw URAL-375 gezogen.
1990 bevorratete die NVA für jede PaK 6,7 Kampfsätze, der Grad der Sicherstellung mit Munition betrug 100 Prozent.
Die 75 in der NVA eingesetzten 100-mm Pak T-12 wurden an die Bundeswehr übergeben und verschrottet.

100-mm PaK T-12	
Einführungszeitraum	ab 1966
GRAU-Index	2A19
Einsatzebene	Division
Kaliber (mm)	100
Rohrlänge (mm) / Kaliberlängen	6300 / 63
Weite des direkten Schusses (m)	1880
Maximale Schussentfernung (m)	8200
Anfangsgeschwindigkeit Granate (m/s)	1575
Feuergeschwindigkeit (S/min)	bis 14
Marschgeschwindigkeit (km/h)	60
Erhöhungswinkel max. (Grad)	20
Neigungswinkel max. (Grad)	6
Seitenschwenkbereich (Grad)	54
Richtaufsatz	S71-40
Rundblickfernrohr	PG-1M
Zielfernrohr	OP4M-4O
Nachtsichtgerät	APN5-40
Länge in Marschlage (mm)	9480
Breite (mm)	1795
Höhe bis Oberkante Schild (mm)	1565
Spurweite (mm)	1475
Bodenfreiheit (mm)	380
Masse Gefechtslage (kg)	2800
Masse Marschlage (kg)	2750
Kampfsatz	80
Granatarten	UKG, HL-SplG, Spl-SprG
Bedienung	5

Die Elemente der Rohrrücklaufeinrichtung und das Bodenstück sind bei dieser Rückansicht gut zu erkennen.

100-mm Panzerabwehrkanone MT-12 RAPIR

100-мм гладкоствольная противотанковая пушка МТ-12 Рапира
= 100-mm Panzerabwehrkanone T-12 mit glattem Lauf RAPIR

100-mm PaK MT-12	
Einführungszeitraum	ab 1971
GRAU-Index	2A29
Einsatzebene	Division
Kaliber (mm)	100
Rohrlänge (mm) / Kaliberlängen	6300 / 63
Weite des direkten Schusses (m)	1880
Maximale Schussentfernung (m)	8200
Anfangsgeschwindigkeit Granate (m/s)	1575
Feuergeschwindigkeit (S/min)	bis 14
Marschgeschwindigkeit (km/h)	70
Erhöhungswinkel max. (Grad)	20
Neigungswinkel max. (Grad)	6
Seitenschwenkbereich (Grad)	54
Richtaufsatz	S71-40
Rundblickfernrohr	PG-1M
Zielfernrohr	OP4M-4OU
Nachtsichtgerät	APN6-40
Länge in Marschlage (mm)	9650
Breite (mm)	2310
Höhe bis Oberkante Schild (mm)	1600
Spurweite (mm)	1910
Bodenfreiheit (mm)	380
Masse Gefechtslage (kg)	3100
Masse Marschlage (kg)	3050
Kampfsatz	80
Granatarten	UKG, HL-SplG, Spl-SprG
Zugmittel	MT-LB
Bedienung	5

Die Weiterentwicklung der 100-mm PaK T-12 mündete in der 100-mm PaK MT-12, die ab 1971 in die NVA eingeführt wurde. In einem GKdos-Dokument *Angaben über die NVA der DDR - Stand 01.09.1988* wurde folgender Bestand an 100-mm PaK MT-12 aufgelistet: gesamt 192, davon 90 in der Truppe, 14 an Schulen und 88 in Lagern.

Die wesentlichen Unterschiede zwischen der PaK T-12 und der PaK MT-12 betrafen den Rohrausgleicher und die Fahrwerksfederung. Auf den ersten Blick war zu erkennen, dass das Fahrgestell der modernisierten 100-mm PaK MT-12 fast einen halben Meter breiter war. Es kamen größere Räder zum Einsatz, zusätzlich wurde die Drehstabfederung durch neu eingebaute Stoßdämpfer verstärkt. So konnte die Haftung der Räder auf dem Boden bedeutend verbessert werden, was den Einsatz des Zugmittels MT-LB ermöglichte.

Die zweite wesentliche Veränderung betraf die Rohrrücklaufeinrichtung. Der alte pneumatische Rohrausgleicher konnte durch einen mechanischen Ausgleicher ersetzt werden. Da dieses neue Element nicht mehr in die alte Halterung passte, musste es waagerecht montiert werden. Die PaK T-12 und MT-12 verschossen die gleiche Munition. Für das Nachtgefecht kamen die Nachtsichtgeräte APN-5-40 oder APN-6-40 zum Einsatz.

Die 100-mm Panzerabwehrkanone MT-12 in Gefechtslage.

Die äußeren Unterschiede zwischen der 100-mm Panzerabwehrkanone MT-12 (links) und der 100-mm Panzerabwehrkanone T-12: die Spurweite mit verbreitertem Schutzschild und die Räder.

Die 100-mm Panzerabwehrkanone MT-12 in Marschlage, gut zu erkennen, der waagerecht montierte, mechanische Rohrausgleicher.

Als Zugmittel für die 100-mm Panzerabwehrkanone MT-12 wurde das Mehrzweck-Zug- und Transportmittel MT-LB eingesetzt.

Kanonen

76-mm Kanone Modell 1942 (ZIS-3)

76-мм дивизионная пушка образца 1942 года (ЗИС-3) = 76-mm Divisionskanone Modell 1942 (ZIS-3)

Die ersten 76-mm Kanonen Modell 1942 (ZIS-3) erhielt die HVA 1950. Es handelte sich dabei um 33 Geschütze, deren Bestand bis 1953 auf 525 anwuchs. Dazu kamen 480 Protzen und rund 140.000 Granaten für die 76-mm Kanone Modell 1942. Weiterhin wurde die Kanone als Hauptbewaffnung in der 76-mm SFL SU-76M eingesetzt.
Produziert im *Artillerie-Werk 92* in Gorki, erhielt sie als Zusatz zu ihrer Bezeichnung den Appendix ZIS-3 (*ЗИС - завод имени Сталина - ZIS - Werk Stalin*). Da diese Waffe am Fließband produziert werden konnte, wurde eine Stückzahl von circa 48.000 Geschützen (1942 bis 1945) erreicht. Bei der Konstruktion wurde auf die bereits 1940 entwickelte 57-mm PaK zurückgegriffen, was die Überführung in die Produktion bedeutend vereinfachte. Von der 57-mm PaK stammte das Fahrgestell mit Unterlafette, von der 76-mm Divisions-Kanone F-22 das Kanonenrohr. Da die Oberlafette für einen geringeren Rückstoß ausgelegt war, musste sie verstärkt und das Kanonenrohr mit einer Zweikammer-Mündungsbremse ausgerüstet werden.

Lebende Kräfte und Feuermittel konnten mit der 76-mm Kanone Modell 1942 (ZIS-3) aus gedeckter Feuerstellung wirkungsvoll bekämpft und niedergehalten werden. Als äußerst effektiv erwies sie sich im Kampf gegen Panzer und SFL. Zu ihrem Erfolg trugen die geringe Masse, die hohe Zuverlässigkeit, die günstigen Gefechtseigenschaften sowie die einfache Bedienung bei.
Gerader rechteckiger Schild, Rohr mit Zweikammer-Mündungsbremse (die etwa 30 Prozent der Rückstoßenergie absorbierte) und die Anordnung der Elemente der Rohrrücklaufeinrichtung waren wichtige Erkennungsmerkmale der Kanone. Für das Geschütz standen zehn verschiedene Granatarten zur Verfügung. In der KVP wurden patronierte Splitter- und Splitter-Spreng-Granaten, Panzer-Granaten mit LS und Unterkaliber-Granaten eingesetzt. Neben den genannten konnten auch Nebel-, Brand- und Schrapnell-Granaten verschossen werden. Der Fallkeilverschluss mit Abfeuerungseinrichtung warf automatisch die beschossenen Hülsen aus. Da sich der Schwerpunkt des Rohres vor den Schildzapfen der Rohrwiege befand, glich ein Rohrausgleicher die Vorderlastigkeit aus und erleichterte die Arbeit der Höhenrichtmaschine. Die Federung des Fahrwerkes wurde beim Spreizen der Holme ausgeschaltet. Zur Zieleinrichtung gehörten ein Richtaufsatz und ein Rundblickfernrohr. Ein Parallelogrammgestänge übertrug

Das klassische Bild einer Kanone, die 76-mm Kanone Modell 1942 (ZIS-3). Der Rohrvorholer befand sich über, die Rohrbremse unter dem Kanonenrohr.

Die 76-mm Kanone Modell 1942 (ZIS-3) in Feuerstellung, als Ausstellungsstück in der Gedenkstätte Seelower Höhen.

76-mm Kanone Modell 1942 (ZIS-3)	
GAU-Index	52-P-354U
Einführungszeitraum	1950
Einsatzebene	Regiment
Kaliber (mm) / Kaliberlängen	76,2 / 42
Rohrlänge (mm)	3169
Maximale Schussentfernung (m)	13.290
Anfangsgeschwindigkeit Granate (m/s)	680
Feuergeschwindigkeit (S/min)	bis 25
Erhöhungswinkel max. (Grad)	37
Neigungswinkel max. (Grad)	5
Seitenschwenkbereich (Grad)	54
Richtaufsatz	ja
Rundblickfernrohr	PG
Nachtbeleuchtungssatz	LUTSCH-2
Länge in Marschlage (mm)	6095
Breite (mm)	1645
Höhe bis Oberkante Schild (mm)	1375
Spurweite (mm)	1400
Bodenfreiheit (mm)	340
Masse Gefechtslage (kg)	1150
Masse Marschlage (kg)	1840
Kampfsatz	140
Granatarten	Spl-SprG, PG
Index der Granaten	350, 353, 354
Zugmittel	30-K, G-5

Die 76-mm Kanone Modell 1942 (ZIS-3) auf der Freifläche im Museum des Sieges in Berlin-Karlshorst.

die Bewegung der Rohrwiege auf den Richtaufsatz, das Rundblickfernrohr diente dem genauen Richten der Kanone. Mithilfe des Nachtbeleuchtungsgerätes LUTSCH-2 konnte die Nutzung der Zieleinrichtung beim Nachtschießen gewährleistet werden. Die Protze diente dem Transport der Kanone, der Munition und der Geschützzubehörkisten. Blattfedergesicherte Räder gehörten zur Protze wie auch die 24 Granaten aufnehmende Munitionslade und eine kombinierte Deichsel.

Der Einsatz der 76-mm Kanone Modell 1942 (ZIS-3) erfolgte unter anderem als Ersatzwaffe (für 85-mm Kanonen) in den beiden AR der VP-A-Bereitschaft Schwerin. Obwohl der Höchstbestand im Jahre 1953 bei 525 Geschützen lag, spielte diese Waffe in der Perspektivplanung der NVA bis 1960 keine Rolle. Auf Grund des zu dieser Zeit geringen Kalibers wurden die ZIS-3 nur noch als Ersatzwaffen genutzt und durch die 85-mm Kanonen 1952 abgelöst. Ein Teil der Geschütze wurde an das Ministerium für Staatssicherheit und an das Ministerium des Inneren übergeben. 1971 wurden in Mobilmachungseinheiten des MB III 42 Kanonen genutzt, 70 befanden sich in zentralen Lagern, von denen 1973 die Grenztruppen der DDR 50 Stück erhielten.

85-mm Kanone 1952

Im *Importplan (zur Orientierung) für die Hauptarten der Bewaffnung und Kampftechnik für die NVA 1956 bis 1960* wurden drei 85-mm Geschütze aufgelistet. Das waren die 85-mm Divisionskanone D-44, die 85-mm selbstfahrende Kanone SD-44 und die 85-mm PaK D-48. Mit den insgesamt 298 Geschützen (90, 154, 54) sollte vor allem die Panzerabwehr in den AR der MB, in den AR der MSD/PD und in den Abteilungen der MSR sichergestellt werden. Die 85-mm selbstfahrende Kanone SD-44 war für die selbständigen Panzerjäger-Abteilungen der Infanterie-Divisionen, der mechanisierten Divisionen, für die mechanisierten Regimenter der Panzer-Divisionen und für die Offiziers- und Regimentsschulen bestimmt. Die 85-mm Divisionskanone D-44 kam in den AR der Infanterie-Divisionen (zum Bestand jeder der drei ID gehörten zwei AR) und den Offiziers- und Regimentsschulen, die 85-mm Pak D-48 in den Panzerabwehr-Regimentern der beiden Wehrkreise (Militärbezirk III und V) und der Offiziersschule zum Einsatz. Die Realität sah etwas anders aus.
1957 erhielt die NVA die ersten 50 der in der ČSSR gebauten 85-mm Kanone 1952, die als Ersatz für die sowjetische 85-mm Divisionskanone D-44 zum Einsatz kam. 1961 kam eine zweite Lieferung von 23 Geschützen.

85-mm Kanone 1952	
Einführungszeitraum	ab 1957
Einsatzebene	Regiment
Kaliber (mm) / Kaliberlänge	85 / 60
Rohrlänge (mm)	5070
Maximale Schussentfernung (m)	16.200
Feuergeschwindigkeit (S/min)	15 - 20
Marschgeschwindigkeit (km/h)	50
Erhöhungswinkel max. (Grad)	38
Neigungswinkel max. (Grad)	6
Seitenschwenkbereich (Grad)	60
Richtaufsatz	42s und 52a
Rundblickfernrohr	PG
Zielfernrohr	3x8 Grad
Länge in Marschlage (mm)	7520
Breite (mm)	1880
Höhe bis Oberkante Schild (mm)	1450
Masse Gefechtslage (kg)	1850
Masse Marschlage (kg)	1900
Kampfsatz	120
Granatarten	PG, UKG, SplG
Index der Granaten	365, 367
Zugmittel	G-5, URAL-375
Bedienung	7

Als Geschützrohr fand ein modifiziertes Kanonenrohr des mittleren Panzers T-34/85 Verwendung, das verlängert und mit einer Zweikammer-Mündungsbremse versehen wurde. Dadurch wurde die Durchschlagskraft der Munition verbessert und die erhöhte Rückstoßenergie kompensiert. Außerdem konnte die Munition des mittleren Panzers, aber auch Munition aus tschechoslowakischer Produktion verschossen werden. Der Fallkeilverschluss verfügte über eine mechanische Halbautomatik, die das Rohr nach dem Schuss öffnete, die beschossene Hülse auswarf und die Schlageinrichtung spannte. Die Drehstabfederung der Achse wurde beim Spreizen und Schließen der Holme ein-, beziehungsweise ausgeschaltet. Das Geschütz verfügte unter anderem über Stahlscheibenräder mit Luftbereifung und Innenbackenbremsen. Der markante Schutzschild bestand aus dem festen Ober- und dem beweglichen Unterschild. Er war an den Seiten nach abgewinkelt, die Elemente der Rohrrücklaufeinrichtung ragten unterhalb des Rohres aus dem Schild hervor. Zum Schießen im direkten Richten wurde der Richtaufsatz 52a mit Zielfernrohr 3x7° Modell 47, beim indirekten Richten der Richtaufsatz 42s mit dem Geschütz-Rundblickfernrohr PG verwendet. Zum Schießen bei Nacht wurde zum Beleuchten der Strichplatte des Zielfernrohres und der beiden Richtaufsätze die Beleuchtungseinrichtung LUTSCH-2 eingesetzt. In den technischen Parametern, vor allem in der Schussentfernung und in der Anfangsgeschwindigkeit der Granaten, war die 85-mm Kanone 52 auf Grund des modifizierten Kanonenrohres der sowjetischen 85-mm Kanone D-44 überlegen. Zum Einsatz kamen Splitter-Granaten sowie Panzer- und Unterkaliber-Granaten mit LS.
Verwendung fand die Kanone in den AR der MSD und in den Panzerabwehr-Regimentern der MB. Sie wurde vorrangig zum Kampf gegen Panzer und gepanzerte Fahrzeuge, aber auch zur Zerstörung von Feldbefestigungsanlagen sowie zum Niederhalten und Vernichten von Artilleriewaffen und lebenden Kräften eingesetzt. Nachdem die AR und Panzerjäger-Einheiten ab 1966 auf die 100-mm PaK T-12 umstrukturiert worden waren, bestand für die 85-mm Kanone 1952 in der NVA keine Verwendung mehr. Ein Teil der Geschütze wurde verschrottet, ein Teil kam als *Salutgeschütz* zum Einsatz.

Die 85-mm Kanone 1952 mit dem an beiden Seiten abgewinkelten Schild.

Die 85-mm Kanone 1952 in Gefechtslage.

85-mm Kanone D-44 und 85-mm selbstfahrende Kanone SD-44

85-мм дивизионная пушка Д-44
= 85-mm Divisionskanone D-44
85-мм самодвижущаяся пушка СД-44
= 85-mm Selbstfahrlafette SD-44

85-mm Kanone D-44	
GAU-Index	52-P-367
Einführungszeitraum	1965
Einsatzebene	Regiment
Kaliber (mm) / Kaliberlängen	85 / 55
Rohrlänge (mm)	4685
Weite des direkten Schusses (m)	1120
Maximale Schussentfernung (m)	15.650
Anfangsgeschwindigkeit Granate (m/s)	1050
Feuergeschwindigkeit (S/min)	15 - 20
Marschgeschwindigkeit (km/h)	60
Erhöhungswinkel max. (Grad)	35
Neigungswinkel max. (Grad)	7
Seitenschwenkbereich (Grad)	54
Richtaufsatz	52-T-367
Rundblickfernrohr	PG1M
Zielfernrohr	OP1-7
Länge in Marschlage (mm)	8460
Breite (mm)	1730
Höhe bis Oberkante Schild (mm)	1420
Spurweite (mm)	1440
Bodenfreiheit (mm)	350
Masse Gefechtslage (kg)	1725
Masse Marschlage (kg)	2300
Kampfsatz	120
Granatarten	PG, UKG, SplG
Index der Granaten	365, 367
Zugmittel	G-5, MT-LB
Bedienung	6

Die **85-mm Kanone D-44** gehörte ursprünglich zur Bewaffnung der Divisionsartillerie.
In der Endphase des II. Weltkrieges verlangte die Rote Armee mit dem Auftauchen neuer deutscher Panzer nach einer stärkeren Kanone. 1944 bot unter anderem das *Werk Nr. 9 Uralmashzawod* in Swerdlowsk die 85-mm Kanone D-44 an. Bis Anfang 1945 zogen sich die Werktests hin, im Mai 1945 begann die Truppenerprobung. Die hohe Schussfolge und die niedrige Silhouette zeichneten das Geschütz aus. Technische Fehler an der Munition ließen die Einführung in die Sowjetarmee erst Mitte 1946 als *85-mm Divisionskanone D-44* zu. Sie wurde hauptsächlich zur Bekämpfung und Niederhaltung lebender Kräfte und Feuermittel, zur Bekämpfung von Panzern und anderen motorisierten Kräften sowie zur Zerstörung von Drahthindernissen und Feldbefestigungsanlagen eingesetzt. Die ballistischen Eigenschaften und die Richtmechanismen der Kanone ermöglichten es, auf gedeckte und sich bewegende Ziele zu schießen.

Das Rohr wurde als Vollrohr mit Bodenstück und Mündungsbremse gefertigt, der Verschluss als Fallkeilverschluss mit Halbautomatik ausgelegt. Die Auslösung des Schusses erfolgte über eine Hebel- oder Knopfabfeuerung. Um den Masseschwerpunkt des Kanonenrohres in die Mitte des Geschützes zu verlegen, wurden die Elemente der Rohrrücklaufeinrichtung hinter den Schild über dem Verschluss angeordnet. Die Kanone besaß eine Zahnbogen-Höhenrichtmaschine, die sich links an der Rohrwiege befand. Räder und Federung wurden dem Lkw GAZ-AA entlehnt. Eine Besonderheit waren die Reifen GK, Reifen, die mit Schwammgummi gefüllt waren. Beim Spreizen und Schließen der Holme schaltete sich die Drehstabfederung aus und ein. Charakteristisch für die Kanone war der geschwungene Schild mit Aussparungen für das Fahrwerk. Der bewegliche Teil des Schildes machte die Bewegungen des Rohres mit und schützte zusätzlich die Bedienung. Im linken Teil des Schildes befanden sich zwei Fenster, die für die Nutzung des Rundblickfernrohres und des Zielfernrohres bestimmt waren. Der Schutzschild bestand aus Oberschild, der Rohrblende und dem abklappbaren Unterschild. Das optische Zielfernrohr OP1-7 wurde beim Schießen im direkten Richten verwendet. Das Rundblickfernrohr PG1M kam beim Schießen im indirekten Richten zum Einsatz. Um die Kanone in der Feuerstellung im Mannschaftszug transportieren zu können, wurde ein am linken Holmende befestigtes Spornrad abgeklappt, welches in der Marschlage verzurrt auf dem Holm mitgeführt wurde. Verschossen wurden Panzer- und Unterkaliber-Granaten sowie Splitter-Granaten mit voller oder verringerter Ladung. Die Panzer-Granate mit LS durchschlug bei einer Schussentfernung von 500 m und einem Auftreffwinkel von 90° circa 135 mm Panzerstahl, bei einer Entfernung von 2000 m noch 80 mm. Die Unterkaliber-Granate mit LS durchschlug auf 500 m bei gleichen Bedingungen 210 mm Panzerstahl. Ihr Einsatz war auf 1500 m begrenzt.

Die 85-mm Kanone D-44 in Marschlage.

Laut dem *Fünfjahrplan Import an Bewaffnung und Kampftechnik für die NVA (1956 – 1960)* war der Zulauf von 90 85-mm Kanonen D-44 geplant. Damit sollten je zwei Abteilungen (je zwölf Geschütze) der AR der drei Infanterie-Divisionen und die Offiziers- und Regimentsschulen (insgesamt 18 Geschütze) ausgerüstet werden. Da die Sowjetunion nicht lieferte, kamen tschechoslowakische 85-mm Kanonen 1952 in die Einheiten der NVA. Erst ab 1965 lassen sich Lieferungen der Kanone D-44 nachweisen, die NVA erhielt die ersten 18 Geschütze. Bis 1971 stieg der Kampfbestand auf 144 Stück. Ihr Einsatz erfolgte in den Panzerjäger-Regimentern der beiden Militärbezirke. Da bis 1989 noch nicht ausreichend *PALR-Gefechtsfahrzeuge 9P148* und *9P133* vorhanden waren, kamen in jedem MB 24 Kanonen D-44 als Ersatzbewaffnung zum Einsatz.

Der bewegliche Schild über dem Rohr schützt die Bedienung bei jeder Rohrerhöhung.

1971 wurden die ersten 18 Kanonen an die GT der DDR abgegeben, da die 100-mm PaK T-12 in ausreichendem Maße vorhanden war. Hier erfolgte der Einsatz im Artillerie-Regiment-26. Bis 1976 waren ebenfalls alle sieben Grenz-Regimenter des Grenz-Kommandos Mitte mit jeweils sechs Geschützen, eingesetzt in den *85-mm Kanonen-Batterien*, ausgerüstet. Mit dem Befehl 30/90 des MfNV vom 07.03.1990 zur Durchsetzung von Maßnahmen der Militärreform und der damit verbundenen Reorganisation der Grenztruppen der DDR wurden 100 Prozent der Artilleriebewaffnung an die NVA übergeben, darunter 45 85-mm Kanonen D-44, 17 85-mm Kanonen D-

44N, über 26.600 Granatpatronen und 59 Mehrzweck-Zug und Transportmittel MT-LB. Sie wurden seit Mitte der 1980er Jahre als Zugmittel für die Kanonen eingesetzt.

Zu einer entscheidenden Verbesserung der Qualität der Panzerabwehrwaffen trug die 1957 beginnende Einführung der **85-mm selbstfahrenden Kanone SD-44** bei.

Bereits 1948 entwickelte das *Werk Nr. 9 Uralmashzawod* in Swerdlowsk auf Basis der 85-mm Kanone D-44 eine selbstfahrende Kanone. 1950 war der erste Prototyp fertig, die Werkserprobungen zogen sich bis 1952 hin. Im November 1954 wurden nach erfolgten Truppenversuchen die 85-mm selbstfahrende Kanone SD-44 von der sowjetischen Armee übernommen. Zum Einsatz kam die gleiche Munition wie bei der Kanone D-44.

1957 erhielt die NVA die ersten 19 Kanonen. Da die Sowjetunion nicht sofort die erforderliche Anzahl an selbstfahrenden Kanonen liefern konnte, kamen 107-mm rückstoßfreie Geschütze B-11 als Interimslösung zum Einsatz. Die 85-mm selbstfahrende Kanone war auf Grund ihrer großen Beweglichkeit durch den Eigenantrieb sowie ihrer hohen Feuergeschwindigkeit in Kombination mit einer großen Schussentfernung im direkten Richten eine wirkungsvolle Waffe, die sich besonders zur unmittelbaren Begleitung von Mot.-Schützeneinheiten eignete. Zum Beziehen der Feuerstellung und beim Stellungswechsel konnte mit Eigenantrieb gefahren werden. Dabei wurden bis zu zehn Granatpatronen in zwei auf den Holmen befestigten Munitionskisten mitgeführt. Bei der Ver-

Das am linken Holm befestigte Spornrad erleichterte die Überführung der Kanone in die Gefechtslage.

Für das Übersetzten einer 85-mm selbstfahrenden Kanone SD-44 mit Bedienung wurde ein Großer Schwimmwagen K-61 eingesetzt.

Die 85-mm selbstfahrende Kanone SD-44 in Gefechtslage. Am Schild wurden die Halterungen für die Rohrwischer-Richtlatte, ein Behälter für EWZ, die Brems-, Schluss- und Abstandsleuchte und ein Scheinwerfer angebracht. In den zwei Kisten auf dem rechten Holm wurde ein Teil der Munition befördert.

85-mm selbstfahrende Kanone SD-44	
GAU-Index	52-P-367S
Einführungszeitraum	1957
Einsatzebene	Regiment
Kaliber (mm) / Kaliberlängen	85 / 55
Rohrlänge (mm)	4685
Weite des direkten Schusses (m)	1120
Maximale Schussentfernung (m)	15.650
Anfangsgeschwindigkeit Granate (m/s)	1050
Feuergeschwindigkeit (S/min)	15 - 20
Marschgeschwindigkeit mit Zugmittel (km/h)	60
Marschgeschwindigkeit mit Eigenantrieb (km/h)	30
Erhöhungswinkel max. (Grad)	35
Neigungswinkel max. (Grad)	7
Seitenschwenkbereich (Grad)	54
Richtaufsatz	S71-7
Rundblickfernrohr	PG1M
Zielfernrohr	OP2-7
Länge in Marschlage (mm)	8400
Breite (mm)	1940
Höhe bis Oberkante Schild (mm)	1400
Spurweite (mm)	1670
Bodenfreiheit (mm)	320
Masse Gefechtslage (kg)	2270
Masse Marschlage (kg)	2500
Kampfsatz	140
Granatarten	PG, UKG, SplG
Index der Granaten	365, 367
Zugmittel	G-5
Bedienung	7

legung über größere Strecken wurde die Kanone an ein Zugmittel, in der Regel kam der mittlere Lkw G-5 zum Einsatz, angehängt. Der Grundaufbau der Kanone SD-44 entsprach dem Aufbau der Kanone D-44. Veränderungen erfuhren der Schild, die Zieleinrichtung, der Unterlafettenkörper, die Holme und das Fahrwerk. Zusätzlich erhielt die Kanone eine vom Motor angetriebene Winde, die das Auf- und Abprotzen erleichterte. Ein in Marschlage hochgeklapptes Spornrad und Holme, deren Hohlräume als Kraftstoffbehälter dienten, ergänzten die Ausrüstung.

An der vorderen Seite des Schildes waren vier Klemmschellen zur Befestigung der Rohrwischer-Richtlatten angeordnet. Am rechten Schildteil wurden ein Behälter für EWZ, die Brems-, Schluss- und Abstandsleuchte sowie ein Scheinwerfer befestigt. Es kam eine dem Geschütz angepasste Zieleinrichtung zum Einsatz, die mit dem Einheitsbeleuchtungsgerät EB-62a auch bei Nacht und schlechter Sicht das Richten ermöglichte. Am Unterlafettenkörper war das Ausgleichsgetriebe der Selbstfahreinrichtung befestigt. Auf dem linken Holm wurde ein Rahmen aufgeschweißt, der den Motor mit Kupplung, das Wechselgetriebe und die Bremse aufnahm. Außerdem wurden auf dem linken Holm die Lenkung mit dem Spornrad, der Sitz für den Fahrer, Teile der Bedienungseinrichtung und die Winde integriert. Auf dem rechten Holm waren die Halterungen für die zwei Munitionskisten aufgesetzt. Wenn mit der Selbstfahreinrichtung gefahren wurde, diente die obere Munitionskiste als Sitz für zwei Kanoniere. Es bestand auch die Möglichkeit, statt der zwei Kanoniere bis zu vier Munitionskästen zusätzlich zu transportieren. Zur Selbstfahreinrichtung gehörten der Motor mit Anlassvorrichtung, die Kraftübertragung (Kupplung, Wechselgetriebe, Gelenkwelle, Ausgleichsgetriebe, Kardanwelle, Seitenvorgelege) und die Bedienungseinrichtung. Mit einer Tankfüllung von 58 Liter VK-88 konnten bis zu 200 km gefahren werden. Das lenkbare, schwammgummibereifte Spornrad stammte vom Pkw Moskwitsch. Bei Umstellung in Gefechts- oder Marschlage (mit Zugmittel) wurde das Spornrad hochgeklappt und am linken Holm befestigt. Der luftgekühlte Zweizylinder-Zweitakt-Benzinmotor mit einem Volumen von 594,5 cm³ erreichte eine maximale Leistung von 20 PS. Damit war eine Höchstgeschwindigkeit von bis zu 25 km/h möglich. Das Wechselgetriebe verfügte über vier synchronisierte

Die 85-mm selbstfahrende Kanone SD-44 war Anfang der 1960er Jahre auf vielen Paraden vertreten.

85-mm Kanone SD-44	
Einführungszeitraum	ab 1968
Einsatzebene	Regiment
Kaliber (mm)	85
Rohrlänge (mm)	4685
Weite des direkten Schusses (m)	1120
Maximale Schussentfernung (m)	15.650
Anfangsgeschwindigkeit Granate (m/s)	1050
Feuergeschwindigkeit (S/min)	15 - 20
Marschgeschwindigkeit (km/h)	60
Erhöhungswinkel max. (Grad)	35
Neigungswinkel max. (Grad)	7
Seitenschwenkbereich (Grad)	54
Richtaufsatz	S71-7
Rundblickfernrohr	PG1M
Zielfernrohr	OP2-7
Länge in Marschlage (mm)	8460
Breite (mm)	1940
Höhe bis Oberkante Schild (mm)	1400
Spurweite (mm)	1670
Bodenfreiheit (mm)	320
Masse Gefechtslage (kg)	1725
Masse Marschlage (kg)	2300
Kampfsatz	140
Granatarten	PG, UKG, SplG
Index der Granaten	365, 367
Zugmittel	G-5, URAL-375
Bedienung	5

Die rückmontierte 85-mm Kanone SD-44 in Marschlage.

Das fehlende Spornrad und die breiten Räder sind typische Merkmale der rückmontierten 85-mm Kanone SD-44.

Links die 85-mm Kanone D-44, rechts die 85-mm Kanone SD-44.

Das typische Erkennungsmerkmal der 85-mm Kanone D-44N ist der große Infrarot-Scheinwerfer über dem Rohr. Um das Artillerie-Nachtsichtgerät APN3-7 nutzen zu können, musste die Schildklappe an der linken Seite des Schildes verändert werden.

85-mm Kanone D-44N	
Einführungszeitraum	1963
Einsatzebene	Regiment
Kaliber (mm)	85
Rohrlänge (mm)	4685
Weite des direkten Schusses (m)	1120
Maximale Schussentfernung (m)	15.650
Anfangsgeschwindigkeit Granate (m/s)	1050
Feuergeschwindigkeit (S/min)	15 - 20
Marschgeschwindigkeit (km/h)	60
Erhöhungswinkel max. (Grad)	35
Neigungswinkel max. (Grad)	7
Seitenschwenkbereich (Grad)	54
Richtaufsatz	52-Z-367
Rundblickfernrohr	PG1M
Zielfernrohr	OP1-7
Nachtsichtgerät	APN3-7
Länge in Marschlage (mm)	8460
Breite (mm)	1730
Höhe bis Oberkante Schild (mm)	1420
Spurweite (mm)	1440
Bodenfreiheit (mm)	350
Masse Gefechtslage (kg)	1770
Masse Marschlage (kg)	2300
Kampfsatz	120
Granatarten	PG, UKG, SplG
Index der Granaten	365, 367
Zugmittel	G-5, URAL-375
Bedienung	5

Vorwärts- und einen Rückwärtsgang, das Fahrgestell über zwei luftbereifte Räder. Die sf K SD-44 war in der Lage, Steigungen bis 27°, Furten bis zu einer Tiefe von 0,5 m und Schneeverwehungen bis zu einer Höhe von 0,65 m zu überwinden.

1971 wurde der Höchstbestand an 85-mm sf K SD-44 mit 108 Geschützen angegeben. Ihr Einsatz fand vor allem in den *Batterien 85-mm selbstfahrende Kanone* der MSR/PD (1962), in den *Panzerabwehr-Batterien 85-mm* der MSR/MSD (1967) sowie verschiedenen Ausbildungseinrichtungen der NVA statt.

Auf Grund fehlender sowjetischer Ersatzteile wurden ab 1968 im Kfz-Reparaturwerk der NVA, Außenstelle Potsdam, Motoren des Pkw TRABANT in sämtliche selbstfahrende Kanonen SD-44 eingebaut. Diese blieben bis Ende der 1970er Jahre an den Geschützen. Da die Notwendigkeit selbstfahrender Kanonen zu diesem Zeitpunkt nicht mehr bestand, wurden die Motoren ausgebaut und die Geschütze in die Reserve eingelagert. Diese rückmontierten Kanonen wurden als **85-mm Kanonen SD-44** in den Unterlagen geführt. Sie unterschieden sich rein äußerlich von der Normalversion D-44 durch den veränderten Schild und die moderneren, luftbefüllten Reifen. Bei dieser Version fehlte auch das Spornrad am linken Holm.

Die ab 1963 in geringer Stückzahl zugeführte **85-mm Kanone D-44N** war mit dem Artillerie-Nachtsichtgerät APN3-7 und einem Infrarot-Scheinwerfer ausgerüstet und dadurch besonders zur Bekämpfung von gepanzerten Zielen bei Nacht geeignet. Die Stromversorgung für das aktive Nachtsichtgerät konnte durch zwei mal zehn Nickel-Cadmium-Akkumulatoren sichergestellt werden, die in Reihe geschaltet eine Spannung von 24 Volt erbrachten. Die Akkus wurden in zwei Akkumulatorenkästen auf den Holmen untergebracht. Der Nachtscheinwerfer wurde starr auf der Rohrwiege befestigt und konnte mit den Bewegungen des Kanonenrohres korrespondieren. Mit dem Nachtsichtgerät konnten Ziele bis 800 m beobachtet und bekämpft werden. Zur passiven Aufklärung befand sich im Zubehör des APN 3-7 ein Kommandanten-Beobachtungsgerät, das auf einem Stativ aufgebaut war und somit die Gefechtsfeld-Beobachtung bis 800 m erlaubte.

130-mm Kanone M-46

130-мм пушка M-46 = 130-mm Kanone M-46

Zu den imposantesten Geschützen der NVA gehörte die 130-mm Kanone M-46, die in den Artillerieeinheiten der Armeen (Militärbezirke) eingesetzt war. Das charakteristische Merkmal der Kanone war das sehr lange Rohr mit Lochmündungsbremse. Sie löste sukzessiv die 152-mm Geschütze der NVA ab.

Der Ministerrat der UdSSR legte die Entwicklung einer 130-mm Kanone für Einheiten ab Korpsebene 1946 fest. Diese Kanone sollte dort die 122-mm Kanone A-19 ablösen. Das *Werk Nr. 172* in Perm entwickelte und fertigte einen Prototyp, der 1948 die ersten Erprobungen absolvierte. Nachdem die nötigen Korrekturen vorgenommen waren, wurde im Dezember 1950 die Produktion begonnen.
Laut Planungsunterlagen der NVA waren für 1966 der Import von 82 und 1967 der Import von 63 Kanonen vorgesehen.

Die 130-mm Kanone M-46 in Marschlage.

130-mm Kanone M-46	
GAU-Index	52-P-482
Einführungszeitraum	ab 1966
Einsatzebene	Armee
Kaliber (mm)	130
Rohrlänge (mm)	7600
Weite des direkten Schusses (m)	1140
Maximale Schussentfernung (m)	27.150
Anfangsgeschwindigkeit Granate (m/s)	930
Feuergeschwindigkeit (S/min)	8
Marschgeschwindigkeit (km/h)	50
Erhöhungswinkel max. (Grad)	45
Neigungswinkel max. (Grad)	2
Seitenschwenkbereich (Grad)	50
Richtaufsatz	S71-35
Rundblickfernrohr	PG1M
Zielfernrohr	OP4M-35
Länge in Marschlage (mm)	11.730
Länge in Gefechtslage (mm)	11.100
Breite (mm)	2450
Höhe bis Oberkante Schild (mm)	2550
Bodenfreiheit Kanone / Protze (mm)	400 / 375
Masse Gefechtslage (kg)	7700
Masse Marschlage (kg)	8450
Kampfsatz	80
Granatarten	Spl-SprG, PG
Index der Granaten	482
Zugmittel	ATS-712, Tatra 813
Bedienung	8

Letztendlich erhielten 1966 die AR-3 und AR-5 je zwölf Kanonen M-46. Im Planungszeitraum 1976 bis 1980 konnte der Bestand auf 175 Kanonen angehoben werden, so dass jeweils 72 Kanonen in den AR-3 und AR-5 eingesetzt wurden. Jedes AR verfügte im Friedensfall (Soll 1) über drei Abteilungen (3x18 Geschütze), im Kriegsfall (Soll 2) wäre eine vierte Abteilung aufgestellt worden. Das AR-26 des Grenzkommandos MITTE erhielt im gleichen Zeitraum ebenfalls eine Abteilung mit 130-mm Kanonen M-46. Ende 1989 befanden sich 175

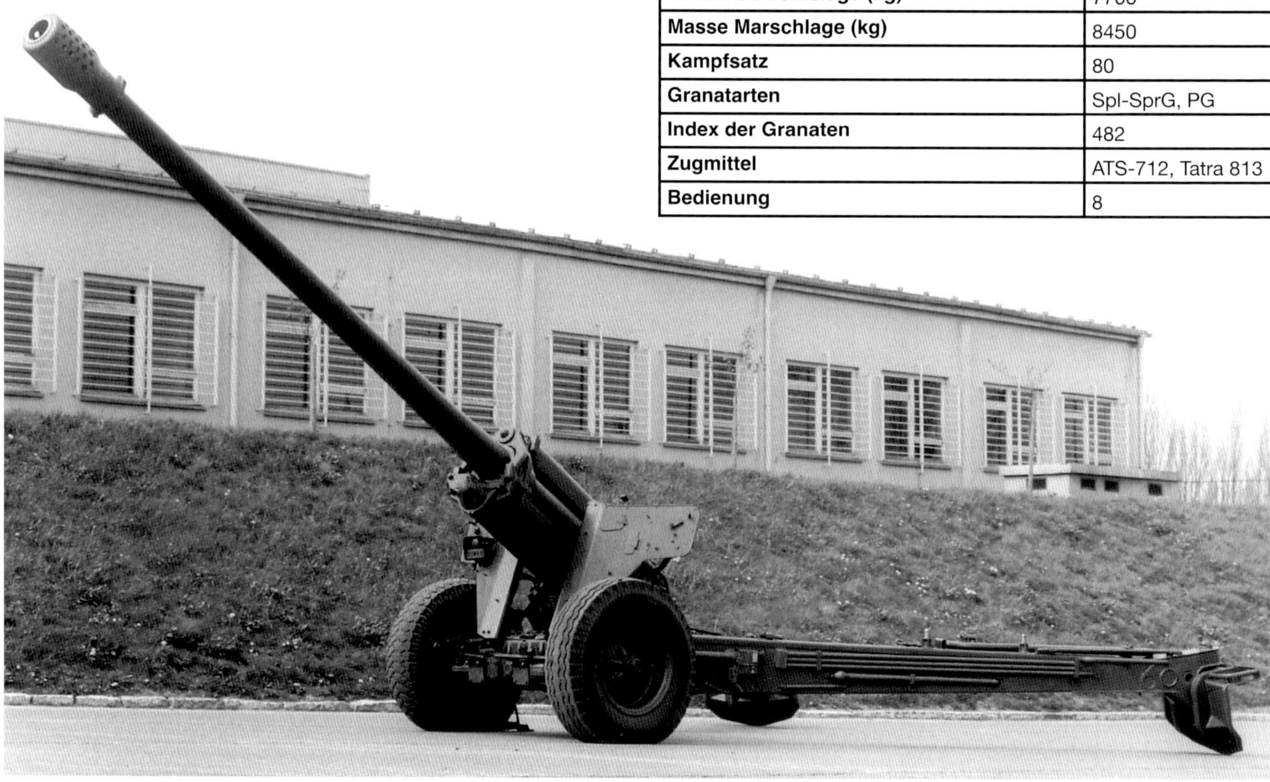

Die 130-mm Kanone M-46 in Gefechtslage.

Kanonen M-46 im Bestand der NVA, von denen 13 Waffen in verschiedenen Ausbildungseinheiten genutzt wurden.
Die 130-mm Kanone M-46 diente dem Niederhalten und Vernichten von taktischen Kernwaffeneinsatzmitteln, von Funkmess-Stationen und Führungsstellen, von Artillerie und Granatwerfern sowie von Truppen und Panzern in Konzentrierungsräumen. Sie sollte Verteidigungsanlagen zerstören und rückwärtige Einrichtungen bekämpfen. So konnten die Granaten bei einer Anfangsgeschwindigkeit von fast 930 m/s eine maximale Schussentfernung von 27.000 m erreichen. Verschossen wurde getrennte Munition. Zum Einsatz gelangten Splitter-Spreng-, Leucht- und Panzer-Granaten mit LS.

Die Kanone war als Rückstoßlader mit Flachkeilverschluss ausgelegt. Der Verschluss verfügte über eine Bewegungs-, Schlag-, Auswerfer- und Sicherungseinrichtung. Mit Hilfe der Rücklauf-Bremseinrichtung wurde die Bewegungsenergie der rücklaufenden Teile des Geschützes aufgenommen, das Rohr nach dem Schuss in die Ausgangslage zurückgebracht und bei jedem Erhöhungswinkel in der vorderen Lage gehalten. Dazu befand sich ein Rohrvorholer über und die Rohrbremse unter dem Rohr. Der Schutzschild war zweigeteilt, die beiden Schildhälften wurden am Oberlafettenkörper befestigt. Eine Ausgleichseinrichtung kompensierte die Vorderlastigkeit des Rohres und ermöglichte einen leichten und gleichmäßigen Gang der Höhenrichtmaschine. Die Kanone war mit hydraulischen Holmhebern ausgestattet, die es der Besatzung erlaubten, das Geschütz in kurzer Zeit in Stellung zu bringen. Mit Hilfe einer Rohrwinde wurde das Rohr aus der Gefechts- in die Marschlage zurückgezogen, beziehungsweise aus der Marsch- in die Gefechtslage vorgezogen. So verteilte sich das Gewicht des Geschützes beim Marsch gleichmäßig auf das Fahrwerk, ein freies Schwingen des Rohres während der Fahrt konnte reduziert werden. Die Rohrwinde befand sich auf dem rechten Kastenholm, die erzeugte Zugkraft wurde mit Hilfe einer Kette übertragen. Eine Rollenbremse verhinderte das selbständige Zurückrollen des Rohres. Die Räder waren über Drehstäbe mit der Unterlafette verbunden. Da beide Halbachsen untereinander mit einer Parallelogrammstange verbunden waren, konnte das Geschütz auch in unebenem Gelände aufgestellt werden. Das Betreiben der pneumatischen Innenbackenbremsen erfolgte mit Hilfe der Druckluft des Zugmittels. Die Zieleinrichtung diente dem Einrichten der Kanone in Grundrichtung, dem direkten und indirekten Richten, dem Messen verschiedener Winkel und dem Beobachten des Gefechtsfeldes. Dazu wurden ein Richtaufsatz, ein Rundblickfernrohr, ein Zielfernrohr

Heckansicht der 130-mm Kanone M-46. In den Verdichtungslagern kamen auch Traktoren ZT-300 als Zugmittel zum Einsatz.

und ein Kollimator eingesetzt. Für den Marsch der Kanone war eine Protze bestimmt, die als vorderes Fahrgestell an das Zugmittel angehängt wurde. In Marschlage wurden die beiden Holmenden auf dem Protzenrahmen aufgesetzt und arretiert.

Der Kampfsatz umfasste 80 Granaten, 34 Splitter-Spreng-Granaten mit Hülsenkartusche volle Ladung, 40 Splitter-Spreng-Granaten mit Hülsenkartusche verringerte Ladung und sechs Panzer-Granaten mit Hülsenkartusche. Die volle Ladung setzte sich aus der Grundladung und der ersten Ladung (circa 23,9 kg Röhrenpulver), die verringerte Ladung aus der Grundladung und der zweiten bis vierten Ladung (variierte zwischen 19,4 und 16,9 kg Röhrenpulver) zusammen. Um den Verschleiß des Rohres so gering wie möglich zu halten, wurden die Splitter-Spreng-Granaten mit der kleinsten Ladung, die die Erfüllung der Schießaufgabe ermöglichte, verschossen. Mit der Panzer-Granate wurden gepanzerte Ziele im direkten Richten bekämpft. Die Durchschlagsleistung bei einem Auftreffwinkel von 90° betrug bei den Entfernungen 500/4000 m etwa

Bei Paraden konnte man die 130-mm Kanone M-46 mit nicht eingezogenem Rohr bewundern.

250/150 mm Panzerstahl. Es bestand die Möglichkeit, Bodenziele durch Abprallerschießen zu bekämpfen. Dabei wurden Splitter-Spreng-Granaten mit entsprechender Zündereinstellung verwendet. Die Granate wurde bei Bodenzielen mit einem Auftreffwinkel von 2° bis 20° und bei Wasserzielen von 2° bis 10° verschossen. Sie prallte bei diesen Auftreffwinkeln von der ebenen Fläche ab und explodierte in der Luft. So konnten Ziele in Deckungen oder Gräben von oben bekämpft werden.
Die maximale Schussentfernung betrug 27.150 m, was eine meteorologische Sicherstellung des Schießens erforderte. Dazu wurden in den Artillerieeinheiten unter anderem Artillerie-Meteorologische Stationen ARMS oder MARS-1 sowie das Windgewehr-2 eingesetzt. 1987 wurden 98 Kanonen der Lieferjahre 1966 und 1967 im Rahmen einer Modernisierungsmaßnahme von Schwammgummibereifung auf Luftbereifung umgerüstet.
Die bewegliche Führungsstelle PU-3M-4 auf Spezial-Kfz ZIL-131 mit Kofferaufbau kam zur Führung der 130-mm Kanonen-Abteilungen ab Planungszeitraum 1981 bis 1985 zum Einsatz, sie wurde ab 1986 auch in den Grenztruppen der Deutschen Demokratischen Republik eingeführt.
Die Bundeswehr übernahm den gesamten Bestand an 130-mm Kanonen M-46 (175 Kanonen) und ordnete sie in die Kategorie III - Aussonderung ein.

152-mm Kanone Modell 1910/34

152-мм пушка образца 1910/34 годов
= 152-mm Kanone Modell 1910/34

Die 152-mm Kanone Modell 1910/34 gehörte zur Erstausstattung der Armee-Artillerie der NVA.
Der französische Waffenhersteller Schneider lieferte dem Russischen Reich Anfang des 20. Jahrhunderts die Konstruktionsunterlagen für ein 152-mm Belagerungsgeschütz, welches nach ersten Modernisierungsarbeiten als 152-mm Kanone Modell 1910 im russischen Heer eingesetzt wurde. Ungelöste Probleme blieben die geringe Beweglichkeit und der zu kleine Erhöhungswinkel. In einer zweiten Modernisierung 1934 sollten diese Mängel beseitigt werden. Dafür wurde die Unterlafette der 122-mm Kanone A-19 eingesetzt. Die bis 1935 durchgeführten Tests waren zufriedenstellend, in Perm wurden bis 1937 etwa 270 Geschütze gefertigt. Eine Reihe von Geschützen dieses Typs wurden von der deutschen Wehrmacht in den Jahren 1941 und 1942 erbeutet und unter dem Index 15,2-cm K 433/2 (r) in ihren Dienst gestellt.

In den Unterlagen der NVA von 1956 wurde ein Bestand von 16 152-mm Kanonen 1910/34 aufgelistet. Ab 1957 verfügte jeder MB über sieben Waffen, zwei befanden sich in der Artillerieschule. Bis 1971 sank der Bestand auf 15 Kanonen. Drei Kanonen wurden auf Grund ihres schlechten technischen Zustandes zur Ersatzteilgewinnung verwendet, um die Einsatzbereitschaft der letzten zwölf Waffen zu gewährleisten. Die in zentralen Lagern abgestellten Kanonen waren zur teilweisen Ausstattung der Truppen des Ersatzwesens vorgesehen. Für jede Waffe waren noch vier Kampfsätze vorrätig.
Besondere Merkmale waren die doppelt ausgelegten Räder mit Voll- oder Schwammgummibereifung. In Marschlage wurde

Bei der 152-mm Kanone Modell 1910/34 standen die beiden Federausgleicher im rechten Winkel zur Erdoberfläche.

152-mm Kanone Modell 1910/34	
Einführungszeitraum	1954
Einsatzebene	Armee
Kaliber (mm)	152,4
Rohrlänge (mm) / Kaliberlängen	4925 / 31,9
Maximale Schussentfernung (m)	15.800
Anfangsgeschwindigkeit Granate (m/s)	670
Weite des direkten Schusses (m)	800
Feuergeschwindigkeit (S/min)	2 - 3
Marschgeschwindigkeit (km/h)	30
Erhöhungswinkel max. (Grad)	45
Neigungswinkel max. (Grad)	4
Seitenschwenkbereich (Grad)	58
Richtaufsatz mit Entfernungstrommel	ja
Länge in Gefechtslage (mm)	8180
Breite (mm)	2340
Höhe (mm)	1990
Spurweite (mm)	1900
Bodenfreiheit (mm)	335
Masse Gefechtslage (kg)	7100
Masse Marschlage (kg)	7820
Feuergeschwindigkeit (S/min)	3 - 4
Kampfsatz	60
Granatarten	Spl-SprG, PG, BG
Index der Granaten	530, 540
Zugmittel	S-80, ATS-712
Bedienung	9

das Geschütz mit Hilfe einer zusätzlichen Protze bewegt. Die Elemente der Rohrrücklaufeinrichtung, Rohrbremse und Rohrvorholer, waren nebeneinander unter dem Rohr angeordnet. Der Schutzschild war beidseitig sehr schmal ausgelegt. Das Rohr wurde mit einer Mehrkammer-Mündungsbremse ausgestattet. Da der Schwerpunkt des Geschützrohres vor dem Schild lag (beim Schießen mit großer Erhöhung war Platz für den Rohrrücklauf nötig), musste die Vorderlastigkeit des Rohres durch zwei Federausgleicher kompensiert werden, die senkrecht zur Erde standen.

Verschossen wurde getrennte Munition, so eine Splitter-Spreng-Granatpatrone, eine Splitter-Spreng-Stahlhaubitz-Granatpatrone, eine Beton-Haubitz-Granatpatrone sowie die Panzerbrechende-Leuchtspurflachkopf-Granatpatrone und die Panzerbrechende-Leuchtspurspitzkopf-Granatpatrone. Die mit einer Anfangsgeschwindigkeit von 600 m/s verschossenen Panzer-Granaten erreichten bei einer Schussentfernung von 100 m und einem Auftreffwinkel von 90° eine Durchschlagsleistung von rund 138 mm Panzerstahl. Die Durchschlagsleistung auf Ziele bis 4000 m bei gleichen Bedingungen lag bei 80 mm.

Die 152-mm Kanone Modell 1910/34 im Feuerkampf.

Haubitzen

122-mm Haubitze Modell 1938 (M-30)

122-мм гаубица образца 1938 года (М-30)
= 122-mm Haubitze Modell 1938 (M-30)

Zur Erstausstattung der DDR mit Artilleriewaffen gehörte die 122-mm Haubitze Modell 1938 (M-30) aus sowjetischer Produktion. In den schriftlichen Unterlagen der NVA wurde diese Haubitze allgemein als 122-mm Haubitze M-30 geführt. Die ersten Geschütze erhielt die HVA im November 1950. Bis 1955 stieg der Bestand auf 213, bis 1971 auf 415 Geschütze an. 1989 wurden noch 374 Haubitzen für die Soll 2-, Reserve- und Ersatz-Einheiten benötigt.
1928 begannen in der Sowjetunion die theoretischen Arbeiten an einer neuen Divisions-Haubitze. Sie sollte ein Kaliber von 107 oder 122 mm haben und als gezogene Waffe konzipiert sein. 1929 wurde die Entwicklung der Haubitze in Auftrag gegeben. Der weitere Entwicklungsweg bis zur Haubitze M-30 war kompliziert, in der Geschichtsschreibung wurden unterschiedliche Wege zum Ziel beschrieben. Die praktischen Arbeiten zum Bau der 122-mm Haubitze begannen 1937 und dauerten bis 1939. Sie wurde ab 1940 im *Werk Nr. 172* in Perm unter dem Firmen-Index „M“ (M-30 - Werksbezeichnung) gefertigt und als *122-mm Divisions-Haubitze Modell 1938* in die Rote Armee eingeführt. Bis 1955 wurden etwa 19.500 Haubitzen produziert, dabei liefen allein bis Ende 1945 etwa 17.500 Geschütze vom Band. Zu Beginn des II. Weltkrieges wurde eine beträchtliche Anzahl von 122-mm Haubitzen M-30 von der deutschen Wehrmacht erbeutet, als *12,2-cm schwere Feldhaubitze 396 (r)* übernommen und im Kampf gegen die Rote Armee eingesetzt. Ab 1943 produzierte Deutschland Granaten für diese Haubitze.

Die Haubitze bestand aus dem Rohr mit Kolbenschraubverschluss und der Lafette. Zur Lafette gehörten die Rohrwiege, die Rohrrücklaufeinrichtung, der Oberlafettenkörper, die Höhen- und die Seitenrichtmaschine, der Federausgleicher, die Unterlafette mit den beiden spreizbaren Holmen, das Fahrgestell mit Federung, die Zieleinrichtung sowie der Schutzschild. Die Höhen- und die Seitenrichtmaschine waren als Spindel-Richtmaschinen konzipiert. Der aus zwei Zylindern bestehende Federausgleicher glich die Vorderlast des Rohres aus und ermöglichte das leichte Handhaben der Höhenrichtmaschine. Der über dem Rohr angeordnete Rohrvorholer und die unter dem Rohr befindliche Rohrbremse ragten weit über den Schild hinaus. Die Holme hatten die Form eines Kastens, sie waren entweder genietet oder geschweißt. Die Federung bestand aus sieben Blattfedern, das Aus- und Einschalten erfolgte beim Spreizen und Schließen der Holme. Die ersten Räder der Haubitze waren große Metallscheibenräder mit Schwammgummibereifung, sie waren mit Innenbackenbremsen ausgerüstet. Später wurden sie durch luftbereifte Räder ersetzt. Der Schutzschild war ab Höhe Rohr nach hinten abgeknickt. Geschütze älterer Baujahre verfügten über eine La-

Die 122-mm Haubitze Modell 1938 (M-30) in Feuerstellung. Abgebildet ist hier die frühe Ausführung mit großen Tellerrädern und genieteten Holmen.

Ab 1992 wurden die 122-mm Haubitzen Modell 1938 (M-30) für die Verschrottung zentral gesammelt. Ein Teil der Fahrwerke war mit luftgefüllten Reifen ausgerüstet. Das linke Bild zeigt eine Haubitze mit genieteten, das rechte Bild eine Haubitze mit geschweißten Holmen.

122-mm Haubitze Modell 1938 (M-30)	
GAU-Index	52-G-463
Einführungszeitraum	ab 1950
Einsatzebene	AR
Kaliber (mm) / Kaliberlängen	121,92 / 23
Rohrlänge (mm)	2800
Maximale Schussentfernung (m)	11.800
Anfangsgeschwindigkeit Granate (m/s)	515
Feuergeschwindigkeit (S/min)	5 - 6
Marschgeschwindigkeit (km/h)	60
Erhöhungswinkel max. (Grad)	63
Neigungswinkel max. (Grad)	3
Seitenschwenkbereich (Grad)	49
Richtaufsatz	ja
Rundblickfernrohr	PG, PG1 oder PG1M
Nachtbeleuchtungssatz	LUTSCH-4
Länge in Marschlage (mm)	5900
Breite (mm)	1975
Höhe bis Oberkante Schild (mm)	1710
Spurweite (mm)	1630
Bodenfreiheit (mm)	240
Masse Gefechtslage (kg)	2450
Masse Marschlage (kg)	2500
Kampfsatz	80
Feuergeschwindigkeit (S/min)	5 - 6
Granatarten	Spl-SprG, HL, PzG
Index der Granaten	460, 462, 463
Zugmittel	G-5, URAL-375
Bedienung	8

dehilfe, die das Einführen der Granate in das Rohr erleichterten. Um das Herausrutschen der Granate oder der Hülse aus dem Ladungsraum bei großen Erhöhungswinkeln zu verhindern, kam ein Kartuschenhalter zum Einsatz.
Die NVA erhielt ab 1958 fabrikneue Geschütze aus ungarischer Produktion. Die DDR rüstete die Geschütze mit optischen Signalanlagen für den Straßenverkehr und mit Rädern des Lkw LO-2002A aus. Ab 1972 wurden die Haubitzen aus den AR der Divisionen in die Haubitz-Batterien der MSR umgesetzt. Nach der Zuführung der 122-mm Haubitze D-30 und der 122-mm SFL-H 2S1 in die MSR wurde die Haubitze M-30 in die MSR der Mob.-Divisionen verlegt.

Der Kampfsatz umfasste 80 Granaten, 68 Splitter-Spreng-Granaten mit Hülsenkartusche, 8 Splitter-Spreng-Granaten mit Hülsenkartusche und Doppelzünder sowie 4 Hohlladungs-Granaten mit Hülsenkartusche. Doppelzünder besaßen einen Aufschlag- und einen Zeitzünder, konnten also bei entsprechender Einstellung die Sprengladung beim Aufschlag oder an einem bestimmten Punkt der Flugbahn zünden. Die Hohlladungs-Granate wurde im direkten Richten auf gepanzerte Ziele bis 4000 m eingesetzt, ihre Durchschlagskraft bei einem Auftreffwinkel von 90° betrug 160 mm. Ihre Anzahl wurde ab Mitte der 1980er Jahre auf fünf erhöht. Außerdem konnten Leucht-, Nebel- und Agitations-Granaten verschossen werden.

Als Zugmittel für die 122-mm Haubitze Modell 1938 (M-30) wurden die mittleren Lkw G-5 (linkes Bild) und URAL-375D (Haubitze mit modernisiertem Fahrwerk) eingesetzt.

Eine gelungene Aufnahme, die die Haubitze beim Abschuss zeigt. Das Rohr befand sich in der hintersten Stellung, die Erdsporne am Ende der Holme verhinderten das Zurückrollen des Geschützes.

122-mm Haubitze D-30 und D-30A

122-мм гаубица Д-30 = 122-mm Haubitze D-30

Die **122-mm Haubitze D-30** kam als Nachfolger der 122-mm Haubitze Modell 1938 (M-30) ab 1971 in die Artillerie-Regimenter der MSD/PD.
Mitte der 1950er Jahre wurde das *Werk Nr. 9 Uralmashzawod* in Swerdlowsk (heute Jekatarinenburg) mit der Entwicklung einer neuen 122-mm Haubitze beauftragt. Als Basis diente die 122-mm Haubitze Modell 1938 (M-30). Mängel, die unbedingt beseitigt werden mussten, waren die unzureichende Treffergenauigkeit und das unzeitgemäße Design der Lafette, die nur bedingt für die Rundumverteidigung ausgelegt war. Im Mai 1960 wurde die neue 122-mm Haubitze D-30 in die sowjetische Armee übernommen.
Eine revolutionäre Neuerung war der auf der Unterlafette um 360° drehbar aufgesetzte Oberlafettenkörper. Die wichtigsten Baugruppen der Oberlafette waren die Rohrwiege, die Elemente der Rohrrücklaufeinrichtung, die Höhen- und Seitenrichtmaschine, das Fahrwerk mit Fahrwerkumsteller sowie die Zieleinrichtung. Der Oberlafettenkörper nahm alle Baugruppen auf, die beim horizontalen Richten benötigt wurden. Er war drehbar auf dem Unterlafettenkörper gelagert. Zum groben und schnellen Drehen konnte die Seitenrichtmaschine ausgerückt werden und das Rohr an der Mündungsbremse geschwenkt werden. Der Oberlafettenkörper war mit dem drehstabgefederten Fahrwerk verbunden. Der Fahrwerkumsteller diente dem Umstellen des Fahrwerks in die Marsch-, beziehungsweise Gefechtslage.

Das Geschütz war für das Nachtschießen mit dem Beleuchtungsgerät LUTSCH D-726 oder EB-62a/1-3 ausgestattet. Die dazu notwendigen Akkumulatoren wurden in einem Kasten am Schutzschild transportiert. Zur Unterlafette gehörten der Unterlafettenkörper, die drei Holme und der Spindelheber. Das Geschütz verfügte über einen starren, am Unterlafettenkörper

Die 122-mm Haubitze D-30 in Feuerstellung.

Mithilfe von Erdpfählen wurde ein Verrücken der Haubitze auf weichem Boden verhindert.

angeschweißten Holm und zwei bewegliche Holme. In Gefechtslage standen die Holme in einem Winkel von 120° zueinander. In Marschlage wurden die beweglichen Holme von der Holmzurrung am starren Holm gehalten. Der Spindelheber mit Stützteller, Bestandteil der Unterlafette, diente dem Heben und Senken des Geschützes in die Marsch- oder in die Gefechtslage. Außerdem ermöglichte er das Schwenken des Geschützes mit den Holmen. Mit zwei Heberkurbeln wurde das Geschütz angehoben, danach die Räder gehoben und arretiert sowie die beiden beweglichen Holme gespreizt. Zum Schluss wurde das Geschütz auf die Holme gesenkt und der Stützteller nach oben gebracht. Das Geschütz war gefechtsbereit. Eine weitere Neuerung gegenüber dem Vorläufermodell war eine Mehrkammer-Mündungsbremse am Rohr. Dadurch konnte die Rücklaufenergie nach Abgabe des Schusses um etwa 50 Prozent abgeschwächt werden. Die Haubitze wurde mit dem starren Holm in Hauptschussrichtung aufgestellt. Bei einem Erhöhungswinkel von +22° konnte das Geschütz um 360° geschwenkt werden. Sollte das Rohr auf die maximale Erhöhung von 70° gebracht werden, musste sich das Bodenstück zwischen den beiden beweglichen Holmen befinden. Der Seitenrichtbereich durfte dann +/- 33° nicht überschreiten.
Mit dem Geschütz wurde getrennte Munition verschossen. Zum Kampfsatz gehörten 70 Splitter-Spreng- und 10 Hohlladungs-Granaten. Die Splitter-Spreng-Granaten wurden mit voller oder verringerter Ladung, mit erhöhter Wirkung oder mit Doppelzünder verschossen. Zum Kampf gegen gepanzerte Ziele wurden entweder flügel- oder drallstabilisierte Hohlladungs-Granaten eingesetzt. Sie erreichten bei einem Auftreffwinkel von 90° eine Durchschlagsleistung von 180 mm Panzerstahl - unabhängig von der Zielentfernung.
Neben den hauptsächlichen Einsatzmöglichkeiten einer Haubitze wurde sie auch zum Schaffen von Nebelwänden, zum Beleuchten des Gefechtsfeldes und zum Verschießen von Agitations-Granaten eingesetzt.

Anfang der 1980er Jahre erfolgte die Zuführung der **122-mm Haubitze D-30A**, eine Weiterentwicklung der Haubitze D-30. Auffälligste Veränderung war die Verwendung einer neuen Zweikammer-Mündungsbremse an der Rohrmündung. Weiterhin kamen leichtere Räder zum Einsatz, die Oberlafette und die Unterlafette wurden im Aufbau vereinfacht. Die Haubitze war mit einer Innenbacken-Druckluftbremse ausgerüstet, die vom Zugmittel aus bedient wurde. Die ballistischen Angaben des Geschützes und seine Einsatzgrundsätze änderten sich nicht: Es wurde die gleiche Munition verschossen, die gleichen Zieleinrichtungen verwendet. Die Haubitze war, wie ihre Vorgängerin, mit dem Beleuchtungsgerät LUTSCH D-726 oder dem EB-62a/1-3 für das Nachtschießen ausgerüstet. Das Heben und Senken der Haubitze bei ihrer Umstellung in die

Für die 122-mm Haubitze D-30 kam der Lkw URAL-375 als Zugmittel zum Einsatz.

122-mm Haubitze	D-30	D-30A
GRAU-Index	2A18	2A18M
Einführungszeitraum	1971	1982
Einsatzebene	AR	AR
Kaliber (mm)	122	122
Rohrlänge (mm)	4785	4663
Maximale Schussentfernung (m)	15.300	15.300
Anfangsgeschwindigkeit Granate (m/s)	690	690
Feuergeschwindigkeit (S/min)	6 - 8	6 - 8
Marschgeschwindigkeit (km/h)	60	80
Erhöhungswinkel max. (Grad)	70	70
Neigungswinkel max. (Grad)	7	7
Seitenschwenkbereich (Grad)	360	360
Richtaufsatz	D725-45	D726-45
Rundblickfernrohr	PG1M	PG1M
Zielfernrohr	OP4M-45	OP4M-45
Länge in Marschlage (mm)	4500	5400
Breite (mm)	1950	2208
Höhe bis Oberkante Schild (mm)	1420	1420
Spurweite (mm)	1850	1850
Bodenfreiheit (mm)	325	325
Masse Gefechtslage (kg)	3200	3300
Masse Marschlage (kg)	3290	2400
Kampfsatz	80	80
Granatarten	Spl-SprG, HL	Spl-SprG, HL
Index der Granaten	462	462
Zugmittel	URAL-375	URAL-375
Bedienung	6	6
Zugmittel	LO-1800A	LO-1800A
Bedienung	6	5

Marsch- oder in die Gefechtslage erfolgte bei der D-30A mit Hilfe einer hydraulischen Hebeeinrichtung. Die Bewegliche Führungsstelle PU-3M-1 auf Spezial-Kfz ZIL-131 kam zur Führung der 122-mm Haubitz-Abteilungen D-30/D-30A ab Planungszeitraum 1981 bis 1985 zum Einsatz. Ab 1986 wurde sie auch in den Grenztruppen der DDR eingeführt.

Laut einer Analyse der *Altersstruktur der Hauptarten der Militärtechnik der NVA* vom August 1990 befanden sich 305 Haubitzen D-30 und 90 Haubitzen D-30A im Bestand der NVA. Die Bundeswehr übernahm diese Waffen und ordnete sie in die Kategorie III - Aussonderung ein.

Die Haubitze D-30A in Marschlage, die beiden beweglichen Holme wurden am mittleren, starren Holm befestigt.

Die 122-mm Haubitze D-30A in Gefechtslage. Neu war hier die Zweikammer-Mündungsbremse.

152-mm Haubitze Modell 1909/30

152-мм гаубица образца 1909/30 годов
= 152-mm Haubitze Modell 1909/30

152-mm Haubitze Modell 1909/30	
GAU-Index	52-G-534
Einführungszeitraum	1950
Einsatzebene	Division
Kaliber (mm) / Kaliberlängen	152 / 14,2
Rohrlänge (mm)	2160
Maximale Schussentfernung (m)	9850
Feuergeschwindigkeit (S/min)	5 - 6
Marschgeschwindigkeit (km/h)	7
Erhöhungswinkel max. (Grad)	45
Neigungswinkel max. (Grad)	0
Seitenschwenkbereich (Grad)	5
Länge (mm) Marschlage / Gefechtslage	6785 / 5785
Breite (mm)	1525
Höhe bis Oberkante Schild (mm)	1880
Masse Gefechtslage (kg)	2810
Masse Marschlage (kg)	3270
Marschgeschwindigkeit (km/h)	6 - 8
Index der Granate	534
Zugmittel	S-80
Bedienung	8

Neben den Gewehren vom Modell 1888 zählte die 152-mm Haubitze Modell 1909/30 zu den ältesten Waffen in den Streitkräften der DDR.
Die Entwicklung der 152-mm Haubitze begann 1908 im *Putilow Werk*. Im russisch-japanischen Krieg zeigte sich, dass für die Bekämpfung von Feldbefestigungsanlagen wie Bunkern oder massive Unterstände eine 152-mm Haubitze dringend erforderlich war. Da in Russland bereits 6-Zoll Kanonen (152,4 mm) eingesetzt wurden, die Munitionsherstellung für dieses Kaliber also etabliert war, kam eine Haubitze gleichen Kalibers in Frage.

Angelehnt an eine französische Haubitze der Firma Schneider, kam die 152-mm Haubitze Modell 1909 in das zaristische Heer. Es wurden rund 2500 Haubitzen produziert. In den späten 1920er Jahren beschloss die sowjetische Militärführung, die im I. Weltkrieg eingesetzten Geschütze zu modernisieren. Dabei erfuhr das Rohr der Haubitze eine Modernisierung. So konnte die Anfangsgeschwindigkeit der Granaten auf 395 m/s und damit die Reichweite von etwa 8000 m auf 9850 m gesteigert werden. Da die Haubitze nur einen einfachen, breiten Holm aufwies, lag der Seitenrichtbereich bei +/- 2,5°, worunter die Standfestigkeit der Haubitze litt. Das ungefederte Fahrwerk ließ nur eine geringe Marschgeschwindigkeit zu. Auch der Erhöhungswinkel von 45° konnte nicht verbessert werden. Ein besonderes Merkmal waren die zwei großen Speichenrä-

Ein wesentlicher Mangel der 152-mm Haubitze Modell 1909/30 war der einfache Holm, der wenig zur Standfestigkeit des Geschützes beitrug, den Seitenwinkel auf +/- 2,5° und den Erhöhungswinkel auf 45° begrenzte.

der, die im Zuge der Modernisierung gegen zwei Metall-Doppelräder mit Gummibelag ausgetauscht wurden. Die Elemente der Rohrrücklaufeinrichtung, Rohrbremse und Rohrvorholer, waren unter dem Rohr in einem Kasten untergebracht. Der geschwungene Schutzschild ging ab Höhe Rohr gerade nach oben. Genutzt wurde die Haubitze Modell 1909/30 mit Protze, für deren Zug acht Pferde oder ein motorisiertes Zugmittel notwendig waren.

In den Jahren 1941 bis 1942 erbeutete die deutsche Wehrmacht mehrere dieser Haubitzen und führte sie unter der Bezeichnung *15,2-cm s.F.H.445 (r) (15,2-cm schwere Feldhaubitze 445 (russisch)*. Für die erbeuteten sowjetischen Geschütze wurde ab Februar 1943 die Produktion von Splitter-Granaten aufgenommen.

Insgesamt erhielt die HVA zehn Geschütze, die ersten beiden bereits im April 1950. Sechs Haubitzen wurden für Ausbildungszwecke verwendet, vier befanden sich im AR-5. Zu den Geschützen wurden zwei Sätze Geschützzubehör und ein Satz Batteriezubehör empfangen. Obwohl bis mindestens 1957 genutzt, spielten sie in der Perspektivplanung der NVA keine Rolle. Eine 152-mm Haubitze Modell 1909/30 wurde an das Militärmuseum der DDR abgegeben.

Die 152-mm Haubitze Modell 1909/30 mit Protze, typisch der geschwungene Schild.

152-mm Haubitze Modell 1943 (D-1)

**152-мм гаубица образца 1943 года (Д-1)
= 152-mm Haubitze Modell 1943 (D-1)**

Zum Erlernen der modernen sowjetischen Waffentechnik wurden in der Zeit vom 28.3. bis 04.04.1950 unter anderem sieben 152-mm Haubitzen Modell 1943 (D-1) an die damaligen B-Schulen (Artillerie-Schulen) der Hauptverwaltung Ausbildung (HVA) übergeben. Im Oktober 1952 wurden weitere 16 Haubitzen an die bestehenden Bereitschaften ausgeliefert. Die letzten beiden Geschütze liefen der NVA 1958 zu, so dass die AR-3 und AR-5 über jeweils zwölf Haubitzen verfügten.

Die Entwicklung der 152-mm Haubitze begann Ende 1942 im *Werk Nr. 9 Uralmashzawod* in Swerdlowsk, die Produktion im August 1943. In den 1930er Jahren führte die Regierung der UdSSR Buchstaben-Indexe für einzelne Werke ein. Der Index »D« wurde dem Werk Nr. 9 Uralmashzawod zugeordnet, so dass die dort hergestellten Produkte beispielsweise die Bezeichnungen D-1 führten.

Bei der Konstruktion der neuen Haubitze stützten sich die Konstrukteure auf die Lafette der 122-mm Haubitze Modell 1938. Um den Rückstoß des neuen großkalibrigen Rohres zu reduzieren, kam eine Zweikammer-Mündungsbremse zum Einsatz. Der Rohrvorholer, Bestandteil der Rohrrücklaufein-

Die 152-mm Haubitze Modell 1943 (D-1) mit genieteten (linkes Bild) und geschweißten Holmen in Gefechtslage.

152-mm Haubitze Modell 1943 (D-1)	
GAU-Index	52-G-536A
Einführungszeitraum	ab 1950
Einsatzebene	Armee
Kaliber (mm)	152,4
Rohrlänge (mm) / Kaliberlängen	3527 / 23
Maximale Schussentfernung (m)	12.400
Anfangsgeschwindigkeit Granate (m/s)	508
Weite des direkten Schusses (m)	580
Feuergeschwindigkeit (S/min)	3 - 4
Marschgeschwindigkeit (km/h)	25
Erhöhungswinkel max. (Grad)	63
Neigungswinkel max. (Grad)	3
Seitenschwenkbereich (Grad)	35
Richtaufsatz	ja
Rundblickfernrohr	PG, PG1
Nachtbeleuchtungssatz	LUTSCH-4
Länge in Marschlage (mm)	7200
Breite (mm)	2000
Höhe bis Oberkante Schild (mm)	1880
Bodenfreiheit (mm)	370
Masse Gefechtslage (kg)	3600
Masse Marschlage (kg)	3640
Kampfsatz	60
Granatarten	Spl-SprG, BG
Index der Granaten	530
Zugmittel	S-80, ATS
Bedienung	8

richtung befand sich über, die Rohrbremse unter dem Rohr. Beide Elemente ragten weit über den Schild hinaus. Die Oberlafette war die Grundlage aller beweglichen Teile der Haubitze. Der Oberlafettenkörper war mit dem Unterlafettenkörper durch den Pivozapfen (Lagerzapfen) drehbar verbunden.

Mithilfe einer elastischen Scheibenfederung konnte das leichte Drehen des Oberlafettenkörpers beim Betätigen der Seitenrichtmaschine sichergestellt werden. Die Höhenrichtmaschine war als Zahnbogen-Richtmaschine an der rechten Seite des Oberlafettenkörpers angeordnet. Der Federausgleicher bestand aus zwei Zylindern mit je drei Federn, er erleichterte das Richten der Haubitze nach der Höhe. Die Unterlafette war als Spreizlafette konstruiert. Die beiden Holme der ersten Produktionsserie waren genietete, die folgenden geschweißte Kastenholme, an deren Ende sich ausklappbare Erdsporne befanden. Als Räder wurden Stahlscheibenräder mit einer Schwammgummi-Zellbereifung verwendet, die über Innenbackenbremsen verfügten. Die Blattfederung wurde beim Bewegen des linken Holmes automatisch ein- oder ausgeschaltet. Die Zieleinrichtung bestand aus einer Zeigerzieleinrichtung mit unabhängiger Visierlinie und einem Rundblickfernrohr.

Zum Kampfsatz der Haubitze gehörten Splitter-Spreng-Stahlhaubitz-, Splitter- und Betonhaubitz-Granaten. Die Kampfladung der 152-mm Haubitze bestand aus der Grundladung (0,64 kg), vier gleichschweren unteren (0,21 kg) und vier gleichschweren oberen (0,53 kg) Pulverbeuteln. Die Ladung wurde entsprechend der zu erfüllenden Feueraufgabe zusammengestellt. Bei voller Ladung erreichte die Splitter-Spreng-Stahlhaubitz-Granate eine Anfangsgeschwindigkeit von 508 m/s, mit der sechsten Ladung (Grundladung, zwei untere und vier obere Pulverbeutel) eine Anfangsgeschwindigkeit von 258 m/s. Um das demaskierende Mündungsfeuer bei Nacht zu reduzieren, wurden Vorlagen mit flammenlöschendem Salz der Kampfladung beigefügt.

Die 152-mm Haubitze Modell 1943 bekämpfte Artillerie, Granatwerfer, Atom-Artillerie, Raketenabschussbasen, lebende Kräfte und Panzer in Konzentrierungsräumen, vernichtete schwere Panzer und SFL im direkten Richten und zerstörte Feldbefestigungsanlagen. Mit Gründung der NVA und der damit verbundenen Umwandlung der beiden Territorialverwaltungen in die Militärbezirke III und V, wurden auch die 152-mm Haubitzen dem Kommandeur der MB direkt unterstellt. Im Angriffs- und Verteidigungsgefecht bezogen die Geschütze ihre Feuerstellung in der Hauptrichtung der Gefechtshandlung der Armee, etwa vier bis sechs Kilometer von der Hauptkampflinie entfernt. Als Zugmittel kamen in der KVP hauptsächlich Kettentraktoren S-80 oder mittlere Lkw ZIS-151 zum Einsatz. Da die Geschwindigkeit der Kettentraktoren höchstens zehn km/h betrug und eine Zuladung von Munition, EWZ oder das Mitführen der Bedienung nicht möglich war, wurden Alternativen benötigt. Abhilfe schaffte das 1956 zugeführte mittlere Kettenzugmittel ATS.

1971 ließen sich in den Ausrüstungsnachweisen 28 Haubitzen finden, von denen zehn nach nochmaliger Überprüfung auf Grund ihres technischen Zustandes zur Aussonderung vorgesehen waren. Die letztendlich in den MB III/MB V vorhandenen neun/neun Haubitzen wurden bis zum Verschuss der eingelagerten Munition für Übungszwecke genutzt.

Der Kettentraktor S-80 (oben) oder der mittlere Raupenschlepper ATS (unten) wurden als Zugmittel der 152-mm Haubitze Modell 1943 (D-1) eingesetzt.

Kanonen-Haubitzen

152-mm Kanonen-Haubitze Modell 1937 (ML-20)

152-мм гаубица-пушка образца 1937 года (МЛ-20)
= 152-mm Haubitzen-Kanone Modell 1937 (ML-20)

Entgegen der Originalbezeichnung (Haubitzen-Kanone) wurde dieses Geschütz unter der Bezeichnung 152-mm Kanonen-Haubitze in den NVA-Unterlagen, so im *Verzeichnis für Bewaffnung und Ausrüstung* geführt.
Die KVP erhielt die ersten Geschütze im Oktober 1952. Geschütze dieses Kalibers zählten zur Armee-, beziehungsweise Korps-Artillerie. Beide Territorialverwaltungen erhielten 16 Waffen. Dem Kommandeur der Territorialverwaltung war ein B-Kommando direkt unterstellt, in dem eine 152-mm Haubitz-Abteilung und zwei 152-mm Kanonen-Haubitz-Abteilungen (2x4 Geschütze) integriert waren. Zwei weitere Geschütze wurden als Ausbildungswaffe in der Artillerieschule und in der Artillerie- und Panzertechnischen Schule eingesetzt.

Die Entwicklung der 152-mm Kanonen-Haubitze, basierend auf der 152-mm Kanone Modell 1910/34, begann 1934. Die Buchstaben-Index „M“ (ML-20 - Werksbezeichnung) stand für das *Werk Nr. 172* in Perm, das mit dieser Aufgabe betraut wurde. Im Dezember 1936 begannen die Truppenerprobungen, im September 1937 erfolgte die Einführung in die Rote Armee. Da das Geschütz die Eigenschaften sowohl einer Haubitze (großer Höhenrichtwinkel) als auch einer Kanone (relativ große Mündungsgeschwindigkeit und Rohrlänge in Kalibern) vereinte, wurde es in der Haupt-Verwaltung für Artillerie des Verteidigungsministeriums der UdSSR (GAU) als Kanonen-Haubitze eingestuft.

Für die ML-20 wurden wesentliche Elemente, wie Rohr, Fahrwerk oder Unterlafette von der 152-mm Kanone Modell 1910/34 übernommen, beziehungsweise verbessert. Weiterhin konnte der Maschinenpark, der für die Produktion der 152-mm Kanone Modell 1910/34 eingesetzt wurde, genutzt werden. Zum Transport der Kanonen-Haubitze wurde das Rohr in

Die 152-mm Kanonen-Haubitze Modell 1937 (ML-20, links) und die 152-mm Haubitze Modell 1943 (D-1, rechts) auf dem Außengelände des Militärmuseums der DDR in Dresden.

Die 152-mm Kanonen-Haubitze Modell 1937 (ML-20) in Marschlage. Das Rohr wurde für den Marsch zurückgezogen.

eine Transportlage nach hinten gezogen, die beiden Holme auf einer Protze abgelegt. Besondere Merkmale waren die doppelt ausgelegten Speichen- oder Scheibenräder. Die hydraulischen Elemente der Rohrrücklaufeinrichtung waren nebeneinander unter dem Rohr angeordnet. Der Schutzschild war beidseitig sehr schmal ausgelegt. Das Rohr erhielt eine Mehrkammer-Mündungsbremse. Da das Geschützrohr beim Feuerkampf nach vorn gebracht wurde (beim Schießen mit großer Erhöhung war Platz für den Rohrrücklauf nötig), musste die Vorderlastigkeit des Rohres durch zwei Federausgleicher kompensiert werden. Um einen Erhöhungswinkel von bis zu 65° zu erreichen, wurden die beiden Federausgleicher nach hinten geneigt. Die Zeit des Umstellens von der Marsch- in die Gefechtslage betrug zwischen acht und zehn Minuten. Es wurden Splitter-Spreng-, Splitter-, Beton- sowie panzerbrechende Leuchtspurflach- und -spitzkopf-Granaten als getrennte Munition verschossen. Um die notwendigen Reichweiten mit den Splitter- und Splitter-Spreng-Granaten zu erzielen, wurde die Grundladung mit bis zu zwölf Ladungen ergänzt. Dadurch ergaben sich Anfangsgeschwindigkeiten der Granaten von 282 bis 655 m/s. Die panzerbrechenden Granaten wurden mit fertigen Ladungen beliefert, da die Schussentfernung auf gepanzerte Ziele bei maximal 4000 m lag. Die Anfangsgeschwindigkeit betrug 600 m/s, die Durchschlagskraft auf 300 m bei einem Auftreffwinkel von 90° lag bei 135 mm, auf 4000 m bei gleichem Auftreffwinkel bis zu 81 mm Panzerstahl.

Zu Beginn des II. Weltkrieges wurde eine beträchtliche Anzahl von 152-mm Kanonen-Haubitzen Modell 1937 von der Wehrmacht erbeutet und unter der Bezeichnung *15,2-cm KH 433/1 (r)* übernommen und eingesetzt. Im Februar 1943 begann in Deutschland die Massenproduktion der Splitter-Granaten.

152-mm Kanonen-Haubitze Modell 1937 (ML-20)	
GAU-Index	52-G-544A
Einführungszeitraum	1952
Einsatzebene	Armee
Kaliber (mm)	152,4
Rohrlänge (mm) / Kaliberlängen	4930 / 32,4
Maximale Schussentfernung (m)	17.200
Anfangsgeschwindigkeit Granate (m/s)	800
Feuergeschwindigkeit (S/min)	3 - 4
Marschgeschwindigkeit (km/h)	25
Erhöhungswinkel max. (Grad)	65
Neigungswinkel max. (Grad)	2
Seitenschwenkbereich (Grad)	58
Richtaufsatz	ja
Rundblickfernrohr	PG, PG1
Nachtbeleuchtungssatz	LUTSCH-4
Länge Gefechtslage (mm)	8000
Länge in Marschlage (mm)	8018
Breite (mm)	2340
Höhe bis Oberkante Schild (mm)	2270
Spurweite (mm)	1900
Bodenfreiheit (mm)	315
Masse Gefechtslage (kg)	7140
Masse Marschlage (kg) mit Protze	7930
Kampfsatz	60
Granatarten	Spl-SprG, BG, PG
Index der Granaten	540, 530
Zugmittel	S-80, ATS
Bedienung	9

In Berlin Tiergarten an der Straße des 17. Juni steht diese 152-mm Kanonen-Haubitze Modell 1937 (ML-20) in Gefechtslage.

In der KVP und in der NVA sollte die Kanonen-Haubitze zum Niederhalten lebender Kräfte und Mittel in und außerhalb von Deckungen, zum Zerstören von Erdbunkern und anderen Feldbefestigungsanlagen, zum Schießen von Gassen in Minen- und Drahtsperren sowie zum Kampf gegen Artillerie, Panzer und taktische Kernwaffenmittel eingesetzt werden. Als Zugmittel wurden anfänglich Kettentraktoren S-80 und S-100, ab 1956 das mittlere Kettenzugmittel ATS, eingesetzt.
1971 fanden sich in den Ausrüstungsnachweisen 38 Kanonen-Haubitzen, von denen acht auf Grund ihres technischen Zustandes zur Ersatzteilgewinnung ausgesondert werden mussten. Die im Zentralen Lager abgestellten Kanonen-Haubitzen wurden zur teilweisen Ausstattung der Truppen des Ersatzwesens eingesetzt. Für jedes Geschütz waren noch vier Kampfsätze vorhanden. Durch die Einführung der 130-mm Kanone M-46 und die 152-mm Kanonen-Haubitze D-20 konnte die 152-mm Kanonen-Haubitze Modell 1937 (ML-20) gänzlich ausgemustert werden.

Die 152-mm Kanonen-Haubitze Modell 1937 (ML-20) mit größtem Erhöhungswinkel.

Sowohl der Kettentraktor S-80 als auch das mittlere Raupenschlepper ATS wurden als Zugmittel eingesetzt. In der KVP und später auch in der NVA kamen Kanonen-Haubitzen mit Speichen- oder mit Scheibenrädern zum Einsatz.

Für die 152-mm Kanonen-Haubitze Modell 1937 (ML-20) sind das doppelt bereifte Fahrwerk und die nach hinten geneigten Federausgleicher typisch.

152-mm Kanonen-Haubitze D-20

152-мм пушка-гаубица Д-20
= 152-mm Kanonen-Haubitze D-20

Die 152-mm Kanonen-Haubitze D-20 war vor allem zum Bekämpfen von Kernwaffen-Einsatzmitteln und von Funkmess-Stationen, zum Zerstören von Feld- und Betonbefestigungsanlagen sowie zum Niederhalten von Führungsstellen und rückwärtigen Einrichtungen vorgesehen. Sie wurde bereits 1960 in das *Verzeichnis der Bewaffnung und Ausrüstung*, ab 1962 in die Stellenpläne und Ausrüstungsnachweise der Artillerie-Regimenter der Militärbezirke (18 Geschütze) aufgenommen.

Da die Sowjetunion vorerst keine Geschütze lieferte, kam die 130-mm Kanone M-46 als Ersatzbewaffnung in die Ausrüstung der Artillerie-Regimenter der Militärbezirke. Erst im Planungszeitraum 1971 bis 1975 erfolgte die Zuführung der 152-mm Kanonen-Haubitze. Sie ergänzte die Ausrüstung der AR der MB und die AR der Divisionen.
Unmittelbar nach dem II. Weltkrieg begann im *Werk Nr. 9 Uralmashzawod* in Swerdlowsk die Entwicklung eines Nachfolgemodells für die im *Werk Nr. 172* in Perm gebaute 152-mm Kanonen-Haubitze Modell 1937 (ML-20). Die Produktion begann 1953, 1955 wurde die Fertigung nach Stalingrad, ins *Maschinenbau-Werk Barrikade, Werk 221*, verlegt.
Das Rohr der Kanonen-Haubitze verjüngte sich nach vorn, das hintere Ende war zylindrisch und diente der Rohrführung

152-mm Kanonen-Haubitze D-20	
Einführungszeitraum	ab 1973
GRAU-Index	52-P-546
Einsatzebene	Armee
Kaliber (mm)	152,4
Rohrlänge (mm)	5195
Maximale Schussentfernung (m)	17.410
Anfangsgeschwindigkeit Granate (m/s)	655
Feuergeschwindigkeit (S/min)	5 - 6
Marschgeschwindigkeit (km/h)	60
Erhöhungswinkel max. (Grad)	45
Neigungswinkel max. (Grad)	5
Seitenschwenkbereich (Grad)	58
Richtaufsatz	S71
Rundblickfernrohr	PG1M
Zielfernrohr	OP4M
Länge in Marschlage (mm)	8690
Breite (mm)	2400
Höhe bis Oberkante Schild (mm)	1925
Spurweite (mm)	1900
Bodenfreiheit (mm)	380
Masse Gefechtslage (kg)	5650
Masse Marschlage (kg)	5700
Kampfsatz	60
Granatarten	Sprl-SprG, HL
Index der Granaten	540
Zugmittel	Tatra 813, Tatra 815

Die 152-mm Kanonen-Haubitze D-20 in Gefechtslage.

Ausbildungspause an mehreren 152-mm Kanonen-Haubitze D-20.

beim Rücklauf. Die Zweikammer-Mündungsbremse leitete einen Teil der Pulvergase durch seitliche Öffnungen ab, wodurch einiges der Rückstoßenergie kompensiert werden konnte. Der Verschluss wurde als halbautomatischer Fallkeilverschluss konstruiert. Nach dem Schuss wurde er automatisch geöffnet und die beschossene Hülse ausgeworfen.

Rechts auf der Rohrwiege war die Rohrbremse, links der Rohrvorholer angeordnet. Sie ragten über den Schild hinaus. Der aus zwei Hälften bestehende Schutzschild verfügte zusätzlich über einen beweglichen Schild über dem Rohr und einem klappbaren Unterschild. Die beiden Schildhälften hatten abklappbare Oberteile. In der linken Schildhälfte befanden sich die Fenster für das Zielfernrohr und das Rundblickfernrohr. An der rechten Schildhälfte war die Bremsschlussleuchte für den Marsch integriert. Die links angeordnete Höhenrichtmaschine ermöglichte das vertikale, die Seitenrichtmaschine das horizontale Richten des Rohres. Links und rechts von der Rohrwiege befanden sich die beiden Rohrausgleicher, die ein leichtes und gleichmäßiges Heben und Senken des Rohres ermöglichten sowie seine Vorderlastigkeit ausglichen. Das Fahrwerk mit Federung wurde im kastenförmigen Unterlafettenkörper gelagert. Die drehstabgefederten Halbachsen nahmen die Räder und die Elemente der Druckluftbremsen auf. Eine hydraulische Hebeeinrichtung ermöglichte das Heben der Haubitze auf den Stützteller. Danach wurden zur Entlastung des Fahrwerkes in Gefechtslage die Räder angehoben.

Die geschweißten Kastenholme waren schwenkbar an der Unterlafette befestigt. In Marschlage wurden die beide Holmenden mit einer Holmzurrung verbunden. Beide Holmenden verfügten über eine Laufrolle, die das Spreizen, beziehungs-

Auf Paraden immer gern gezeigt, die 152-mm Kanonen-Haubitze D-20 mit dem TATRA-813 als Zugmittel (rechts). Auch der große TATRA-815 8x8 kam als Zugmittel in Frage.

Die Funkmess-Station P-15 nach dem Feuerüberfall mit zwölf 152-mm Kanonen-Haubitzen D20.

weise Schließen der Holme erleichterte. Da die Haubitze über einen Holmheber verfügte, wurde die Arbeit zum Umstellen von der Marsch- in die Gefechtslage und umgekehrt bedeutend erleichtert. Beim Schießen auf lockerem Boden konnten die an den Holmenden befestigten Erdsporne abgeklappt und in den Erdboden versenkt werden. Durch das Arretieren der Holme mit Erdpfählen war ein Schießen auf gefrorenem Boden möglich. Ein Richtaufsatz ermöglichte das gezielte Feuer aus gedeckten Stellungen oder das Schießen im direkten Richten. Das Rundblickfernrohr diente dem Einrichten der Kanonen-Haubitze, dem Messen von Winkeln und dem Beobachten des Gefechtsfeldes. Ein Kollimator bot in Verbindung mit dem Rundblickfernrohr die Möglichkeit das Geschütz bei schlechter Sicht oder bei Dunkelheit einzurichten. Mit dem Zielfernrohr wurde hauptsächlich im direkten Richten geschossen.

In der *Anordnung 07/73 Festlegung einheitlicher Kampfsätze für die Bewaffnung der NVA* wurde zum ersten Mal der Kampfsatz der 152-mm Kanonen-Haubitze D-20 festgelegt. Verschossen wurden als getrennte Munition 34 Splitter-Spreng-Granaten mit voller und 22 Splitter-Spreng-Granaten mit verringerter Ladung sowie vier Hohlladungs-Granaten. Die Splitter-Spreng-Granaten konnten, abhängig von der Zünderstellung, als Abpraller, als Splitter-Granate oder als Spreng-Granate mit oder ohne Verzögerung verschossen werden. Die Hohlladungs-Granate durchschlug bis 3000 m, bei einem Auftreffwinkel von 90°, Panzerung mit einer Stärke von 250 mm. Als Ersatz für die Hohlladungs-Granate konnten Panzer-Granaten mit LS verschossen werden. Die volle Ladung bestand aus drei Teilen, sie wurde nicht verändert und verlieh der Granate eine Anfangsgeschwindigkeit von 655 m/s. Die verringerte Ladung bestand aus einer Grundladung und fünf gleichartigen oberen Teilladungen, die je nach Gefechtsaufgabe zusammengesetzt wurde. Mit ihr variierte die Anfangsgeschwindigkeit von 282 bis 606 m/s. Das Verschießen der Hohlladungs-Granate erfolgte ohne Vorbereitung der Spezialladung.

1988 führte die Verwaltung Panzerdienst in Zusammenarbeit mit dem Raketen- und Waffentechnischen Dienst Beschussversuche an NVA-Technik durch. Geschossen wurde mit einer Abteilung 152-mm Kanonen-Haubitzen D-20 (zwölf Geschütze) auf ein Zielfeld von 300x200 m, was den Ausmaßen eines Zugstützpunktes entsprach. Auf eine Entfernung von 8000 m wurden pro Geschütz 72 Granaten (12x72 = 864 Granaten) verschossen. Es wurden vier Feuerüberfälle je 216 Granaten innerhalb von vier Stunden geschossen. Dabei kamen 50 Prozent Splitter- und 50 Prozent Spreng-Granaten zum Einsatz. Die dabei erreichte Dichte des Feuers betrug eine Granate auf 69,4 m^2, also eine Granate auf eine Fläche von 8,34x8,34 m. Da die durchschnittliche Fläche eines Panzers etwa 20 m^2 betrug (3,3x6,0 m) lag die theoretische Trefferwahrscheinlichkeit auf einen Panzer/SPW bei rund 29 Prozent. Bei zwölf Panzern/SPW im Zielgelände bedeutete das eine Trefferzahl von drei Fahrzeugen, die tatsächlich erreicht wurde.
Neben verschiedener Panzertechnik wurde auch Kfz-Technik im Zielgebiet aufgestellt. Unter anderem eine Funkmess-Stati-

Direkt neben der Fahrertür des SPW-152W1 schlug eine 152-mm Spreng-Granate ein, womit er als Totalausfall eingestuft wurde. Man überprüfte und fotografierte den SPW als zehntes Fahrzeug des Beschussversuchs von 1988.

on P-15 auf einem mittleren Lkw ZIL-157 (Koffer), die ebenfalls zerstört wurde.

Bis 1989 stieg der Gesamtbestand an 152-mm Kanonen-Haubitzen D-20 auf 132 an. Somit konnten in den Landstreitkräften der NVA sieben Artillerie-Abteilungen/Artillerie-Regimenter mit 84 Geschützen im Soll 1 (Frieden) und mit 126 Geschütze im Soll 2 (Krieg) ausgerüstet werden. Sie wurden hauptsächlich in den Mobilmachungsdivisionen eingesetzt. Sechs Geschütze kamen in verschiedenen Ausbildungseinheiten zum Einsatz.

Die Ablösung durch die modernere 152-mm SFL-Haubitze 2S3M AKAZIE begann 1978.

Selbstfahrlafetten-Artillerie

76-mm SFL SU-76M

Самоходная установка СУ-76М
= Selbstfahrlafette SU-76M

Die 76-mm SFL SU-76M gehörte zur Erstausstattung der HVA und wurde von den Einheiten der KVP genutzt. Ihr Einsatz (21 SFL) erfolgte beispielsweise im *schweren C-SFL-Kommando/14. PR/PD Dresden*. Mit Aufstellung der 7. Panzer-Division wurden die SFL ausgesondert und im konservierten Zustand abgestellt.

Die Rote Armee verfügte mit Eintritt in den II. Weltkrieg über keine in Serie produzierte SFL, die sowohl zur artilleristischen Unterstützung der Infanterie als auch zum Kampf gegen Panzer eingesetzt werden konnte. In den späten 1930er Jahren wurden auf der Basis des leichten Panzers T-26 eine 76-mm Kanone, eine 122-mm Haubitze oder ein 152-mm Granatwerfer montiert, die ab 1938 in der Roten Armee unter der Bezeichnung SAU-5 *(Самоходная артиллерийская установка САУ-5 - Artillerie- Selbstfahrlafette SAU-5)* zum Einsatz kamen. Die in nur sehr kleiner Stückzahl produzierte SFL war zu langsam, zu schwer und im Feuerkampf instabil. Da sich in den Kampfhandlungen sehr schnell zeigte, dass die dringende Notwendigkeit einer mobilen Artillerieunterstützung bestand, wurde ab Anfang 1942 mit Nachdruck an dieser Aufgabe gearbeitet. Im November 1942 erfolgten die ersten Truppenerprobungen der SFL SU-12, ab Januar begann die Serienproduktion. Die SFL basierte auf dem um eine Laufrolle verlängerten Fahrwerk des leichten sowjetischen Panzers T-70M. Als Bewaffnung fand die bewährte 76,2-mm Kanone Modell 1942 (ZIS-3) mit einigen Korrekturen Verwendung.

Nach technischen Veränderungen (offener Kampfraum, Neuanordnung der Motoren) erhielt die SFL die Bezeichnung SU-76M. Da sich der Motor und die Elemente der Kraftübertragung im Bug der Wanne befanden, musste der Kampfraum im hinteren Teil des Fahrzeuges integriert werden. Es war Platz für die dreiköpfige Bedienung, für die Munition und das EWZ. Die Oberlafette bildete die Grundlage für die sich senkrecht bewegenden Teile des Geschützes. Das grobe Richten in der Waage-

Die 76-mm SFL SU-76M in Marschlage, der offene Mannschaftsraum war abgeplant.

rechten erfolgte mit der Wanne. Für das feine Richten konnte die Oberlafette, die mit einem Zapfen in einer Öffnung der Panzerwanne steckte, nach rechts oder links um 7,5° gedreht werden. Die Elemente der Rohrrücklaufeinrichtung wurden mit Hilfe von Panzerplatten vor Beschädigungen geschützt. Bei Märschen sicherte eine Zurrung die Kanone über der Fahrerluke. Die Waffe hatte einen Erhöhungswinkel von 30° und einen Neigungswinkel von 5°. Zum Kampfsatz gehörten 31 Splitter-Spreng-Granaten, 14 Unterkaliber- und 15 Panzer-Granaten mit LS (Index der Granaten 350, 353 und 354). Die Feuergeschwindigkeit betrug bis zu 20 S/min.

Die SFL wurde zur Feuerunterstützung der Infanterie und zum Kampf gegen gepanzerte Ziele eingesetzt, wobei Panzerungen von 69/38 mm bei einem Auftreffwinkel von 90° auf 500/3000 m Entfernung durchschossen wurde. Bei maximaler Rohrerhöhung konnten Schussweiten von bis zu 13.000 m erreicht werden. Zur Zieleinrichtung gehörten ein Richtaufsatz für das Schießen im indirekten, und ein Rundblickfernrohr für das Schießen im direkten Richten. Am Heck befand sich eine Halterung für das als Fla-MG genutzte 7,62-mm MG DT. Der Kampfraum war nach hinten offen, so konnte die Bedienung die zum Kampfsatz gehörenden Handgranaten und persönlichen Waffen flexibel im Nahkampf einsetzen, die Verbindung zur begleitenden Infanterie per Zuruf halten oder das Fahrzeug bei Treffern schnell verlassen. Die einfache Wartung und die hohe Zuverlässigkeit zeichneten die SFL aus. Durch die hohe Geländegängigkeit, gepaart mit einer geringen Masse, konnte die SFL die Infanteristen durch waldiges und sumpfiges Gelände begleiten und Furten und Brücken leicht passieren.
In der NVA wurde die SFL nur noch für Ausbildungszwecke verwendet, ihr Einsatz in Kampfverbänden war laut Stellenplänen von 1956 nicht mehr vorgesehen. Neben der Abgabe an die Deutsche Grenzpolizei, wurden mehrere SFL an die Volkswirtschaft (Braunkohle) übergeben und für den Umbau zur *Gepanzerten Werkstatt GPW-76* abgeführt. Zwei SFL wurden als *Panzerschieß-Ausbildungsfahrzeug* (PSAF) an der Offiziersschule der LaSK in Löbau umgebaut und eine SFL an das Militärmuseum der NVA in Dresden übergeben. Bis 1968 waren sämtliche SFL übergeben, umgerüstet oder verschrottet.

85-mm SFL SU-85 und 100-mm SFL SU-100

Самоходная артиллерийская установка САУ-85
= Artillerie-Selbstfahrlafette SAU-85
Самоходная установка СУ-100
= Selbstfahrlafette SU-100

Für die beiden Selbstfahrlafetten werden in der russischen Literatur sowohl die Bezeichnungen SU- als auch SAU- mit der Kaliberangabe verwendet. In der NVA wurden grundsätzlich nur die Bezeichnungen SU- verwendet.

In der Chronik der KVP hieß es (Auszug): *Die Bewaffnung der C-Einheiten erfolgte mit Aufstellung der ersten Territorialen Verwaltung. Dazu wurden in der Zeit vom 20.08.52 bis 30.09.52 empfangen und an die Einheiten übergeben:*

- ...
- 23 SFL 100
- 46 SFL 85
- ...

In den Stellenplänen der 1956 aufgestellten sieben Divisionen der Landstreitkräfte spielten beide SFL keine Rolle. Sie wurden als Ersatzbewaffnung in einzelnen, vorrangig Panzereinheiten, zum Beispiel zehn SFL-85 im PR-1 der 1. MSD, eingesetzt. Mit der Zuführung neuer Kampftechnik wurden die SFL anderweitigen Verwendungen zugeführt.
Ursprünglich wurden beide SFL-Varianten für die Panzerabwehr eingesetzt. Der gepanzerte Aufbau war vorn angeordnet, wobei Kampf- und Fahrerraum zusammengefasst wurden.

Die **85-mm SFL SU-85** basierte auf dem mittleren Panzer T-34/76 und der SFL SU-122, sie wurde ab Sommer 1943 in Swerdlowsk im *Уралмашзавод - Uralmaschzawod* produziert. Die 85-mm Kanone D-5S-85 ermöglichte es, feindliche mittlere Panzer bis 1000 m effektiv zu bekämpfen. Sie hatte eine Lauflänge von 48,8 Kalibern, im direkten Richten konnten Ziele bis 3800 m, im indirekten Richten bis 13.600 m bekämpft werden. Der vertikale Richtbereich lag zwischen -5° bis +25°, der horizontale betrug rechts/links jeweils 10°. Der Kampfsatz umfasste 48 Granaten, die sich in Unterkaliber-, Panzer- und Splitter-Granaten aufteilten (Index der Granaten 365). Die Anfangsgeschwindigkeit der Panzer-Granate lag bei 790 m/s mit einer Durchschlagskraft von 100 mm Panzerstahl bei einer Entfernung von 1000 m zum Ziel. Die Splitter-Granate hatte eine Anfangsgeschwindigkeit von 785 m/s. Die Schussfolge lag bei 6 bis 7 S/min. Die Abfeuerung der Granaten erfolgte von Hand, im Zuge der Serienproduktion wurde auf eine elektrische Abfeuerung umgerüstet.

Die 85-mm SFL SU-85 bei Manöver-Einsätzen.

Die 46 in der NVA eingesetzten 85-mm SFL SU-85 wurden 1961 zu *Panzerzugmaschinen mit und ohne Bergeausrüstung* umgerüstet und weiterverwendet.

Die **100-mm SFL SU-100** wurde ab August 1944 als Weiterentwicklung der SFL SU-85 in Swerdlowsk im *Uralmaschzawod* auf dem Fahrwerk des T-34/85 entwickelt und produziert. Der Kommandant erhielt einen kleinen Turm in der rechten Seitenwand des Kampfraumes. Hauptbewaffnung der SFL war die 100-mm Kanone D-10D Modell 1944 mit einer Lauflänge von 56 Kalibern. Die Kanone hatte einen Flachkeilverschluss mit mechanischer Halbautomatik und konnte mechanisch und elektrisch abgefeuert werden. Der vertikale Richtwinkel lag zwischen -3° bis +20°, der horizontale Schwenkbereich betrug rechts/links jeweils 8°. Für das horizontale Schwenken der Kanone wurde ein Rahmen eingesetzt, in dem die Rohrwiege mit Rohr befestigt war. Seine Befestigung an der Wanne der SFL erfolgte mit einem oberen und einem unteren Zapfen. Für das Schießen im direkten Richten bis 4600 m kam das Zielfernrohr TSch-19 zum Einsatz. Für das indirekte Richten bis maximal 15.400 m fanden eine Erhöhungslibelle und ein Rundblickfernrohr Verwendung. Die Rohrrücklaufeinrichtung bestand aus einer hydraulischen Rohrbremse und einem hydro-pneumatischen Rohrvorholer, die sich links, beziehungsweise rechts über dem Geschützrohr befanden. Die Besatzung wurde mit Hilfe eines Abweisers vor den zurücklaufenden

Die 100-mm SFL SU-100.

Teilen der Kanone geschützt. Zum Kampfsatz gehörten 33 Granaten, die sich in Panzer-Granaten mit LS und Splitter-Spreng-Granaten (Index der Granaten 412) unterteilten. Die Anfangsgeschwindigkeit der Panzer-Granate lag bei 900 m/s. Die Wanne war aus gewalzten Panzerplatten geschweißt. Die 75 mm starke Bugplatte hatte einen Neigungswinkel von 50° und bildete gleichzeitig die Frontplatte des Aufbaus.

Die 23 in der NVA eingesetzten SFL SU-100 wurden 1963 zu *Panzerzugmaschinen mit* und *ohne Bergeausrüstung* umgerüstet und weiterverwendet.

122-mm SFL-Haubitze 2S1 GWOSDIKA

122-мм самоходная гаубица 2С1 Гвоздика
= 122-mm selbstfahrende Haubitze 2S1 NELKE

Die 122-mm SFL-Haubitze 2S1 kam in den SFL-AA der MSR und den AR der MSD/PD ab 1976 zum Einsatz und löste die gezogenen 122-mm Haubitzen M-30 und D-30 ab.

1945, mit Ende des II. Weltkrieges, verfügte die Rote Armee hauptsächlich über Panzerabwehr- (SU-100) und sogenannte Angriffs-SFL (ISU-122, ISU-152). Die Hauptaufgabe dieser Waffen war die Begleitung von Infanterie und Panzern sowie das Bekämpfen feindlicher Ziele im direkten Richten. Zur gleichen Zeit begannen die westlichen Länder mit der Entwicklung selbstfahrender Kanonen und Haubitzen, die hauptsächlich aus gedeckten Stellungen schießen und allmählich die gezogene Artillerie verdrängen sollten. Die Notwendigkeit dieser selbstfahrenden Artillerie wurde in der UdSSR erkannt. Von 1947 bis 1955 wurden intensive Bemühungen unternommen, selbstfahrende Haubitzen herzustellen. 1955 wurde auf Anweisung von Nikita Chruschtschow die Arbeit an der selbstfahrenden Artillerie eingestellt. Das Vertrauen in die eigene Raketentechnologie verdrängte zeitweilig den Blick auf die Tatsache, dass die Raketen nicht die gesamte Palette an

Die Schwimmfähigkeit der 122-mm SFL-Haubitze 2S1 war ein riesiger taktischer Vorteil im Gefecht, hier mit angebauten Wasserleitapparaten vorn.

Bei der Tarnung der Gefechtstechnik war Kreativität gefragt.

Aufgaben der mittleren und schweren Artilleriewaffen übernehmen konnte. Einige Zeit später kam das Verteidigungsministerium der UdSSR zu dem Schluss, dass ein strategischer Atomkrieg unwahrscheinlich sei, da er zur Zerstörung beider Kriegsparteien führen würde. Gleichzeitig wurden lokale Kriege mit taktischen Kernwaffen wahrscheinlicher. In solchen Konflikten hatte die selbstfahrende Artillerie einen unbestreitbaren Vorteil gegenüber der gezogenen Artillerie. Mit dem Ende der Chruschtschow-Ära wurde die Entwicklung der selbstfahrenden Artillerie in der UdSSR wieder aufgenommen. Die zu dieser Zeit in der sowjetischen Armee befindliche selbstfahrende Artillerie entsprach nicht mehr den Anforderungen des modernen Krieges. 1967 erließ der Ministerrat der UdSSR ein Dekret, das die Grundlage für die Entwicklung einer 122-mm und einer 152-mm SFL-Haubitze für die Bodentruppen der Sowjetarmee bildete.

Als Basisfahrzeug für die 122-mm Haubitze D-30 kamen das Mehrzweck-Zug- und Transportmittel MT-LB, der Schützenpanzer BMP-1 oder das Basisfahrzeug 124 (Bestandteil des Fla-Raketensystemes 2K11 KRUG) in die nähere Auswahl. Die SFL sollte schwimmfähig sein und über eine um 360° drehbare Waffe mit großem Erhöhungswinkel verfügen. Letztendlich wurde das um eine Laufrolle verlängerte Fahrgestell des MT-LB, das Basisfahrzeug MT-LBu, verwendet. Ab 1970 wurde die neue 122-mm SFL-Haubitze 2S1 GWOSDIKA in den Einheiten der Sowjetarmee eingeführt. In der UdSSR erfolgte die Serienproduktion von 1971 bis 1991. In der VR Polen wurde ab 1972 und in der VR Bulgarien ab 1979 die SFL in Lizenz produziert.

Die 122-mm SFL-Haubitze 2S1 war ein leicht gepanzertes Gefechtsfahrzeug, das für den Einsatz am Tage und in der Nacht sowie im konterminierten Gelände vorgesehen war. Mit der schwimmfähigen SFL-Haubitze konnte nur im Stand geschossen werden, das Richten erfolgte indirekt oder direkt. Ihre Hauptaufgaben bestanden im Bekämpfen taktischer Kernwaffeneinsatzmittel des Gegners, im Zerstören, Niederhalten und Vernichten von Artilleriemitteln, Verteidigungsanlagen, B-Stellen, Brücken und Gebäuden, von gegnerischen Truppen in und außerhalb von Deckungen sowie von Panzern und gepanzerten Fahrzeugen. Weiterhin konnte die SFL-Haubitze zum Schaffen von Nebelwänden und Gassen in Sperren und Minenfeldern sowie zur Beleuchtung des Gefechtsfeldes eingesetzt werden.
Die Hauptbewaffnung der SFL-Haubitze bildete die 122-mm Haubitze 2A31, die in einem, um 360°, drehbaren Turm eingebaut war. Sie entsprach in Bezug auf Ballistik und verwendeter Munition der 122-mm Haubitze D-30. Zum Schutz der Bedienung erhielt das Rohr einen Ejektor, der nach jedem Schuss das Eindringen der Pulvergase in den Kampfraum verhinderte. Um die Elemente der Rohrrücklaufeinrichtung im Turm unterzubringen, erhielt das Rohr eine Zweikammer-Mündungsbremse, die einen Teil der Rückstoßenergie kom-

pensierte. Die SFL-Haubitze verschoss getrennte Munition. Laut Anordnung 01/84 über den Bestand und die Zusammensetzung der Kampfsätze der Munition für die Bewaffnung der NVA gehörten zum Kampfsatz 80 Granatpatronen, davon 70 Splitter-Spreng-Granaten (Index der Granaten 462) in vier Varianten und zehn Hohlladungs-Granaten (Index der Granate 3BK13) mit je einer Hülsenkartusche. Die Splitter-Spreng-Granaten wurden mit erhöhter Wirkung bei voller, beziehungsweise verringerter Ladung, als Splitter-Spreng-Granate mit verringerter Ladung und Doppelzünder verschossen. Weiterhin fanden auch Nebel-, Leucht- und Agitations-Granaten Verwendung. Die ab Anfang der 1980er Jahre in den Kampfsatz aufgenommene Hohlladungs-Granate 3BK13 wurde im direkten Richten gegen gepanzerte Ziele bis 2000 m mit einer Durchschlagsleistung von rund 450 mm homogenen Panzerstahl eingesetzt. Die Länge des Rohres betrug 4270 mm/35,5 Kaliber, der maximale Erhöhungswinkel der Haubitze lag bei 70°, der Neigungswinkel bei 3°. Die vierköpfige Bedienung erreichte eine Schussfolge von vier bis fünf S/min. Die maximale Schussentfernung betrug 15.200 m, die Weite des direkten Schusses bei einer Zielhöhe von zwei Meter lag bei 1040 m. In der SFL wurden 50 Prozent des Kampfsatzes mitgeführt. Eine Kuppel ermöglichte es dem Geschützführer die Rundumbeobachtung mit Hilfe des Beobachtungsgerätes TKN-3B und zwei Winkelspiegeln bei Tag und bei Nacht zu führen. Bei Nacht wurde das zu beobachtende Objekt mit dem Infrarot-Scheinwerfer angestrahlt. Die zum Schießen mit der Haubitze eingesetzte periskopische Zieleinrichtung PG-2 setzte sich hauptsächlich aus dem Rundblickfernrohr 3, dem mechanischen Richtaufsatz 4 und dem Zielfernrohr für direktes Richten OP5-37 zusammen. Der mechanische Richtaufsatz diente dem Einstellen des Aufsatzwinkels und des Geländewinkels sowie dem Horizontieren des Rundblickfernrohres.

Im Turm wurde ein sogenannter drehbarer Teil des Kampfraumes eingebaut, der die Unterbringung der Bedienung und die Aufnahme eines Teiles des Kampfsatzes ermöglichte. In den Munitionshalterungen wurden 40 Schuss (Granate und Hülsenkartusche) untergebracht. 24 Schuss befanden sich im Turm sowie im drehbaren Teil des Kampfraumes, 16 Schuss wurden im Heck der SFL-Haubitze deponiert. Der Turm konnte mit zwei unabhängigen Antrieben gedreht werden, mit dem Motor- und dem Handantrieb. Bis Baujahr 1975 entfernte ein Lüftungssystem Restpulvergase, die beim Schießen nach dem Abschuss in den Kampfraum gelangten. Ab Baujahr 1976 übernahmen diese Aufgabe zwei Filterventilationsanlagen (FVA), eine versorgte den Fahrer, die zweite die Bedienung im Kampfraum. Die FVA reinigte die angesaugte Luft von radioaktivem Staub sowie von chemischen und biologischen Kampfstoffen und erzeugte einen Überdruck in der SFL. Dadurch brauchte die Bedienung bei Kampfhandlungen im konterminierten Gelände keine Schutzbekleidung anlegen, was sich positiv auf die Handlungen der Bedienung auswirkte. Durch den Einsatz einer Munitions-Zuführereinrichtung wurden die Granaten und die Hülsenkartuschen in den Laderaum des Rohres transportiert, die Arbeitsbedingungen des Ladekanoniers konnten dadurch bedeutend verbessert werden. Bei Ausfall der Zuführereinrichtung erleichterte eine Granathalteeinrichtung das manuelle Laden, besonders bei großem Rohrerhöhungswinkel. Eine Laderutsche ermöglichte das Umladen der Munition aus dem Heck der SFL in den Kampfraum.

Der Einsatz der 122-mm SFL-Haubitze 2S1 GWOSDIKA erfolgte hauptsächlich in den Artillerie-Abteilungen der MSR und PR. Dadurch konnte die Manövrierfähigkeit der Feuereinheiten erhöht und der Schutz der Bedienungen vor der Feuereinwirkung des Gegners bedeutend verbessert werden. Die SFL-Haubitze konnte gemeinsam mit der Panzer- und SPW-Technik Wasserhindernisse überwinden, ihrem hohen Angriffstempo folgen und sie wirkungsvoll unterstützen.

Laut Stellenplan und Ausrüstungsnachweis der AR-7 und AR-9 von 1986 wurden jeweils 72 SFL-Haubitzen 2S1 in vier Artillerie-Abteilungen und 18 SFL-Haubitzen 2S3M eingesetzt, die mit Hilfe von jeweils fünf Führungssystemen 1W12 MASCHINA ihre maximale Kampfkraft entfalten konnten (Soll 2 Struktur).

Darüber hinaus verfügte die sieben. PD unter anderem über zwei automatisierte Führungsstellen, in denen ein Kommando-Stabsfahrzeug MP-24M für den *Chef Raketentruppen und Artillerie* (CRTA) und ein Kommando-Stabsfahrzeug MP-24M1 für den *Stabschef Raketentruppen und Artillerie* etabliert waren. Mit Hilfe der beiden Kommando-Stabsfahrzeuge und einem Rechenkomplex Stab RTA BETA-3M (für die Koordination sämtlicher taktischer Raketen- und Artilleriesysteme), alle drei Bestandteile des automatisierten Feld-Führungssystems PASUW, wurden die wichtigsten Artilleriesysteme der Division zentral geführt.

Von den 374 in der NVA eingesetzten 122-mm SFL-Haubitzen wurden ferner elf an die USA für Ausbildungs- und Trainingszwecke, 228 an Schweden und 27 an Finnland für den Einsatz in den Streitkräften abgegeben sowie 50 als Bodenziele auf Schießplätzen abgestellt.

152-mm SFL-Haubitze 2S3M AKAZIE

152-мм самоходная гаубица 2С3М Акация
= 152-mm selbstfahrende Haubitze 2S3M AKAZIE

Die AR der MSD/PD erhielten ab 1976 die 152-mm SFL-Haubitze 2S3M AKAZIE. Damit wurden sukzessiv die 152-mm Haubitzen D-20 abgelöst, im Ausbildungsjahr 1981/82 war die Umstellung abgeschlossen.
Bei der Entwicklung der 152-mm SFL-Haubitze 2S3 spielte das Dekret des Ministerrates der UdSSR von 1967 die entscheidende Rolle (siehe Einleitung 122-mm SFL-Haubitze 2S1 GWOSDIKA). Gefordert wurde eine Haubitze, die sich aus eigenem Antrieb schnell bewegen, aber auch mit Flugzeugen oder Ladungsschiffen transportiert werden konnte. Die Hauptbewaffnung sollte in einem um 360° drehbaren Turm mit großem Erhöhungswinkel eingebaut werden, ein Großteil des Kampfsatzes musste sich im Fahrzeug befinden. Notwendig war der Schutz der Bedienung vor den Pulvergasen und die Handlungsfähigkeit in kontaminiertem Gelände. Um diese schwierigen Forderungen zu erfüllen, mussten neue Hülsenkartuschen entwickelt und Abstriche an der Panzerung der SFL in Kauf genommen werden. Als Hauptbewaffnung fand die 152-mm Haubitze D-20 in abgewandelter Form Verwendung (Index 2A33), die im *Werk Nr. 9 Uralmashzawod* in Swerdlowsk produziert wurde. Als Fahrgestell fand die bereits ab 1947 von sowjetischen Technikern des Swerdlowsker *Maschinenbauwerk Uraltransmasch* konstruierte 100-mm SFL SU-100P Verwendung. Wesentliche Merkmale waren der Einsatz eines Stützrollenlaufwerkes und die Anordnung des Antriebes im Bug der Wanne.

Das Fahrzeug erhielt einen V-12-Viertakt-Dieselmotor. Die Kraftübertragung erfolgte mechanisch. Das Wechselgetriebe war mit beiden Lenkgetrieben verblockt. Die Laufrollen waren einzeln über Kurbellenker an Drehstäben aufgehängt und

Die 152-mm SFL-Haubitze 2S3M AKAZIE mit abgeklappter Selbsteingrabeeinrichtung.

Heckansicht der 152-mm SFL-Haubitze 2S3M AKAZIE (links), rechts werden Wartungsarbeiten nach der Ausbildung durchgeführt.

mit hydraulischen Teleskop-Stoßdämpfern versehen. Noch 1971, also 22 Jahre später, bildete dieses erfolgreiche Chassis die Grundlage für die SFL-Haubitze 2S3M und weiterer mobiler Waffensysteme, wie die Raketenleitstation 1S32 des Fla-Raketensystems 2K11 KRUG (Basisfahrzeug 124). Ende 1968 waren die ersten beiden Prototypen fertiggestellt, 1969 die Werkserprobung abgeschlossen. 1970 begannen die Serienproduktion und die Einführung in die Sowjetarmee. Ab 1973 produzierte das *Motoren-Werk Nr. 172* in Perm, ab 1983 das *Maschinenbau-Werk Barrikade, Werk 221*, in Wolgograd die SFL-Haubitze. Nach mehreren Neuerungen, beispielsweise einer verbesserten Funkausrüstung oder der veränderten Unterbringung der Munition durch Einbau eines Munitionsdrehschrankes im Turm, erhielt die Waffe den Index 2S3M.

Eingesetzt wurde die SFL im indirekten Richten bis maximal 17.300 m. Die Weite des direkten Schusses bei einer Zielhöhe von zwei Meter betrug 800 m. Es kam die Zieleinrichtung PG-4 zum Einsatz, die aus einem Rundblickfernrohr zum Schießen aus gedeckter Feuerstellung und aus einem Zielfernrohr zum Schießen im direkten Richten bestand. Gerichtet wurde die Waffe mit einem Bedienpult oder mit Handantrieben. Der horizontale Schwenkbereich betrug 360°, der Erhöhungswinkel 60°, der Neigungswinkel 4°. Das Rohr verfügte über einen Ejektor und eine Zweikammer-Mündungsbremse. Die Elemente der Rohrrücklaufeinrichtung ragten aus dem Turm heraus. Der Kampfsatz bestand aus 56 Splitter-Spreng-Granaten mit erhöhter Wirkung und vier Hohlladungs-Granaten (Index der Granaten 540). Die Hohlladungs-Granate erreichte eine Durchschlagsleistung von 250 mm bei einem Auftreffwinkel von 90°, unabhängig von der bis 4000 m betragenden Schussentfernung. In der SFL wurden vier Hohlladungs-Granaten und 42 Splitter-Spreng-Granaten mit 46 Hülsenkartuschen transportiert. Die aus vier Mann bestehende Bedienung erreichte eine Schussfolge von drei S/min. Um das Aufmunitionieren der SFL zu erleichtern, war im Kampfraum eine elektrisch angetriebene Transporteinrichtung integriert, die die Granaten und Hülsenkartuschen vom Heck in den Kampfraum transportierte.
Am Drehkranz der Geschützführerkuppel konnte ein 7,62-mm Panzer-MG PKT aufgebaut werden. Ihre Lafette war durch ein Gestänge mit dem Beobachtungsgerät TKN-3 des Geschützführers verbunden. Dadurch war ein gezieltes Feuer mit Hilfe der Entfernungsskala des Beobachtungsgerätes aus der Geschützführerkuppel heraus möglich. Zum Schießen war eine elektrische Abfeuerung im rechten Griff des Beobachtungsgerätes untergebracht. Eine Feuerführung im Antennenbereich des Funkgerätes verhinderte ein starres Widerlager. Zum Kampfsatz des 7,62-mm Panzer-MG PKT gehörten sechs Gurtkästen mit jeweils 250 Patronen.

Laut Stellenplan und Ausrüstungsnachweis wurden 90 SFL-Haubitzen in fünf Artillerie-Regimentern der Divisionen (AR-1, -7, -8, -9 und 11) und sechs in Ausbildungseinrichtungen eingesetzt. Im AR befanden sich 18 SFL, die mit Hilfe des Führungssystems 1W12 MASCHINA ihre maximale Kampfkraft entfalten konnten.
Darüber hinaus verfügte das AR-7 über ein Kommando-Stabsfahrzeug MP-24M für den *Chef Raketentruppen und Artillerie* (CRTA), ein Kommando-Stabsfahrzeug MP-24M1 für den *Stabschef Raketentruppen und Artillerie* und über einen Rechenkomplex Stab RTA BETA-3M (für die Koordination sämtlicher taktischer Raketen- und Artilleriesysteme), alle Teile des automatisierten Feld-Führungssystems PASUW. Damit war es möglich, mit Hilfe des rechnergestützten Führungssystems, die wichtigste Artilleriesysteme einer Division zentral zu führen.
Die Bundeswehr übernahm den gesamten Bestand von 96 152-mm SFL-Haubitzen 2S3M und stufte sie in die Kategorie III - Aussonderung ein.

152-mm Rad-SFL DANA

DANA - Dělo Automobilní Nabíjené Automaticky = Automobilgeschütz automatisch geladen

Am 14.03.1980 wandte sich der Stellvertreter des Ministers und Chef der Landstreitkräfte an den Stellvertreter des Ministers und Chef des Hauptstabes mit folgender Bitte:

Außerplanmäßige Konsultation in der CSSR
Im Perspektivzeitraum 1981/85 ist die Einführung der 152-mm SFL, System »Dana«, aus der CSSR-Produktion, als Hauptbewaffnung in den Landstreitkräften der NVA vorgesehen. Über dieses System liegen gegenwärtig keine exakten Angaben vor, die sowohl für die bevorstehende Erarbeitung der Strukturdokumente, für die Vorbereitung von Fragen der Instandsetzung als auch für die weitere Konzipierung der Ausbildungsbasis von Bedeutung sind. Darüber hinaus gibt es Unklarheiten über die Anpassung des Systems »Dana« an die zur SFL-Technik »Akazie« gehörende Führungstechnik aus sowjetischer Produktion. Eine umgehende Klärung der angeführten grundsätzlichen Probleme ist im Interesse einer rechtzeitigen Vorbereitung der Einführung dieser neuen Technik unerlässlich.

Daraufhin richtete sich der Stellvertreter des Ministers und Chef des Hauptstabes im April 1980 an den Ersten Stellvertreter des Ministers für Nationale Verteidigung und Chef des Generalstabes der Tschechoslowakischen Volksarmee, Genosse Generalleutnant Ing. Blahnik:

Werter Genosse Generalleutnant!
Gestatten Sie mir, daß ich mich mit folgender Bitte an Sie wende: Im Zusammenhang mit der vorgesehenen Entwicklung für den Zeitraum 1981 bis 1985 wird seitens der Nationalen Volksarmee der DDR auch die Möglichkeit in Erwägung gezogen, die Einführung der 152-mm Haubitze auf Selbstfahrlafette »Dana« aus der Produktion der Tschechoslowakischen Sozialistischen Republik zu prüfen. Dabei wäre es zur allseitigen Vorbereitung der Einführung und der Entscheidungsfindung für uns von großem Vorteil, wenn uns in der Tschechoslowakischen Volksarmee eine Konsultation zu diesem System gewährt werden könnte.

Die Entwicklung der 152-mm Rad-Selbstfahrlafette DANA begann 1969, NATO-Bezeichnung: *152-mm Selbstfahrlafette M-77*. 1972 stand der erste Prototyp für die Werkserprobung bereit. 1973 wurde der überarbeitete zweite Prototyp fertiggestellt und 1977 die Übernahme in die Tschechoslowakische

Die 152-mm SFL-Haubitze 2S3M AKAZIE mit abgeklappter Selbsteingrabeeinrichtung.

Die 152-mm Rad-SFL DANA, wie sie heute noch in der tschechischen Armee eingesetzt wird.

Volksarmee beschlossen. Der Hersteller der Waffe war das *Schwermaschinenwerk Dubnica nad Váhom*. Die Serienproduktion begann 1979, bis 1988 übernahm die tschechoslowakische Armee 364 von etwa 850 produzierten Haubitzen. Die 152-mm Rad-SFL DANA ersetzte nach und nach alle gezogenen 152-mm Haubitzen.

In einer Beschreibung durch die Bundeswehr ist folgendes vermerkt:

Kanonenhaubitze auf B-Rad-Fahrgestell des modifizierten Lkw-TATRA 815 (8x8). Triebwerk hinten. Der großvolumige, geschweißte Turm wird durch das Geschütz in zwei Hälften geteilt. Linke Turmhälfte vorne mit kegelstumpfförmigem Aufbau für Richtschützen; auf rechter Turmhälfte Fla-MG. Mehrere Luken und Ausblicke am Turm. Rohr mit einstufiger Mündungsbremse ragt über den Bug hinaus. Auf dem Rohr eine automatische Ladevorrichtung. Das Fahrzeug ist leicht gepanzert und mit einer zentralen Reifendruckregelanlage ausgestattet. Drei hydraulische Stützen (zwei seitlich, eine hinten) erhöhen die Stabilität beim Schießen. Die Kanonenhaubitze verfügt über eine ABC-Schutzanlage sowie über IR-Fahrgerät.

Zur Bedienung gehörten fünf Soldaten, die Gesamtausmaße (LxBxH) betrugen 11.156x3000x3350 mm bei einer Gefechtsmasse von 28.100 kg. Das Basisfahrzeug hatte eine Länge von 8870 mm. Die 152-mm Haubitze hatte eine Rohrlänge von 37 Kalibern, die Granaten erreichten bei einer Anfangsgeschwindigkeit von 693 m/s eine durchschnittliche Reichweite von 18.700 m. Mit reichweitengesteigerter Munition wurden bis 20.000 m erreicht. Der größte Erhöhungswinkel/Neigungswinkel lag bei +70°/-4°. Der Kampfsatz umfasste 40 Granaten, von denen 36 in einem Ladekarussell untergebracht waren. Beim automatischen Laden wurde eine Feuergeschwindigkeit von fünf S/min, beim Laden von Hand zwei S/min erreicht. Für den Selbstschutz kam ein 12,7-mm Fla-MG DSchK Modell 1938/43 und die persönlichen Waffen der Bedienung zum Einsatz. Die Rad-SFL erreichte mit dem 360 PS erzeugenden Motor eine maximale Geschwindigkeit von 80 km/h, im Gelände rund 25 km/h.

Es gibt keinen Eintrag im *Verzeichnis der Kampftechnik, Bewaffnung und Ausrüstung* aus den späten 1970er und frühen 1980er Jahren, die auf eine Zuführung der 152-mm Rad-SFL DANA in die NVA schließen lassen.

Mittlere Panzer

Auszug aus der DV-23/4 - Schießen der Panzereinheiten im direkten Richten und aus gedeckten Feuerstellungen - 1964: *Mittlere Panzer wurden zum* ***Schießen im direkten Richten*** *oder zum* ***Schießen aus gedeckten Feuerstellungen*** *eingesetzt. Die Panzereinheiten bekämpfen, wenn die Gefechtslage es erfordert und die Gelände- und Beobachtungsbedingungen es erlauben, wichtige Ziele durch zusammengefasstes Feuer im direkten Richten. Das zusammengefasste Feuer (ZF) der Panzereinheiten im direkten und indirekten Richten ist ein mächtiges Mittel zum Niederhalten und Vernichten des Gegners. Mit dem ZF einer Panzer-Kompanie werden größere Gruppenziele, wie Ansammlungen des Gegners, Kolonnen, Artillerie- und Granatwerfer-Batterien in Feuerstellungen, Gruppen angreifender Panzer, PALR-Einheiten und ähnliche bekämpft, während wichtige Einzelziele, wie beispielsweise einzelne Panzer, PALR und Pak im Allgemeinen durch das ZF des Panzerzuges bekämpft werden. Zusammengefasstes Feuer wird durch den Panzerzug auf Entfernungen bis zu 3500 m (ab 2500 m große Entfernung), durch die Panzer-Kompanie im gesamten Skalenbereich des Zielfernrohres, geschossen.*

Für das Schießen aus gedeckten Feuerstellungen fanden die Schusstafeln der jeweiligen Panzerkanone Verwendung. An Hand einer vom vorgesetzten Stab übergebenen vollständigen, oder einer behelfsmäßig ermittelten Wettermeldung mussten die Abweichungen, die sich aus den Unterschieden zwischen Schusstafel und tatsächlich vorherrschenden ballistischen und meteorologischen Bedingungen ergaben, errechnet werden.

Für die Bestimmung der Entfernung zum Ziel mussten die Abweichung des atmosphärischen Druckes und der Lufttemperatur, die Abweichung der Ladungstemperatur sowie die Längskomponenten des ballistischen Windes berücksichtigt werden. Die Bestimmung der Richtung zum Ziel beeinflussten die Seitenkomponenten des ballistischen Windes und die Drallabweichung.

Mittlerer Panzer T-34/85

Der mittlere Panzer T-34/85 war mit der 85-mm Kanone S-53 ausgerüstet, deren Länge 4645 mm/54,6 Kaliber betrug. Sie war eine halbautomatische, gezogene Waffe mit Fallkeilverschluss, mit mechanischer und elektrischer Abfeuerung. Gerichtet wurde sie mit Hilfe des Turmschwenkwerkes und der Höhenrichtmaschine. Der größte Erhöhungswinkel betrug 22°. Durch den Neigungswinkel von 5° entstand ein toter Raum von 23 m für die Kanone und das mit ihr gekoppelte Turm-MG rund um den Panzer. Zum Kampfsatz der Panzerkanone gehörten laut Anordnung 13/69 des *MfNV über den Bestand und die Zusammensetzung der Kampfsätze für die Bewaffnung der NVA* 55 Granatpatronen. Verschossen wurden 36 Splitter-, 13 Panzer- und sechs Unterkaliber-Granatpatronen (Index der Granaten 365). Die Einsatzreichweite der SplG mit voller Ladung, Anfangsgeschwindigkeit 785 m/s, lag beim Schießen aus gedeckter Feuerstellung bei etwa 13.800 m. Das Schießen bei schlechter Sicht und bei Nacht erfolgte nach vorbereiteten Anfangsangaben. Die dafür notwendigen Hilfsmittel waren der Turmteilring und die Erhöhungslibelle am Bodenstück der Kanone. Die PG und die UKG kamen im direkten Richten zum Einsatz. Die UKG mit einer Anfangsgeschwindigkeit von 1040 m/s konnte bis auf eine Entfernung von 1500 m eingesetzt werden. Die Panzer-/Unterkaliber-Granaten durchschlugen bei einem Auftreffwinkel von 90° und einer Zielentfernung von 100 m ca. 117/165 mm Panzerstahl. Auf 3000 m erreichte die Panzer-Granate eine Durchschlagskraft von noch 67 mm.

Der mittlere Panzer T-34/85 Modell 1944 mit größter Rohrerhöhung. So konnte der Panzer bis etwa 13.800 m weit schießen.

Mittlerer Panzer T-54

Der mittlere Panzer T-54 war mit der 100-mm Panzerkanone D-10T ausgerüstet, einer Weiterentwicklung der bereits in der SFL SU-100 verwendeten Kanone D-10. Die halbautomatische Kanone hatte ein gezogenes Rohr mit Schubkurbel-Flachkeilverschluss. Der Höhenrichtbereich lag zwischen +18° und -5°, der Seitenrichtbereich betrug 360°, die Schussfolge vier bis sieben S/min. Zum Einsatz kamen 20 Splitter-Spreng- und 14 Panzer-Granatpatronen mit LS (Index der Granaten 412). Die Spl-SprG erreichte bei einer Anfangsgeschwindigkeit von 600 m/s eine maximale Schussentfernung von rund 15.600 m. Die Panzer-Granate, die Anfangsgeschwindigkeit lag bei 900 m/s, durchschlug bei einem Auftreffwinkel von 90° und einer Zielentfernung von 500/3000 m etwa 200/125 mm Panzerstahl. Mit den Versionen T-54A und T-54AM erhielt die 100-mm Kanone D-10TG, bei gleichem Kampfsatz, einen Ejektor und einen Stabilisator für die vertikale Ebene. Mit Hilfe eines Steuerpultes konnte die Kanone in Höhe und Seite über elektrische und hydraulische Antriebe gerichtet werden. Nach mehreren Modernisierungen verfügten sämtliche Panzer der T-54-Reihe über eine Nachtschießanlage für Kommandant und Richtschütze. Ab Anfang der 1980er Jahre wurde der Kampfsatz um sechs Hohlladungs-Granaten erweitert.

Der mittlere Panzer T-54AM mit der 100-mm Kanone D-10TG. Neu war der Ejektor an der Rohrmündung.

Mittlerer Panzer T-55

Der mittlere Panzer T-55 war mit der 100-mm Panzerkanone D-10T2S ausgerüstet. Das gezogene Rohr verfügte über einen Ejektor an der Rohrmündung und einen Schubkurbel-Flachkeilverschluss. Der vertikale Richtbereich lag zwischen +17° und -4°. Zum Kampfsatz der Panzerkanone gehörten laut *Anordnung 13/69 des MfNV über den Bestand und die Zusammensetzung der Kampfsätze für die Bewaffnung der NVA* 43 Granatpatronen, 26 Splitter-Spreng-, neun Panzer- und acht Hohlladungs-Granatpatronen (Index der Granaten 412). Mit der Umstellung der Kampfsätze ab 1973 verfügte der mittlere Panzer T-55 über 22 Splitter-Spreng-, sechs Hohlladungs- und 15 Unterkaliber-Granatpatronen. Die Anfangsgeschwindigkeit der Spl-SprG betrug 900 m/s, dabei konnte eine maximale Schussweite von 14.600 m erreicht werden. Mit der Unterkaliber-Granate wurde bei einer Anfangsgeschwindigkeit von 1415 m/s und einer Entfernung von 2000 m monolither Panzerstahl von bis zu 190 mm durchschlagen. Die Weite des direkten Schusses auf ein 2,7 m hohes Ziel lag bei 1930 m. Mit der Hohlladungs-Granate, Anfangsgeschwindigkeit 900 m/s, wurde Panzerung von bis zu 400 mm bei einem Auftreffwinkel von 90° durchschlagen (nach russischen Quellen). Um eine Verwirbelung des Gasstrahles bei der Detonation, und damit eine Verminderung der Durchschlagskraft, zu verhindern, wurde die Granate flügelstabilisiert. Nach Verlassen des Rohres klappten Flügel am Granatboden aus, bremsten die Drehung der Granate ab und stabilisierten so den Flug.

Die Kanone war in zwei Ebenen stabilisiert, sie wurde elektrohydraulisch mit einem Steuerpult oder mechanisch gerichtet. Durch die Stabilisierung in zwei Ebenen konnten aus der Bewegung bis zu vier Schuss abgegeben werden. Der Panzer war mit Ziel- und Beobachtungsgeräten für den Einsatz bei Tag und Nacht ausgerüstet. Zum Schießen aus gedeckter Feuerstellung kamen Turmteilring und Erhöhungslibelle zum Einsatz. Ab Anfang der 1970er Jahre erfolgte die Einführung einer Unterkaliber-Granate im Kampfsatz. Ab 1986 wurden etwa 290 Panzer im Rahmen der Hauptinstandsetzung modernisiert. Im Ergebnis dieser Maßnahme erhielten sie eine segmentierte

Der mittlere Panzer T-55 war von Anfang an mit einer Infrarot-Nachtschießanlage ausgerüstet.

Wärmeschutzhülle für die Kanone, die eine thermische Beeinflussung des Rohres durch Sonneneinstrahlung verhinderte. Die Nutzung einer Feuerleitanlage erhöhte die Trefferwahrscheinlichkeit beim Schießen auf Ziele außerhalb der Weite des direkten Schusses bis 5000 m. Ein Teil der modernisierten Panzer erhielt zusätzlich den Lenkwaffenkomplex 9K116 BASTION. Dadurch waren sie in der Lage, gepanzerte Ziele bis 4000 m mit Hilfe der Panzerabwehrlenkrakete 9M117 zu bekämpfen. Die NVA besaß 1450 Gefechts-PALR 9M117 und 140 PALR mit Blindladung, die laut *Plan der Maßnahmen in Verbindung mit der Reorganisation der NVA* vom August 1990 an die Sowjetunion zurückgegeben werden mussten.

Mittlerer Panzer T-72 URAL

2A46 - 125-мм гладкоствольная танковая пушка Д-81К для Т-72
= 2A46 - 125-mm Glattrohr-Panzerkanone D-81K für den T-72

Der mittlere Panzer T-72 und seine Versionen war mit der 125-mm Glattrohrkanone D-81K ausgerüstet. Die Kanone besaß eine Wärmeschutzhülle und einen Schubkurbel-Flachkeilverschluss. Um mit dem Ejektor eine zufriedenstellende Wirkung zu erreichen, musste er auf Grund der hohen Anfangsgeschwindigkeit der Granaten in die Mitte des Rohres verlegt werden. Der Verschluss bildete eine Einheit mit dem Ladeautomaten, wodurch auf den Ladeschützen verzichtet werden konnte. Der Panzer verschoss getrennte Munition, Verwendung fanden dabei Splitter-Spreng-, Hohlladungs- und Unterkaliber-Granaten. Durch den Einbau der Glattrohrkanone konnte die Reibung im Rohr erheblich verringert werden, was eine Anfangsgeschwindigkeit der Unterkaliber-Granate von 1800 m/s ermöglichte. Die gestreckte Flugbahn und die kurze Flugzeit gewährleisteten ein Schießen auf sich schnell bewegende Ziele. Der Granatkörper wurde von einem, aus drei Segmenten bestehenden, Führungsring im Rohr gehalten, welcher den Druck der Pulvergase aufnahm. Die Segmente führten die Granate und trennten sich durch die Wirkung der Luftanströmung nach dem Verlassen des Rohres auf dem Anfangsabschnitt der Flugbahn.

Die Hohlladungs-Granate durchschlug die Panzerung aller modernen Panzer (Anfang der 1980er Jahre) unabhängig von der Schussentfernung. Sie gewährleistete die Bekämpfung von Zielen in Erd-, Holz-, Ziegelstein- und Stahlbetonanlagen. Der wirksamste Einsatz dieser Granaten lag bei einer Schussentfernung bis 1500 m. Die Hohlladungs-Granate besaß auch Splitterwirkung und konnte bei Fehlen von Splitter-Spreng-Granaten eingesetzt werden. Die Splitter-Spreng-Granate diente der Bekämpfung lebender Kräfte sowie zum Schießen auf Felddeckungen, Pionierbauten, Feuerstellungen der Artillerie und Raketenstartrampen sowie auf Feuermittel der Infanterie. Je nach Einstellung des Kopfzünders (ohne oder mit Verzögerung) wurde die Granate an der Oberfläche des Ziels oder nach dem Eindringen in das Ziel zerlegt. Die Hülse mit Abbrandmantel und Stahlboden nahm die Treibladung, die Mittel zum Entzünden und zum Dämpfen des Mündungsfeuers sowie andere Elemente der Ladung auf. Sie schützte die Ladung vor Feuchtigkeit sowie mechanischen Beschädigungen und dichtete das Rohr bei Abgabe des Schusses ab. Der Abbrandmantel verbrannte beim Abschuss, der Stahlboden wurde aus dem Ladungsraum herausgezogen und aus dem Turm geworfen.

Der Kampfsatz des Panzers T-72 betrug bei der ersten Version 39 Granaten, die nachfolgenden Versionen T-72M und T-72 M1 verfügten über 44 Granaten. Da die Kanone einen Erhöhungswinkel von 13° erreichte, lag die maximale Schussentfernung aus gedeckten Feuerstellungen bei 9400 m. Durch den Neigungswinkel von 6° entstand ein toter Raum um den Panzer von 16 m. Der Einsatz von Ladeeinrichtung und Zweiseiten-Stabilisator erlaubte eine Feuergeschwindigkeit von acht S/min, egal bei welcher Feuerart. Die erste Lieferung von Panzern (1978) war mit einem optischen Entfernungsmesser, die nachfolgenden mit einem Laserentfernungsmesser ausgerüstet.

Der mittlere Panzer T-72 verfügte über eine 125-mm Glattrohrkanone mit einem Ejektor in der Mitte des Rohres und einem Rohrmantel, der thermische Einflüsse zum großen Teil ausschloss. Mit Befehl 48/90 des Ministers für Abrüstung und Verteidigung über die *Aufgaben der NVA im Zusammenhang mit der Bildung gesamtdeutscher Streitkräfte* mussten unter anderem sämtliche Hoheitszeichen an der Militärtechnik entfernt werden.

Geschosswerfer

Geschosswerfer wurden laut *Verzeichnis für Kampftechnik, Bewaffnung und Ausrüstung* den Artilleriewaffen zugeordnet. Für diese Technik wurden in der Sowjetunion hauptsächlich die Begriffe - Реактивная система залпового огня (РСЗО) = Mehrfachraketenwerfer - oder - боевая машина (БМ) = Kampfmaschine (BM) - verwendet.

Geschosswerfer BM-24

8У31 боевая машина БМ-24
= 8U31 Kampfmaschine BM-24

Auf Befehl 106/62 des Ministers für Nationale Verteidigung wurde der Geschosswerfer BM-24 (GeW) in die Artillerie-Regimenter der MSD eingeführt, zum Bestand eines AR gehörte eine Geschosswerfer-Batterie mit sechs GeW. Für 1963 war der Import der ersten sechs GeW geplant. Gleichzeitig sollten 720 240-mm turbo-aktive Spreng-Geschosse mit erhöhter Reichweite M-24FUD und 480 240-mm turbo-aktive Spreng-Geschosse M-24F zugeführt werden.
1947 begann die Entwicklung des Projektes *Mehrfachraketenwerfer M-31A*. Als Basisfahrzeug wurde der mittlere Lkw ZIS-151 herangezogen. 1951 erfolgte die Übernahme des in *Mehrfachraketenwerfer BM-24* umbenannten Waffensystems in die sowjetische Armee. Im Rahmen der Modernisierung fanden der mittlere Lkw ZIL-157 als Basisfahrzeug und neue Geschosse Verwendung. Die Bezeichnung lautete nun *Mehrfachraketenwerfer BM-24M*, in der NVA als Geschosswerfer BM-24 geführt.

Der Geschosswerfer BM-24 war nach dem klassischen Schema konstruiert mit der Platzierung des Artillerieteils auf dem Heck des modifizierten Basisfahrzeugs. Der Artillerieteil setzte sich unter anderem aus einem Rohrpaket mit zwölf Geschossrahmen, einer Traverse, einem Schwenkrahmen, einem Sockel, einer Visiereinrichtung sowie Hebe-, Dreh- und Ausgleichsmechanismen zusammen. Der Drehmechanismus nutzte einen Schneckentrieb zur horizontalen, der Hubmechanismus einen Schraubentrieb zur vertikalen Bewegung des Rohrpaketes. Beide Mechanismen wurden manuell bedient. Durch einen Federausgleicher konnte die aufzubringende Kraft beim vertikalen Richten erheblich reduziert werden. Mit Hilfe von zwei Akkumulatoren wurden die Geschosse aus dem Fahrerhaus heraus gezündet. Es bestand die Möglichkeit, den Start mittels eines 80 m langen Kabels aus einer Deckung

Der Geschosswerfer BM-24 in Marschlage. Hinter dem Fahrerhaus saßen rechts und links jeweils zwei Mann der Bedienung.

heraus auszulösen. Zur Spezialausrüstung des Werfers zählte der Kabinenschutz, der die Bedienung vor dem Gasstrahl der startenden Geschosse schützte. Die Kraftstofftanks erhielten einen extra Schutz, zwei Spindelheber mit Stütztellern entlasteten die Federung des Fahrwerkes und sicherten das Basisfahrzeug beim Schießen. Das Beladen des Kampffahrzeugs erfolgte manuell mit Hilfe eines speziellen Greifers und einer Ablage. Zwei Besatzungsmitglieder hoben das 112,25 kg (M-24F), beziehungsweise 110,0 kg (M-24FUD) schwere Geschoss mit dem Greifer an und legten es auf die mit dem Rohrpaket verbundene Ablage. Dann wurde es mit einer Ladehilfe in das Rohrpaket geschoben, gegen Verrutschen gesichert und elektrisch gekoppelt. Der Ladevorgang dauerte zwischen drei und fünf Minuten.

Mit dem Geschosswerfer BM-24 wurden in der NVA drallstabilisierte turbo-aktive 240-mm Spreng-Geschosse M-24F mit Kopfzünder und 240-mm Spreng-Geschosse mit erhöhter Reichweite M-24FUD verschossen. Die Flugbahn der Geschosse unterteilte sich in einen aktiven und einen passiven Teil. Die Länge des aktiven Teils variierte in Abhängigkeit von der Ladungstemperatur. Sie lag beim Geschoss M-24F/M-24FUD zwischen 85 bis 123 m/230 bis 290 m. Im passiven Teil glich die Flugbahn der eines herkömmlichen Artilleriegeschosses. Durch den Neigungswinkel des Geschossrahmens wurden die verschiedenen Reichweiten realisiert. Im Geschossboden befanden sich 16 Düsen, durch die die Ver-

Geschosswerfer BM-24	
Einführungszeitraum	ab 1962
GRAU-Index	8U31
Einsatzebene	Division
Kaliber (mm)	240,9
Anzahl der Geschossrahmen	12
Maximale Schussentfernung (m) M-24F	6500
Maximale Schussentfernung (m) M-24FUD	10.600
Anfangsgeschwindigkeit Geschoss (m/s)	480
Feuergeschwindigkeit für eine Salve (s)	6 - 8
Marschgeschwindigkeit (km/h)	60
Erhöhungswinkel max. (Grad)	50
Neigungswinkel max. (Grad)	0
Seitenschwenkbereich (Grad)	140
Länge in Marschlage (mm)	6930
Breite in Marschlage (mm)	2320
Breite in Gefechtslage (mm)	2650
Höhe in Marschlage (mm)	2800
Höhe mit max. Erhöhung (mm)	3510
Spurweite vorn / hinten (mm)	1755 / 1750
Bodenfreiheit (mm)	310
Masse geladen (kg)	8910
Masse ungeladen (kg)	7140
Granatarten	Sprg
Basisfahrzeug	ZIL 157
Bedienung	6

Heckansicht des Geschosswerfers BM-24.

Der Geschosswerfer BM-24 mit zwölf Geschossrahmen für die 240-mm Spreng-Geschosse M-24F/M-24FUD.

Eine Granate schlug bei Beschussversuchen direkt neben dem Geschosswerfer ein. Durch die Splitter- und Druckwirkung wurden erhebliche Schäden am Fahrzeug verursacht.

brennungsgase austraten und auf Grund ihrer Anordnung das Geschoss zur Stabilisierung drehten. Die Länge des Rohrpaketes betrug zwei Meter, die Länge des Geschosses M-24F/M-24FUD 1224 mm (5,1 Kaliber)/1248 mm (5,2 Kaliber). Am Ende des aktiven Teiles der Flugbahn betrug die Geschossgeschwindigkeit 300/468 m/s. Das Geschoss M-24FUD flog 51 s bei einer Schussentfernung von 10.600 m und wies eine mittlere Abweichung in der Entfernung/in der Seite von rund 43/85 m auf. Die zwölf Geschosse einer Salve wurden innerhalb von sechs bis acht Sekunden abgefeuert. Der GeW war innerhalb von zwei Minuten feuerbereit. Mit einer Batterie konnte eine Zielfläche von bis zu zwölf Hektar bekämpft werden.
Ende 1963 befanden sich 16 Geschosswerfer in der NVA, die in den vier MSD (jeweils vier Werfer) eingesetzt waren. Bis 1966 wurde der Bestand auf 24 Werfer aufgestockt - jede MSD verfügte über sechs Werfer.

Im *Nachweis über Hauptarten der Kampftechnik und Bewaffnung der NVA* von 1980 wurden die Geschosswerfer BM-24 nicht mehr aufgelistet. Sie wurden als zentrale Reserve im Lager der Unteroffiziersschule III ohne Verwendungszweck abgestellt. 1982 wurde der Verkauf von 18 Werfern mit 8600 Geschossen zur Beschaffung von Devisen in Betracht gezogen.

1984 sollten die Geschosswerfer eine Renaissance erleben. Da man laut Planungsunterlagen ab 1985 im MB V das Geschosswerfer-Regiment-5 aufstellen musste, eine weitere Zuführung von Werfern aber bis Ende 1985 nicht vorgesehen war, wurde der Einsatz von GeW BM-24 kalkuliert. Jeweils neun Geschosswerfer sollten an die beiden MB *zum Übungsverschuss der vorhandenen Geschosse mit einer Einsparung von circa 29,1 Mio Mark für die Munition der Werfer RM-70 und BM-21* übergeben werden. Dann sollten sie in der 6. Mob.-MSD eingelagert werden. Die dadurch freiwerdenden Geschosswerfer RM-70 wären im MB V zur Bildung einer weiteren GeWA eingesetzt worden. Ob diese beiden Vorhaben umgesetzt wurden, bedarf weiterer Recherchen.
1988 führte die Verwaltung Panzerdienst in Zusammenarbeit mit dem Raketen- und Waffentechnischen Dienst Beschussversuche durch (siehe Abschnitt 152-mm Kanonen-Haubitze D-20). Im Zielfeld stand ein Geschosswerfer BM-24, der nach dem Feuerüberfall erhebliche Schäden aufwies.

Geschosswerfer BM-21 GRAD

9К51 - самоходная реактивная система залпового огня Град = 9K51 - Selbstfahrendes Mehrfachraketensystem HAGEL

1966 wurden die ersten vier Geschosswerfer BM-21 in die Bewaffnung und Ausrüstung der Einheiten der Divisionsartillerie der NVA eingeführt. Sie lösten nach und nach die Geschosswerfer BM-24 ab.

Die Entwicklung des BM-21 GRAD begann 1959. Es wurden im *Forschungsinstitut 147 (научно-исследовательского института 147)* in Tula die Geschosse und im *Forschungs- und Produktionsunternehmen Start (научно-производственное предприятие Старт)* in Swerdlowsk das Basisgefährt konstruiert. 1961 waren die ersten beiden Fahrzeuge, aufbauend auf dem mittleren Lkw URAL-375, für die Werks- und Truppenerprobung fertig. Die sowjetische Armee übernahm den Geschosswerfer im März 1963, die Serienproduktion erfolgte im *Motowilicha-Werk - Perm (Мотовилихинские заводы - Пермь)* - benannt nach den beiden Flüssen Kleine und Große Motowilicha. Die bis Ende der 1950er Jahre eingesetzten Geschosswerfer erreichten eine Schussweite von maximal zehn Kilometer bei einer Salvenstärke von zwölf bis 16 Geschossen. Die neuen taktischen Berechnungen erforderten eine Schussweite von 20 km bei einer Salvenstärke von mindestens 40 Geschossen. Eine weitere Forderung war die vereinfachte Herstellung der Geschosse, sie sollte unkompliziert wie die Fertigung eines *Samowars* sein. Das erforderte die Entwicklung völlig neuer Geschosse und eines neuen Rohrpaketes. Das Rohrpaket bestand aus 4x10 Rohren mit je einer Spiralnut, die dem Geschoss in der Startphase einen Drehimpuls verlieh. Um das Rohrpaket so zu fertigen, dass es das Lademaß der Eisenbahn nicht überschritt, mussten die Geschosse einen kleineren Durchmesser als ihre Vorgänger aufweisen und - für die geforderte Schussweite - bedeutend länger sein. Möglich wurde letztendlich ein Geschossdurchmesser von 122 mm, indem die Flugstabilisatoren am Geschossende um das Rohrende gefaltet wurden. Erst nach Verlassen des Rohres löste sich ein Haltering und gab sie frei. Durch den Drehimpuls beim Verlassen des Rohres betrug der Drall des Geschosses etwa 450 U/min. Da die Flugstabilisatoren in einem Winkel von 1°20` zur Längsachse befestigt waren, erhöhte sich der Drall bis Brennschluss auf 1000 U/min, was die Stabilisierung der Flugbahn gewährleistete.

Mit einer Schussentfernung von 20.750 m erhöhte sich die Bekämpfungstiefe des Gegners um das 2-fache im Vergleich zum Vorgängermodell BM-24. Durch den Einsatz von 40 Rohren wurde eine hohe Trefferdichte in einem 145.000 m² großen Gebiet erreicht. Die hohe Richtgeschwindigkeit des Rohrpaketes konnte durch den Einsatz von elektro-mechanischen Höhen- und Seitenrichtmaschinen sichergestellt werden. Der

Der Geschosswerfer BM-21 auf dem Basisfahrzeug URAL-375.

Die 40 Geschosse konnten innerhalb von 20 Sekunden abgeschossen werden.

Geschosswerfer wurde im indirekten Richten, aber auch im direkten Richten bei unmittelbarer Sicherung und Verteidigung eingesetzt. Verschossen wurden die drallstabilisierten 122-mm Splitter-Spreng-Geschosse M-21OF und JROF. Jedes Geschoss bestand aus einem Kopfzünder sowie dem Kopf- und Raketenteil. Der Kopfzünder, ein Aufschlagzünder, schärfte sich 150 bis 400 m nach dem Verlassen des Rohres. Mit seiner einstellbaren Verzögerung war die Wahl zwischen Spreng-, Splitter- und Splitterwirkung mit Verzögerung möglich. Der Kopfteil transportierte die 6,4 kg schwere Sprengladung. Aus der vorderen und hinteren Brennkammer mit jeweils einer Treibladung (insgesamt 20,4 kg Nitroglyzerinpulver) sowie dem Stabilisierungs- und dem Düsenblock setzte sich der Rakenteil zusammen. Zwischen vorderer und hinterer Treibladung befand sich ein Schwarzpulversatz, der beide gleichzeitig zündete.

Über den mit sieben Düsen ausgestatteten Düsenblock strömten die Verbrennungsgase aus, das Geschoss wurde nach dem Rückstoßprinzip bewegt. Zwei unterschiedlich große Bremsringe an den Geschossen reduzierten die Schussentfernung, der große Ring wurde bei Entfernungen von 1400 bis 11.700 m, der kleine Ring bei Entfernungen von 11.700 bis 15.900 m angebaut. Bei Schussentfernungen über 15.900 m wurde ohne Bremsringe geschossen. Aus Sicherheitsgründen durften Ziele unter 5000 m nur dann beschossen werden, wenn sich keine eigenen Truppen vor dem Werfer befanden. Bei diesen Schussentfernungen konnten auf Grund der großen Streuung der Geschosse eine hohe Anzahl von Kurzschüssen auftreten. Wurden Ziele bei maximaler Schussentfernung bekämpft, erreichte die Flugbahn eine Höhe von 6150 m, das Geschoss flog 76 s. Wurde der Geschosswerfer im Gebirge bei einer Höhe von 1500 m und mehr über dem Meeresspiegel eingesetzt, konnten Schussweiten bis 22.000 m erreicht werden. Die in der ČSSR produzierten Geschosse JROF zeigten bei Vergleichsschießen mit dem Geschoss M-21OF keine wesentlichen Unterschiede in den taktisch-technischen Parametern. Beide Geschosse waren 2865 mm lang, wogen knapp 67 kg und erreichten eine Anfangsgeschwindigkeit von 42 bis 52 m/s. Ein Geschoss konnte eine Fläche von 3000 m^2, eine komplette Salve mit 265 kg Sprengstoff bis 30.000 m^2 (3 ha) wirksam bekämpfen.

Zur Bedienung gehörten fünf Soldaten, von denen drei im Fahrerhaus und zwei auf den EWZ-Kisten hinter dem Fahrerhaus platziert waren. Da das Fahrerhaus nicht hermetisierbar war, konnten Einsätze in kontaminiertem Gelände nur unter angelegter persönlicher Schutzausrüstung erfolgen.
Zu jedem Werfer gehörten zwei Munitionstransportfahrzeuge auf URAL-375 mit je einem Geschossgestell 9F37, das den Transport von weiteren 40 Geschossen (ein Kampfsatz) ermöglichte. 1990 waren für jeden Geschosswerfer fünf Kampfsätze bevorratet. Von 1966 bis 1971 wurden 54 Geschosswerfer MB-21 zugeführt, eingesetzt in den *Werfer-Batterien BM-21* der AR der MSD (6 GeW je Batterie). 1971 erhielt die GeWA-26 der Grenztruppen zusätzliche 13 Werfer, von denen zwölf in der

122-mm Geschosswerfer BM-21	
Einführungszeitraum	ab 1966
GRAU-Index	9K51
Einsatzebene	Division
Kaliber (mm)	122,4
Anzahl der Rohre	40
Maximale Schussentfernung (m)	20.750
Anfangsgeschwindigkeit Geschoss (m/s)	690
Feuergeschwindigkeit für eine Salve (s)	20
Marschgeschwindigkeit (km/h)	75
Erhöhungswinkel max. (Grad)	55
Neigungswinkel max. (Grad)	0
Seitenschwenkbereich (Grad)	175
Rundblickfernrohr	PG1M
Länge in Marschlage (mm)	7340
Breite in Marschlage (mm)	2400
Breite in Gefechtslage (mm)	3010
Höhe in Marschlage (mm)	3090
Höhe mit max. Erhöhung (mm)	4350
Spurweite vorn / hinten (mm)	2000 / 2000
Bodenfreiheit (mm)	400
Masse geladen (kg)	13.700
Masse ungeladen (kg)	10.760
Granatarten	Spl-Sprg
Index des Geschosses	M-21OF, JROF
Kampfsatz	120
Basisfahrzeug	URAL-375
Bedienung	5

Der Geschosswerfer BM-21 in Marschlage.

Abteilung und ein Werfer für die Ausbildung geplant wurden. Mit Befehl 19/74 des Stellvertreters des Ministers und Chefs der Landstreitkräfte wurden die Geschosswerfer-Batterien aus den AR/MSD herausgelöst und als eigenständige Geschosswerfer-Abteilungen mit jeweils (geplanten) 18 Geschosswerfer aufgestellt.

Mit Zuführung des Werfers RM-70 aus der ČSSR wurden sämtliche Geschosswerfer BM-21 in die GeWA der Mob.-MSD umgesetzt. So konnten die MSD-17, -19 und -20 mit jeweils 18 GeW ausgerüstet werden. Die Bundeswehr übernahm den gesamten Bestand und ordnete ihn in die Kategorie III - Aussonderung ein.

Geschosswerfer RM-70

RM - Raketomet = RM - Raketenwerfer

Der Geschosswerfer RM-70 wurde ab 1974 aus der ČSSR importiert, die GeWA-8 und GeWA-1 erhielten die ersten Fahrzeuge. Die Sowjetunion vergab die Lizenzen zum Nachbau des Geschosswerfers BM-21 unter anderem an die ČSSR. Der Aufbau des artilleristischen Teils entsprach dem des Geschosswerfers BM-21. Als Basis fand der schwere Lkw TATRA-813 Verwendung. Die Marschgeschwindigkeit und vor allem die Geländegängigkeit wurden verbessert. Das Fahrerhaus war leicht gepanzert und bot der gesamten Bedienung Platz und schützte sie vor Infanteriegeschossen und Artilleriesplittern. Aus dem hermetisierbaren Fahrerhaus war die Feuerführung bei gleichzeitigem Schutz der Bedienung im kontaminierten Gelände möglich. Dazu kam eine Filterventilationsanlage zum Einsatz, die die Luft von radioaktiven, chemischen oder biologischen Kampfstoffen reinigte und einen Überdruck im Fahrzeughaus erzeugte.

Eine weitere Neuerung zum BM-21 war die Verwendung einer Ladeeinrichtung, die den Transport von weiteren 40 Geschossen ermöglichte. Sie war auf einem Drehgestell zwischen Fahrerhaus und Artillerieteil angeordnet. Mit Hilfe des Drehgestells wurde die Ladeeinrichtung in die Beladestellung geschwenkt, ein Zuführer schob dann die Geschosse in das Rohrpaket. Bei Ausfall der elektrischen und hydraulischen

Der Geschosswerfer RM-70 in Feuerstellung. Zum Schutz der Bedienung wurden die Fenster des Fahrerhauses mit gepanzerten Luken abgedeckt.

Geschosswerfer RM-70	
Einführungszeitraum	ab 1974
Einsatzebene	Division
Kaliber (mm)	122,4
Anzahl der Rohre	40
Maximale Schussentfernung (m)	20.380
Anfangsgeschwindigkeit Geschoss (m/s)	690
Feuergeschwindigkeit für eine Salve (s)	18 - 22
Marschgeschwindigkeit (km/h)	85
Erhöhungswinkel max. (Grad)	55
Neigungswinkel max. (Grad)	0
Seitenschwenkbereich (Grad)	122
Richtaufsatz	ja
Rundblickfernrohr	PG1M
Länge in Marschlage (mm)	8650
Breite in Marschlage (mm)	2550
Breite in Gefechtslage (mm)	2950
Höhe in Marschlage (mm)	2960
Höhe mit max. Erhöhung (mm)	4450
Spurweite vorn / hinten (mm)	2030 / 2030
Bodenfreiheit (mm)	425
Masse geladen (kg)	25.400
Masse ungeladen (kg)	18.400
Höchstgeschwindigkeit Straße (km/h)	85
Granatarten	Spl-Sprg
Basisfahrzeug	TATRA-813
Bedienung	4

Der Geschosswerfer RM-70 mit Planierschild BZ-T-813.

Ein großer Vorteil des RM-70 war die mitgeführte Munition für gleich zwei Salven.

Anlagen konnte das Laden von Hand erfolgen. Das Laden der zweiten Salve erfolgte in nur 36 s.
Die Geschosswerfer kamen in den Geschosswerfer-Abteilungen der MSD/PD zum Einsatz, wobei jede Abteilung aus drei Batterien (sechs Fahrzeuge pro Batterie) bestand. Jeweils zwei Geschosswerfer einer Batterie erhielten ein Planierschild BZ-T-813, das den pioniertechnischen Ausbau von Stellungen erleichterte. Zur Gewährleistung der Einsatzbereitschaft erhielt jedes Fahrzeug eine Funkstation R-108M, ein leichtes Maschinengewehr K und eine Panzerbüchse RPG-7. Zu jedem Werfer gehörten zwei Munitionstransportfahrzeuge auf URAL-375. 1974 wurden die ersten 30 GeW RM-70, 18 in der GeWA-8, neun in der GeWA-1 und jeweils eins in den US-I, US-III und US-IV eingeführt. 1976 waren bereits 134, bis 1984 wurden weitere 36 GeW in den Einheiten gelistet. Ab 1985 konnte die modernisierte Version, der Geschosswerfer RM-70M, aus der ČSSR importiert werden.

Die Bundeswehr übernahm den gesamten Fuhrpark und stufte ihn in die Kategorie III - Aussonderung ein.

Heckansicht des Geschosswerfers RM-70.

Geschosswerfer RM-70M

Von 1985 bis 1990 erhielten sechs Geschosswerfer-Abteilungen (6x18 GeW) die modernisierte Version des RM-70, den RM-70M, auch als RM-70/85 oder RM-70A bezeichnet. Zu den 108 kamen sechs weitere Werfer, die als Ausbildungstechnik an verschiedenen Lehreinrichtungen zum Einsatz kamen.

Als Basisfahrzeug diente der schwere Lkw TATRA-815 (8x8). Der artilleristische Teil blieb unverändert. Auch die modernisierte Variante verfügte über eine automatische Ladeeinrichtung, mit der eine zweite Salve mitgeführt werden konnte. Auf eine Panzerung des Fahrzeuges wurde verzichtet. Im Fahrerhaus befanden sich ein Funkgerät R-108M, die Abfeuerungseinrichtung und die Bedieneinrichtung für die Nachladeeinrichtung. Zur Ausrüstung des Werfers gehörte eine Reifendruckregelanlage, mit der der Reifendruck den Bodenbeschaffenheiten angepasst werden konnte. Das Fahrerhaus wurde mit einer Heizung, einer Belüftungsanlage und einer einfachen Kernwaffenschutzanlage ausgerüstet. Es konnte zu Wartungs- und Reparaturarbeiten gekippt werden.
Das Rohrpaket bestand aus 40 Rohren des Kalibers 122-mm. Es konnte manuell mit Hilfe eines Handrades oder elektro-mechanisch über ein Richtpult gesteuert werden. Die drallstabilisierten, reaktiven Geschosse wurden über das Bediengerät im Fahrerhaus oder mit einem Kabelfernzünder abgefeuert, der bis zu 60 m vom Fahrzeug entfernt sein konnte. Die Einsatznormativen der Munition entsprachen denen des Werfers RM-70. Für den Geschosswerfer RM-70M kam das Planierschild BZ-T-815 zum Einsatz.

Geschosswerfer RM-70M	
Einführungszeitraum	ab 1985
Einsatzebene	Division
Kaliber (mm)	122,4
Anzahl der Rohre	40
Maximale Schussentfernung (m)	20.380
Anfangsgeschwindigkeit Geschoss (m/s)	690
Feuergeschwindigkeit für eine Salve (s)	18 - 22
Marschgeschwindigkeit (km/h)	80
Erhöhungswinkel max. (Grad)	55
Neigungswinkel max. (Grad)	0
Seitenschwenkbereich (Grad)	125
Rundblickfernrohr	PG1M
Länge in Marschlage (mm)	9600
Breite in Marschlage (mm)	2530
Breite in Gefechtslage (mm)	2530
Höhe in Marschlage (mm)	3030
Spurweite vorn / hinten (mm)	2044 / 1988
Bodenfreiheit (mm)	410
Masse geladen (kg)	25.400
Masse ungeladen (kg)	18.400
Granatarten	Spl-Sprg
Index des Geschosses	9M22, JROF
Basisfahrzeug	TATRA-815 (8x8)
Bedienung	4

Die Geschosswerfer-Abteilung-7 nutzte ab Mitte der 1980er Jahre ein Kommando-Stabsfahrzeug MP-24M2 für die Führung der Abteilung. Das zum automatisierten Feld-Führungssystem der Landstreitkräfte PASUW gehörende Fahrzeug ermöglichte unter anderem den Informationsaustausch mit der Führung der Division, die Berechnung von Gefechtsaufgaben oder die graphische Lagedarstellung mithilfe modernster Rechentechnik. Im Speziellen Importplan 1991 bis 1995 war der Kauf von 122-mm reaktiven Fernvermin-Geschossen mit Panzerminen MN-121 aus der VR Polen vorgesehen. Die ur-

Der Geschosswerfer RM-70M kurz vor dem Beginn der Parade. Als Basisfahrzeug diente der schwere Lkw TATRA-815 (8x8).

In einer Geschosswerfer-Batterie waren zwei Fahrzeuge mit dem Planierschild BZ-T-815 ausgerüstet.

sprüngliche Vorgabe von 28.800 Stück musste auf Grund finanzieller Engpässe auf 14.000 gekürzt werden. Die Stückzahl sollte es ermöglichen, mit jedem Geschosswerfer eine Salve zu verschießen. Nach Kenntnis des Beschaffungspreises von 7000 Rubel je Geschoss wurde die Stückzahl nochmal auf 3840 Stück reduziert, um wenigstens die GeWR-3 und -5 auszurüsten zu können.

Die Aktenlage zum Import der GeW RM-70 und RM-70M ist unübersichtlich, da in den meisten Unterlagen oder Bestandsmeldungen beide Werfer zusammengefasst wurden. Die Planungen für die Entwicklung der NVA von 1976 bis 1980 sahen die Ausrüstung der sechs Kampf- und der fünf Mob.-Divisionen mit jeweils 18 Geschosswerfer RM-70 vor (198 GeW). Bis 1985 war die Aufstellung des GeWR-3 mit 54 GeW, ab 1985 die Aufstellung des GeWR-5 mit 54 GeW geplant (306 GeW).

Mit Befehl 79/85 des MfNV wurden das AR-26, die GeWA-26 und die Führungs-Batterie-26 aus dem Unterstellungsverhältnis der GT der DDR herausgelöst und als AR-40, GeWA-40 und Führungs-Batterie-40 dem Kommando LaSK unterstellt. Mit Befehl 96/86 des MfNV sollte bis 1990 die 40. Artillerie-Brigade, bestehend aus dem AR-40, der GeWA-40 und der FüBatt-40, aufgestellt werden. Damit hätte die NVA 324 GeW benötigt (306 + 18 GeW).

Bis 1984 liefen der NVA 170 GeW RM-70 zu, womit sechs GeWA und das GeWR-3 (6x18, 1x54 Werfer) ausgerüstet werden konnten, die restlichen acht Geschosswerfer kamen in verschiedenen Ausbildungseinrichtungen zum Einsatz. Von 1985 bis '90 wurden weitere 115 GeW RM-70M zugeführt, was die Ausrüstung von sechs GeWA (108 Werfer) ermöglichte. Sieben Werfer dienten der Ausbildung in den Lehreinrichtungen.

Laut *Meldung über den Kampfbestand und die Mobilmachungsbereitschaft ... der NVA* vom 01.01.1990 besaß die NVA 54 GeW BM-21 (drei Mob.-Divisionen nutzten je 18 Geschosswerfer BM-21) und 270 GeW RM-70.

Von den 270 GeW RM-70/RM-70M wurden 190 als *Länder-* und vier als *Museumsabgabe* verbucht und 76 zerstört.

Geschosswerfer BM-13N

БМ-13Н - боевая машина-13Н
= BM-13N - Kampfmaschine-13N

Der Geschosswerfer BM-13N gehörte nicht zur Standardausstattung der NVA. Lediglich zwei Werfer wurden zur ausschließlichen Verwendung in der Waffengattung *Truppenluftabwehr* eingesetzt. Sie wurden 1973 und 1976 aus der Sowjetunion importiert.

Die Entwicklung des GeW BM-13 begann 1941. Die ersten Erprobungsmuster waren im Juni 1943 bereit und basierten auf dem Fahrgestell des Lkw ZIS-6. Aus Mangel an eigenen Fahrgestellen für die Geschosswerfer fanden auch amerikanische Lkw vom Typ Studebaker Verwendung. Sie wurden als BM-13N bezeichnet. Die 13 in der Bezeichnung stand für das Kaliber der Geschosse - 132-mm. Während die russischen Soldaten dem Werfer BM-13 den Beinamen *Katjuscha* gaben, lief das Fahrzeug bei den deutschen Soldaten unter der bekannten Bezeichnung *Stalinorgel*. Verschossen wurden hauptsächlich das Geschoss M-13 und seine Versionen. Der Körper des Geschosses war ein geschweißter Zylinder, der in Gefechtskopf, Strahltriebwerk und Düsenblock unterteilt war. Die Länge betrug 1410 mm, der Durchmesser 132 mm, die

Der Geschosswerfer BM-13N wurde für Ausbildungszwecke verwendet.

Beim Schießen musste das Fahrwerk am Heck des BM-13N durch zwei Spindeln zusätzlich gesichert werden.

Geschosswerfer BM-13N	
Einführungszeitraum	1973 und 1976
GRAU-Index	2B7
Einsatzebene	FAS-Ueckermünde
Kaliber (mm)	132
Anzahl der Führungsschienen	16
Maximale Schussentfernung (m)	7900
Anfangsgeschwindigkeit Geschoss (m/s)	335
Marschgeschwindigkeit (km/h)	60
Länge in Marschlage (mm)	7200
Breite in Marschlage (mm)	2300
Höhe in Marschlage (mm)	2900
Spurweite vorn / hinten (mm)	1755 / 1750
Bodenfreiheit (mm)	310
Masse geladen (kg)	7890
Masse ungeladen (kg)	72100
Basisfahrzeug	ZIL-157

Masse 42,3 kg. Mit der Version M-13UK wurde zur Erhöhung der Treffergenauigkeit der Düsenblock so verändert, dass sich das Geschoss während des Fluges um die Längsachse drehte. Ab 1949 wurde der GeW auf dem mittleren Lkw ZIS-151 als BM-13NN und ab 1958 auf dem mittleren Lkw ZIL-157 als BM-13NM gelistet. BM-13N lautete die Bezeichnung in der NVA.

Die beiden Geschosswerfer BM-13N verschossen den Zieldarstellungs-Flugkörper JWZ-13UK, eine Version des ungelenkten Geschosses M-13UK. Er diente der Zieldarstellung für das Gefechtsschießen mit den Fla-Raketen 9M32M, Bestandteil des tragbaren Fla-Raketenkomplexes 9K32M STRELA-2. Die Werfer waren mit acht Führungsschienen für jeweils zwei Geschosse ausgerüstet. Die maximale Schussentfernung mit dem Geschoss JWZ-13UK betrug 7900 m, die Geschossgeschwindigkeit rund 335 m/s. Die Rakete 9M32M flog mit 500 m/s.

Die beiden Geschosswerfer BM-13N kamen auf dem 1971 aufgestellten Flak-Artillerieschießplatz-12, dem späteren Flak-Artillerieschießplatz-Ueckermünde zum Einsatz. Mit Einführung der Luftzielimitatoren LZI-5000 und LZI-5000 (S) auf Basis des Fallschirmleuchtgeschosses 5000 (ab Anfang der 1980er Jahre) wurde der Geschosswerfer BM-13N obsolet, verblieb aber bis zur Auflösung im Bestand der NVA.

Granatwerfer

Der klassische Granatwerfer (GrW), im Militärsprachgebrauch auch als Mörser bezeichnet, besteht aus einer Grundplatte, einem glatten Rohr, einem Zweibein und einem Richtaufsatz (Visiereinrichtung). Obwohl bereits im I. Weltkrieg entwickelt und eingesetzt, hat sich sein Design bis heute kaum verändert. Auf Grund seiner einfachen Bauweise ist er preiswert zu produzieren und leicht mit Ersatzteilen zu versorgen. Er kann gezogen, getragen oder auf einfachen Transportmitteln bewegt werden. Er benötigt keine aufwendige Elektronik oder teure Materialien für die Herstellung. Viele Kanonen oder Haubitzen haben nicht die Möglichkeit, Ziele auf kürzeste Distanz zu bekämpfen. Der GrW kann im Stadtgebiet eingesetzt werden, er kann sogar aus Häusern herausschießen. Da er nur auf geringe Entfernung eingesetzt wird, besteht der größte Teil der Wurf-Granate aus Sprengstoff, dessen Wirkung im Ziel größer ist als eine gleichkalibrige Artillerie-Granate. Die Feuerrate von bis zu 25 Granaten in der Minute und die Zeit zum Herstellen der Gefechts-, beziehungsweise der Marschbereitschaft sind letztendlich von unschätzbarem Vorteil, vor allem für kleine Einheiten.

82-mm Granatwerfer Modell 1937 und Modell 1941

82-мм батальонный миномёт образца 1937 года = 82-mm Bataillons-Granatwerfer Modell 1937

Der 82-mm Granatwerfer gehörte zur Bataillonsartillerie, eingesetzt im *Zug 82-mm Granatwerfer/MSB*. Die ersten 82-mm Granatwerfer erhielt die HVA 1950. Bis 1952 war der Bestand auf den Höchststand von 1052 angewachsen. 1957 verfügte die NVA immer noch über 961 Granatwerfer beider Baureihen. Die Entwicklung eines 82-mm Granatwerfers für die Rote

Der 82-mm Granatwerfer in Gefechtslage, das Zweibein wurde mit Hilfe eines Tragepolsters wie ein Rucksack getragen. Am Rohr fehlte die Ladesicherung.

Der 82-mm Granatwerfer in Gefechtslage, am Ende des Rohres befand sich die Ladesicherung - und in Marschlage, verpackt auf dem 82-mm Granatwerferkarren.

Armee begann 1927, 1931 erfolgten die ersten Werksversuche. Nach Beseitigung der aufgetretenen Mängel erfolgte 1934 der erste Truppenversuch und 1937 die Indienststellung als *82-mm Bataillonsmörser Modell 1937*. Der Mörser erreichte eine ausreichende Wirkung beim Schießen und bot gleichzeitig die Möglichkeit, in drei Teilen von den Infanteristen getragen zu werden. Nach ersten Kriegserfahrungen in Spanien und am Chalchin Gol erfolgte eine Überarbeitung des Werfers. Es folgte der *82-mm Bataillonsmörser Modell 1941*. Erbeutete Granatwerfer wurden von der Wehrmacht bei Sicherheits- und Polizei-Formationen in den besetzten Gebieten der UdSSR eingesetzt. Sie wurden als *8,2-cm Granatwerfer 274/2 (r) (Modell 1937)* und als *8,2-cm Granatwerfer 274/3 (r) (Modell 1941)* geführt.

Die in der NVA eingesetzten 82-mm Granatwerfer Modelle 1937 und 1941 unterschieden sich hauptsächlich im Zweibein mit Höhenrichtantrieb und im Richtaufsatz. Beide Varianten verfügten über die gleichen ballistischen Eigenschaften, zur Feuerstellung wurden die GrW getragen. Für sie wurden gleiche Arten von Wurf-Granaten und Ladungen verwendet. Da der Schlagbolzen starr im Bodenstück eingebaut war, durfte der Ladekanonier erst nach dem Feuerkommando die Wurf-Granate in das Rohr einführen und loslassen. Sie rutschte in das Rohr und wurde beim Aufschlag auf den Schlagbolzen gezündet und ausgestoßen. Eine nachgerüstete Ladesicherung an der Rohröffnung verhinderte das doppelte Laden des Werfers. Die ebene Bodenplatte fing den Rückstoß auf und verteilte ihn

82-mm Granatwerfer Modell 1937	
GAU-Index für Modell 1937	52-M-832Sh
GAU-Index für Modell 1941	52-M-832M
Einführungszeitraum	ab 1950
Einsatzebene	Bataillon
Kaliber (mm)	82
Maximale Schussentfernung (m)	3040
Anfangsgeschwindigkeit Granate (m/s)	211
Feuergeschwindigkeit (S/min)	25
Erhöhungswinkel max / min (Grad)	85 / 45
Seitenschwenkbereich (Grad)	10
Richtaufsatz	MP-41, MP-42 oder MPM-44
Masse Gefechtslage (kg)	56
Masse Marschlage (kg)	156
Kampfsatz	120
Granatarten	Spl-WG
Index der Wurf-Granaten	832
Zugmittel	30-K, LO-1800A, LO-2002A
Bedienung	5

gleichmäßig auf die Erdoberfläche. Sie verfügte über Erdsporne, um dem Werfer beim Abschuss ausreichend Halt zu geben. Mit Hilfe des Zweibeines erhielt das Rohr den notwendigen Halt und konnte vertikal und horizontal gerichtet werden. Eine Federpufferung fing beim Abschuss den Druck auf das Zweibein ab und brachte es in die Ausgangslage zurück.

Zum Transport des kompletten Granatwerfers wurden der leichte Lkw 30-K, ab 1961 der LO-1800A, eingesetzt. Im gleichen Jahr führte die NVA einen 82-mm Granatwerferkarren ein, entwickelt und hergestellt im Reparaturwerk Doberlug. Er verbesserte die Beweglichkeit im Gelände, entlastete die Bedienung und ermöglichte einen schnellen Stellungswechsel.

Zum Kampfsatz gehörten 120 Stück Splitter-Wurf-Granaten. Es wurden 6-flüglige 82-mm Splitter-Wurf-Granaten O-832 oder 10-flüglige 82-mm Splitter-Wurf-Granaten O-832D verschossen. Zusätzlich war der Verschuss von 6-flügligen 82-mm Nebelwurf-Granaten D-832 möglich. Ab 1963 wurde der Kampfsatz um die 82-mm Fallschirmleucht-Wurf-Granate zur Beleuchtung des Gefechtsfeldes erweitert. Jede Wurf-Granate setzte sich aus dem Granatkörper sowie dem Schaft mit Stabilisator und Flügel zusammen. Sie verfügte über eine Grundladung, die im Schaft des Stabilisators eingegossen war. Die Pulverladung der Grundladung erzeugte beim Abschuss einen Druck von 70 kp/cm^2, der die Wurf-Granate mit einer Anfangsgeschwindigkeit von 70 m/s auf eine Entfernung von 475 m verschoss. Die am Schaft angebrachten Zusatzladungen wurden vom Feuerstrahl der Grundladung entzündet. Es konnten bis zu sechs Zusatzladungen für die 6-flügligen und drei für die 10-flügligen Wurf-Granaten verwendet werden, was maximale Anfangsgeschwindigkeiten von 211 m/s ergab und Schussweiten bis 3040 m ermöglichte.

Im *Plan der Entwicklung der NVA 1971 bis 1975* wurde zur Erhöhung der Feuerkraft der MSR die Umrüstung der Granatwerferzüge der MSB vom 82-mm Granatwerfer auf 120-mm Granatwerfer beschlossen. Mit der Aussonderung der 82-mm Granatwerfer ab 1971 konnten Einheiten der Kampfgruppen der DDR ausgerüstet werden.

Eine wesentliche Kampfeinheit der Kampfgruppen (Stand 1980) war das *Kampfgruppen-Bataillon (mot)* mit vier *Kampfgruppen-Hundertschaften (mot)*. Zum Bestand der 4. KG-H (mot) gehörten drei Granatwerfer-Züge mit je drei 82-mm Granatwerfer. Da in der gesamten DDR 39 KG-B (mot) disloziert wurden, benötigte man für die Ausrüstung der GW-Züge 114 Granatwerfer zuzüglich sieben Kampfsätzen je Waffe.

Im Rahmen des Protokolls der Entwicklung der NVA von 1986 bis 1990 war die Ausstattung der beiden Luftsturm-Ba-

Die Kampfgruppen transportierten den 82-mm Granatwerfer auf dem leichten LKW LO-2002A.

taillone-40 und -41 mit jeweils sechs 120-mm Granatwerfern 2B11 SANI und 16 82-mm Granatwerfern geplant. Da für den Transport der 120-mm Granatwerfer keine Lufttransportmittel zur Verfügung standen, wurde auf 2 x 22 82-mm Granatwerfer zurückgegriffen.

Die Bundeswehr übernahm insgesamt 491 dieser Granatwerfer, die allesamt ausgesondert, beziehungsweise an die afghanischen Streitkräfte - inklusive entsprechender Munition - abgegeben wurden.

120-mm Granatwerfer Modell 1938 und Modell 1943

120-мм полковой миномет образца 1938 года = 120-mm Regimentsgranatwerfer Modell 1938

Der 120-mm Granatwerfer gehörte zur Regimentsartillerie, eingesetzt in der *Batterie 120-mm Granatwerfer/MSR*. Er vernichtete lebende Kräfte und Feuermittel in Gräben und leichten Deckungen, zerstörte Feldverteidigungsanlagen, bekämpfte Artillerie und Granatwerfer des Gegners und schaffte Gassen in Minenfeldern. Das Blenden des Gegners - besonders seiner Beobachtungsstellen - durch das Setzen von Nebelwänden und das Schaffen von Bränden erweiterten sein Aufgabenspektrum. Die ersten 120-mm Granatwerfer ohne Fahrgestell erhielt die HVA 1950, bis 1953 war der Bestand auf 276 Stück angestiegen.
Die Entwicklung des 120-mm Granatwerfers mit glattem Rohr begann 1938 im *Werk Nr. 7 Arsenal* in Leningrad, ein Jahr später wurde er in die Rote Armee eingeführt. Auf Grund des Kalibers von 120-mm mussten im Vergleich zum 82-mm Granatwerfer einige Veränderungen vorgenommen werden.

Um die enormen Rückstoßkräfte beim Abschuss besser auf den Boden zu verteilen und den Halt des Werfers zu garantieren, war die Bodenplatte gewölbt und mit Erdspornen versehen. Für den schnellen Transport des Werfers kam ein zweirädriges Fahrgestell zum Einsatz. Im Bodenstück wurde eine

Der Transport eines 120-mm Granatwerfers im Mannschaftszug (linkes), rechts wird die Gefechtsbereitschaft hergestellt.

Die Bedienung des 120-mm Granatwerfers Modell 1938 bei der Gefechtsarbeit. Mit Hilfe eines Seiles wurde die Abfeuerungseinrichtung auf Befehl des Werferführers ausgelöst.

mechanische Abfeuerungseinrichtung integriert, die eine starre oder bewegliche Stellung des Schlagbolzens ermöglichte. Somit konnte der Werfer geladen und erst auf Befehl des Werferführers geschossen werden. Während des II. Weltkrieges wurde der 120-mm Granatwerfer im Aufbau vereinfacht, um eine unkomplizierte und preiswerte Herstellung zu gewährleisten. Eine Verbesserung erfuhr das Bodenstück, sodass gebrochene Schlagbolzen schneller ausgewechselt werden konnten. Auf das Rohrende wurde eine Ladesicherung installiert, um ein doppeltes Laden zu verhindern. Diese verbesserte Waffe wurde als *120-mm Geschosswerfer Modell 1943* in die Rote Armee eingeführt.

1941 erbeutete die deutsche Wehrmacht mehrere einsatzfähige sowjetische 120-mm Granatwerfer Modell 1938. Sie wurden unter der Bezeichnung *12-cm Granatwerfer 378 (r)* in der Wehrmacht geführt und eingesetzt. Da das deutsche Heer keine eigenen 12-cm Granatwerfer besaß, wurde nach erfolgten Tests beschlossen, eine Kopie als deutschen *12-cm Granatwerfer 42* in Brünn zu produzieren (etwa 8500 Stück).

In der NVA wurde der 120-mm Granatwerfer anfänglich in der Regiments- und in der Divisionsartillerie eingesetzt. Beide Versionen, Modell 1938 und 1943, verfügten über gleiche ballistische Eigenschaften. Zum Kampfsatz gehörten 120 Splitter-Spreng-Wurf-Granaten, deren Wirkung im Ziel am Zünder

120-mm Granatwerfer Modell 1943	
Einführungszeitraum	ab 1950
GAU-Index Modell 1938	52-M-843K
GAU-Index Modell 1943	PM-43
Einsatzebene	Regiment
Kaliber (mm)	120
Maximale Schussentfernung (m)	5700
Anfangsgeschwindigkeit Granate (m/s)	272
Feuergeschwindigkeit (S/min)	15
Marschgeschwindigkeit (km/h)	85
Erhöhungswinkel max. (Grad)	80
Seitenschwenkbereich (Grad)	8
Richtaufsatz	MP-41, MP-42 oder MPM-44
Länge in Marschlage (mm)	2480
Breite (mm)	1650
Spurweite (mm)	1420
Bodenfreiheit (mm)	340
Masse Gefechtslage (kg)	275
Masse Marschlage mit Fahrgestell 38 (kg)	500
Kampfsatz	80
Granatarten	Spl-Spr-WG
Index der Wurf-Granate	843
Zugmittel	GRANIT-27, LO-1800A
Bedienung	5

Die erste Ausführung des 120-mm Granatwerfers Modell 1938 mit dem leichten Lkw LO-1800A als Zugmittel.

Der 120-mm Granatwerfer in Transportlage auf dem Standard-Einachs-Fahrgestell 1,2 t.

Feuerstellung eines 120-mm Granatwerfers.

eingestellt wurde. Für Spezialaufgaben konnten 120-mm Nebel-, Brand- oder Fallschirmleucht-Wurf-Granaten zum Einsatz kommen. Ihre Ladung bestand aus der Grund- und aus bis zu sechs Zusatzladungen. Es war verboten, die Grundladung ohne Zusatzladungen zu verschießen. Die Entfernung zum Ziel wurde durch die Anzahl der Zusatzladungen reguliert. Mit der ersten/sechsten Ladung wurde bei einer Anfangsgeschwindigkeit von 119/272 m/s eine Schussentfernung von maximal 1340/5700 m erreicht.

Im *Plan der Entwicklung der NVA 1971 bis 1975* wurde zur Erhöhung der Feuerkraft der MSR die Umrüstung der Granatwerferzüge der MSB vom 82-mm Granatwerfer auf den 120-mm Granatwerfer beschlossen. Im Zuge dieser Umrüstung wurden die Granatwerfer-Batterien der MSR aufgelöst und die Werfer-Batterien der MSB auf sechs Werfer aufgestockt. Damit befanden sich 18 Granatwerfer im Bestand eines MSR.

Auch die Grenztruppen der DDR verfügten über 120-mm Granatwerfer. Laut Befehl 30/90 des MfNV *über die Herauslösung von Militärtechnik aus dem Bestand der GT der DDR* übergab der Chef der Grenztruppen 56 Stück 120-mm Granatwerfer an das MfNV. Anfang der 1980er Jahre erhielten die 120-mm Granatwerfer ein neues Fahrgestell, eine Version des Standard-Einachs-Fahrgestells 1,2 t. Die Federung des Fahrwerkes setzte sich aus Schraubenfedern, Gummizusatzfedern und Teleskopstoßdämpfern zusammen. Für den Transport des Granatwerfers kamen eine Rohrhalterung und eine Bodenplattenzurrung zum Einsatz. Mit Hilfe von Zurrgurten konnte das Fahrgestell mit befestigtem Werfer durch die Bedienung im Gelände gezogen werden. Als Zugmittel fungierten leichte Lkw LO-1800A und die Nachfolgemodelle oder mittlere Lkw W-50 L/LA, deren Höchstgeschwindigkeit auf 85 km/h begrenzt war.

Für den Planungszeitraum 1986 bis 1990 war die Zufuhr neuer 120-mm Granatwerfer geplant, da die vorhandenen Granatwerfer durch ihren über 40-jährigen Einsatz technisch und mechanisch verschlissen waren.
Die Bundeswehr übernahm 186 120-mm Granatwerfer Modell 1938 und Modell 1943 und stufte sie in die Kategorie III - Aussonderung ein.

120-mm Granatwerfer 2B11 SANI

2Б11 120-мм миномет в составе комплекса 2С12 Сани = 2B11 120-mm Granatwerfer als Teil des Komplexes 2S12 SCHLITTEN

Der 120-mm Granatwerfer 2B11 löste ab 1987 die 120-mm Granatwerfer Modell 1938 und Modell 1943 in den Granatwerfer-Batterien der MSB ab. Der Import dieses 120-mm Granatwerfers 2B11 war notwendig geworden, da die Einfuhr einer 120-mm Granatwerfer-SFL auf Basis des MT-LB nicht rechtzeitig realisiert werden konnte.

Der 120-mm Granatwerfer 2B11 wurde 1979 vom zentralen *Forschungsinstitut in Nischni Nowgorod* entwickelt. Ziel war es, einen neuen Granatwerfer mit verbesserter Leistung zu entwickeln, um die bestehenden Werfer relativ schnell zu ersetzen. Dazu wurde das Design überarbeitet, moderne Materialien eingesetzt und einige Komponenten ersetzt, wie zum Beispiel der Richtaufsatz. 1980 bestand der Granatwerfer 2B11 die erforderlichen Tests und wurde 1981 in Dienst gestellt. Dabei konnten das Gewicht reduziert, die Schussweite erheblich gesteigert und die Zeit zum Herstellen der Gefechtsbereitschaft drastisch reduziert werden. Die Kombination des Granatwerfers 2B11 mit dem Fahrgestell 2L81 und dem Transportfahrzeug 2F510 auf Basis des leichten Lkw GAZ-66 ergaben den *120-mm Granatwerferkomplex 2S12 SANI*. Bei der Beschaffung des Granatwerfers verzichtete die DDR auf das Transportfahrzeug, ein leichter Lkw LO-2002A wurde stattdessen eingesetzt. Obwohl somit die DDR nicht den gesamten Granatwerferkomplex in die NVA einführte, wurde der Name SANI für den Granatwerfer in vielen Dokumenten verwendet.

120-mm Granatwerfer 2B11 SANI	
GRAU-Index	2B11
Einführungszeitraum	ab 1987
Einsatzebene	Bataillon
Kaliber (mm)	120
Maximale Schussentfernung (m)	7100
Anfangsgeschwindigkeit Granate (m/s)	325
Feuergeschwindigkeit (S/min)	15
Marschgeschwindigkeit (km/h)	60
Erhöhungswinkel max. (Grad)	80
Seitenschwenkbereich (Grad)	10
Richtaufsatz	MPM-44M
Masse Gefechtslage (kg)	210
Masse Marschlage (kg)	297
Kampfsatz	120
Granatarten	Spl-Spr-WG
Index der Wurf-Granaten	843
Zugmittel	LO-2002A
Bedienung	5

Der 120-mm Granatwerfer 2B11 SANI in Gefechtslage, das Fahrgestell 2L81 verblieb am Werfer.

Das gefederte Fahrgestell 2L81 ermöglichte den Transport des gesicherten Granatwerfers auf der Pritsche des LO-2002A, als Anhängegerät am Zugmittel oder im Mannschaftszug durch die Bedienung. Der Transport des kompletten Werfers über weite Strecken erfolgte hauptsächlich auf der Ladefläche des Zugmittels. Dazu musste die Rückklappe des LKW mit zwei Metallschienen ausgerüstet werden, über die der Werfer auf die Ladefläche gezogen werden konnte. Da der Werferkarren nicht über Beleuchtungselemente für den Straßenverkehr verfügte, war ein Transport auf öffentlichen Straßen nur in Ausnahmefällen erlaubt. Eine zinnenförmige Ladesicherung war ein markanter Unterschied zum Vorgängermodell. Mit dieser Sicherung wurde ein versehentliches Nachladen des Werfers verhindert, wenn sich im Rohr noch eine Wurf-Granate befand.

Der 120-mm Granatwerfer 2B11 SANI in Marschlage auf dem Zweirad-Fahrgestell 2L81.

Zur schnellen Verlegung über große Strecken wurde der 120-mm Granatwerfer 2B11 SANI auf einem Lkw LO-2002A transportiert.

Eine weitere Besonderheit des neuen Werfers war, dass er auch mit nicht abgetrenntem Fahrgestell schießen konnte, was das Herstellen der Gefechtsbereitschaft erheblich beschleunigte.

Als Munition fanden 16 kg schwere Splitter-Spreng- und Leucht-Wurf-Granaten Verwendung. Mit Hilfe der Zündereinstellung konnte zwischen Splitter- und Sprengwirkung gewählt werden. Für das Schießen wurden die Grund-, die erste bis sechste auswechselbare Zusatz- oder die weitreichende Ladung genutzt. Die Grundladung war im Schaft der Wurf-Granate eingesetzt. Entsprechend der Weite zum Ziel wurden bis zu sechs gewichtsgleiche Zusatzladungen um den Schaft des Stabilisators gelegt, die beim Abschuss durch die Grundladung entzündet wurden. Die weitreichende Ladung verlieh der Wurf-Granate eine Anfangsgeschwindigkeit von 325 m/s und ermöglichte Schussweiten von 7188 m. 75 Granatwerfer 2B11 erhielt die NVA von 1988 bis 1990 aus der Sowjetunion für den Einsatz in den Granatwerfer-Batterien der MSB.

In den Planungsunterlagen für die Entwicklung der NVA 1991 bis 1995 hieß es zum Thema 120-mm Granatwerfer 2B11: *Zusätzliche Einführung von 120-mm Granatwerfer SANI auf Grund nicht ausreichender Gefechtseigenschaften (Ent- und Verladung auf Lkw auf dem Gefechtsfeld) ... sollte nach 1990 Abstand genommen werden und nur noch SFL-Granatwerfer TUNDSCHA (Sani auf MT-LB) für die weitere Ausstattung der NVA vorgesehen werden.*

Die Bundeswehr übernahm den gesamten Bestand, gab fünf an Nato-Partner ab und sonderte die restlichen 70 Stück aus.

160-mm Granatwerfer M-160 Modell 1949

160-мм дивизионный миномёт М-160 образца 1949 года = 160-mm Divisions-Granatwerfer M-160 Modell 1949

Laut Befehl 22/56 über die Aufstellung der 1. Mechanisierten Division der NVA des MfNV sollten sich im 1. und 2. Artillerie-Regiment jeweils eine 160-mm Granatwerfer-Abteilung mit 13 Werfern befinden. Das AR-13 der 4. Infanterie-Division, das AR-17 der 8. Infanterie-Division, das AR-11 der 11. Mechanisierten Division und das AR-6 der 6. Mot.-Schütz.-Division sollten über jeweils eine 160-mm Granatwerfer-Abteilung mit 19 Werfern verfügen. Somit hätte die NVA 102 160-mm Granatwerfer für die Ausstattung der Artillerie-Regimenter benötigt.

Im Sommer 1956 besichtigte eine Delegation der NVA in Moskau verschiedene Waffen und technisches Gerät, so auch den 160-mm Granatwerfer M-160 Modell 1949. Folgende taktisch-technische Daten wurden benannt:

Der 160-mm Granatwerfer M-160 Modell 1949 in Gefechtslage.

Der Granatwerfer ist besonders fest in der Stellung einzubauen. Die Stützplatte ist besonders festgelegt. Gleichzeitig wird das Fahrgestell durch zwei Erdanker befestigt.
Länge: 4,5 m - Breite: 2,85 m - Reichweite: 8040 m - Normalreichweite: 7.050 m
Hauptteile: Rohr, Stützplatte, Laufwerk - Visier: MP-46 - Gewicht: 1300 kg, bei Fahrt 100 kg schwerer
Bedienung: Sieben Mann - Feuerfolge: Drei Schuss in der Minute - Abschussdruck: 130 t auf Stützplatte
Dauer des Schussfertigmachens: Sechs Minuten
Höchstgeschwindigkeit: 45 km/h mit Kraftfahrzeug GAZ-63
Munition: Sprengwurfgranate 41 kg - 70 Prozent mit Normalladung, bestehend aus vier Zusatzladungen - 30 Prozent mit Fernladung, ist nicht auswechselbar
Rohrerhöhung: von 50 - 80 Grad
Wichtige Ersatzteile: Gummi-Asbest-Dichtung im Verschluss, befindet sich im Zubehör.
Zubehör: 1 Satz für ein Geschütz
1 Satz für eine Batterie (vier Stück)
1 Gummi-Asbest-Dichtung - ist verbraucht bei 200 Schuss
2 Stück befinden sich als Ersatz im Satzzubehör für ein Geschütz
Weiter unterliegen die Stopfbuchsen im Laufwerk besonderem Verschleiß.

Als Ergebnis der Verhandlungen in Moskau über die für 1957 geplanten Importe wurde unter anderem festgestellt:
Für folgende Positionen bestehen keine Liefermöglichkeiten, beziehungsweise geringe Aussichten auf Realisierung unserer Anforderungen:
1. Die 61 Granatwerfer M-160 können 1957 nicht geliefert werden, für 1958 besteht geringe Wahrscheinlichkeit für Lieferung aus der Sowjetunion. Generaloberst Gusew hat ausdrücklich empfohlen, auf die Lieferung dieser Positionen zu verzichten. Es scheint zweckmäßig zu überprüfen, ob die Einführung dieser Waffe überhaupt notwendig ist, beziehungsweise welche andere an ihre Stelle treten soll.

Da die NVA über ausreichend 120-mm Granatwerfer verfügte, sollten diese als Austauschwaffen Verwendung finden. Nach reiflicher Überlegung entschloss man sich, die 122-mm Haubitze einzusetzen, da die Wirkung der 120-mm Wurf-Granate im Ziel nicht ausreichte. Dazu wurde im *Perspektivplan für die Bewaffnung und Ausrüstung der NVA 1958-1960 von 1957 vermerkt: Da die Einführung des 160-mm GW zu diesem Zeitpunkt noch nicht entschieden war, sollten 101 122-mm Haubitzen M-30 als Reservewaffen zusätzlich geplant werden.*
1958 wurde mit der Anordnung 94/58 die 160-mm Granatwerfer-Abteilung in eine 122-mm Haubitzen-Abteilung umgewandelt, der Granatwerfer M-160 somit gestrichen.

120-mm SFL-Granatwerfer TUNDSCHA

120-мм самаходныи миномет Тунджа
= 120-mm selbstfahrender Granatwerfer TUNDSCHA

Die Planung der Entwicklung der NVA 1986 bis 1990 sah die Ausrüstung erster Granatwerfer-Batterien der MSB mit dem 120-mm Selbstfahrenden Granatwerfer TUNDSCHA vor.
Die Entwicklung selbstfahrender Granatwerfer begann in der Sowjetunion Mitte der 1960er Jahre. Es kamen zwei Basisfahrzeuge, das Mehrzweck-Zug- und Transportmittel MT-LB und der Schützenpanzer BMP-1, in die engere Auswahl. Als Werfer waren der 120-mm Granatwerfer M-120 Modell 1955 (auf MT-LB) oder ein neu zu entwickelnder Granatwerfer mit automatischer Beladung (auf BMP-1) vorgesehen. Die sowjetische Armee lehnte die Variante auf MT-LB ab, da es eine bessere Lösung auf dem Luftlandepanzer BMD, der *Selbstfahrende Regiments-Granatwerfer 2S9 NONA-S*, gab. Die Unterlagen zum selbstfahrenden Granatwerfer erhielt Bulgarien, das bereits das Mehrzweck-Zug- und Transportmittel in Lizenz produzierte. Bulgarien bot den selbstfahrenden Granatwerfer mit dem bekannten 120-mm Granatwerfer Modell 1943 als 120-mm SFL-Granatwerfer TUNDSCHA an.
Im Kampfraum brachte man an beiden Seitenwänden über den unteren Kraftstofftanks 56 Wurf-Granaten mit Grundladung und Zündern unter. Das Werferrohr mit spezieller Lafette wurde - mit Schussrichtung entgegengesetzt der Fahrtrichtung - im Kampfraum auf einer am Boden aufgeschweißten Platte aufgestellt. Oberhalb des Kampfraumes befand sich die Kampfluke, aus der mit dem Granatwerfer geschossen werden konnte. Sie war in Marschlage mit zwei hermetisch schließenden Deckeln verschlossen. Um die Wucht des auf die Bodenplatte wirkenden Rücklaufs zu mindern, war eine Rücklaufbremseinrichtung eingebaut, die einen Rohrrücklauf von maximal 205 mm gewährleistete. Die beiden hinteren Hecktüren wurden durch eine zentral gelegene Tür ersetzt. Der Granatwerfer war so konstruiert, dass mit ihm auch vom Boden aus geschossen werden konnte. Dazu wurden die Bodenplatte und das Zweibein mitgeführt. Die Bodenplatte wurde am Heck befestigt, das Zweibein auf der rechten vorderen Dachluke mitgeführt.
Mit der Bereitstellung des 120-mm Granatwerfers 2B11 durch die Sowjetunion sollte dieser in den SFL-Granatwerfer eingebaut werden. Als taktisch-technische Daten wurden angegeben: Gewicht 12.330 kg, Besatzung vier Mann, Kampfsatz 80 Wurf-Granaten, Erhöhungswinkel +35° bis +80°, Reichweite 480 bis 7100 m, maximale Geschwindigkeit 65 km/h, Reichweite 300 km, Ausmaße Gefechtslage (LxBxH) 6492 x 2800 x 2926 mm.

Mitte 1984 sollten im MSR-7 die ersten drei Granatwerfer-Batterien in *SFL-Batterie 120-mm Granatwerfer* umgegliedert werden. Die hohe Beweglichkeit im Gelände, das zügige Überwinden von Wasserhindernissen und kontaminierten Geländeabschnitten sowie das Schießen vom Basisfahrzeug aus verbesserten die Gefechtsmöglichkeiten der Granatwerfer-Batterien erheblich. Bis 1990 plante die NVA den Import von 210 SFL-Granatwerfern mit dem 120-mm Granatwerfer Modell 1943. Für die weitere Planung hieß es: *Entsprechend den finanziellen Möglichkeiten und dem zu erwartenden Produktionsvolumen der VR Bulgarien wird deshalb vorgeschlagen, für den Zeitraum 1991/1995 mindestens 250 Stück 120 mm Granatwerfer Tundscha in den Planansatz aufzunehmen.* Die NVA verfügte über keine 120-mm SFL-Granatwerfer TUNDSCHA.

Der 120-mm SFL-Granatwerfer TUNDSCHA in Gefechtslage, die Bilder stammen aus dem bulgarischen Bildmaterial des KSE-Vertrags.

Rückstoßfreie Geschütze

Gemäß dem Satz der Impulserhaltung wird beim Abschuss eines Projektils ein Impuls auf die Schusswaffe übertragen. Dieser Impuls bestimmt die Stärke des Rückstoßes. Die Geschwindigkeit der Rückstoßbewegung der Schusswaffe ergibt sich dabei aus der Geschwindigkeit des Geschosses, seiner Masse, dem Verhältnis der Waffenmasse zur Geschossmasse und dem Raketeneffekt der aus dem Lauf strömenden Pulvergase. Deren Energie lässt sich abschätzen, da die Masse des eingesetzten Treibmittels bekannt ist und die Geschwindigkeit der Pulvergase empirisch mit etwa 1200 m/s plusminus zehn Prozent angesetzt werden kann.

Bei rückstoßfreien Waffen wird dieser Raketeneffekt zum Ausgleich des geschossbedingten Rückstoßes genutzt, indem man den größeren Teil der Pulvergase entgegen der Geschossflugrichtung aus der Waffe strömen lässt. Dadurch kommt es aber auch zu einer größeren Verbrennungswolke, durch die die Feuerstellung meist schnell aufgeklärt wird.

82-mm schwere Panzerbüchse SPG-82

СПГ-82 - Станковый противотанковый гранатомёт, калибра 82 мм
= SPG-82 - schwerer Panzerbüchse, Kaliber 82 mm

82-mm schwere Panzerbüchse SPG-82	
GAU-Index	56-G-662
Einsatzebene	Bataillon
Kaliber (mm)	82
Weite des direkten Schusses (m)	200
Maximale Schussentfernung (m)	1500
Feuergeschwindigkeit (S/min)	5 - 6
Masse Gefechtslage (kg)	38
Kampfsatz an der Waffe	6
Länge (mm)	2060
Breite mit Schild (mm)	1000
Höhe mit Schild (mm)	570
Granatarten	HL, SplG
Index der Granaten	PG-82, OG-82
Bedienung	3

Bisher ist ein Foto aus der Waffenkammer einer Kompanie der Grenzpolizei der einzige Beweis für die Existenz dieser Waffe in militärischen Einheiten der DDR. Obwohl in der *Übersicht über den Bestand und die Einsatzbereitschaft der Bewaffnung der Einheiten der KVP - Stichtag 26.02.1955* der Soll-Bestand für den Geschoßgranatwerfer SG-82 mit 156 angegeben wurde, war der Ist-Bestand nicht ausgewiesen. Es gibt aber glaubwürdige Erinnerungen ehemaliger KVP/NVA-Angehöriger, die das Vorhandensein dieser Waffe in den Streitkräften der DDR bestätigten.

Anfang der 1920er Jahre begannen in der UdSSR erste Versuche rückstoßfreie Waffen zu entwickeln. Da bei diesen Waffen fast kein Rückstoß auftrat, konnten sie leichter, bedeutend einfacher im Aufbau und somit preiswerter als herkömmliche Artilleriewaffen gehalten werden. Negativ wirkte sich allerdings die geringe Schussentfernung aus, sodass ihr Einsatz hauptsächlich als leichte Panzerabwehrwaffe der Infanterie erfolgte. In der UdSSR wurde in den Kriegsjahren mit Nachdruck an der Schaffung solcher Waffen gearbeitet. Ab 1942 wurde vom Ministerium für Erdölindustrie der UdSSR die Entwicklung eines schweren Panzerbüchse vorangetrieben. Erst 1950 konnte die im *Maschinenbauwerk Tula* gefertigte Panzerbüchse SPG-82 von der sowjetischen Armee übernommen werden. Das glatte, dünnwandige Rohr nahm Verschluss, Schulterstütze, Abzugs- und Visiereinrichtung auf. Am Rohr war eine einfache Radlafette montiert, die den Transport auf dem Gefechtsfeld erleichterte.

Zum Schutz des Schützen vor Infanteriegeschossen und Artilleriesplittern bekam die Waffe ein Schutzschild. Es erlaubte die Beobachtung des Gefechtsfeldes durch ein Glasfenster, welches beim Abschuss durch eine Metallklappe abgedeckt wurde. Zur Bedienung gehörten drei Soldaten. Verschossen wurden reaktive Hohlladungs-Panzerabwehr-Granaten PG-82 und Splitter-Granaten OG-82. Die Panzer-Granate PG-82 wog 4,54 kg, ihre günstigste Einsatzreichweite lag bei 300 m, bei einem Auftreffwinkel von 90° durchschlug sie 175 mm Panzerstahl. Um eine Verwirbelung des kumulativen Strahls beim Auftreffen auf das Ziel zu verhindern, wurde die Granate mit Flügeln ausgerüstet, die sich nach dem Verlassen des Rohres öffneten. Mit der 4,95 kg schweren Splitter-Granate konnten Ziele bis 700 m wirkungsvoll bekämpft werden. Der Splitterradius lag bei 12,5 m. Die Anfangsgeschwindigkeit beider Granaten betrug 160 m/s.

Die schwere Panzerbüchse SPG-82 in Gefechtslage mit Schutzschild und Fahrwerk.

82-mm Panzerbüchse T-21 TARASNICE

СПГ-82 - Станковый противотанковый гранатомёт, калибра 82 мм
= SPG-82 - schwerer Panzerbüchse, Kaliber 82 mm

82-mm Panzerbüchse T-21 TARASNICE	
Einsatzebene	Bataillon
Kaliber (mm)	82
Weite des direkten Schusses (m)	600
Maximale Schussentfernung (m)	2330
Anfangsgeschwindigkeit Granate (m/s)	240
Feuergeschwindigkeit (S/min)	5 - 6
Länge in Marschlage (mm)	1475
Feuerhöhe (mm)	275
Masse Gefechtslage ohne Räder (kg)	16,8
Masse Gefechtslage mit Rädern (kg)	19,3
Durchschlagsleistung (mm)	230
Bedienung	2

In einer Meldung über den Bestand an Einsatzwaffen, Stand 01.11.1956, wurden auch 50 *Geräte T-21* aufgelistet, von denen 25 bei den Landstreitkräften und 25 in Lagern untergebracht waren. Am 01.11.1957 übergab die NVA 24 *Geschosswerfer T-21* an das Ministerium des Inneren.

Bei dieser Panzerbüchse handelte es sich um eine Waffe aus der ČSSR, die eigentliche Bezeichnung lautete 82-mm Panzerbüchse T-21 TARASNICE. Mit der Einführung modernerer Waffen ähnlicher Bauart wurde diese Panzerbüchse an andere Organe abgegeben. Diese, während der 1950er Jahre entwickelte Waffe, war ein wirksames, universell einsetzbares Panzerabwehrmittel für die Nahdistanz. Mit zwei leichten, mühelos abnehmbaren Rädern ausgerüstet, war schneller Stel-

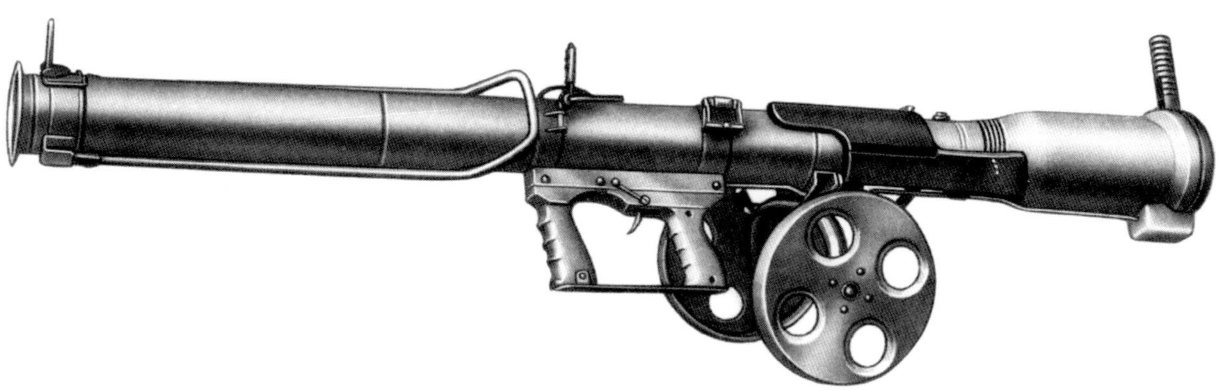

Die 82-mm Panzerbüchse T-21 TARASNICE mit mechanischem Visier.

Die 82-mm Panzerbüchse T-21 TARASNICE mit optischem Visier in Gefechtslage bei den tschechoslowakischen Streitkräften.

lungswechsel, aber auch der Transport auf Fahrzeugen, möglich. Zwei Mann wurden für Bedienung sowie für Transport von Waffe und Munition benötigt.
Geschossen wurde hauptsächlich in liegender Stellung. Da die Waffe relativ wenig wog, konnte man sie auch auf die Schulter legen und schießen. Die reaktive Panzerbüchse funktionierte wie ein rückstoßfreies Geschütz und wurde von hinten geladen. Die Munition bestand aus einem kumulativen Geschoss mit Treibladung. Zur Ausrüstung gehörten ein mechanisches und ein optisches Visier.

82-mm rückstoßfreies Geschütz B-10

82-мм безоткатное орудие Б-10
= 82-mm rückstoßfreies Geschütz B-10

Um die Möglichkeit der Panzerabwehr in den Mot.-Schützen-Bataillonen zu verbessern und damit auf die wachsende Anzahl von Kampfpanzern und gepanzerten Fahrzeugen auf dem Gefechtsfeld zu reagieren, führte die NVA ab 1957 das 82-mm rückstoßfreie Geschütz (RG) B-10 ein. Es löste die 45-mm Pak in den Panzerabwehr-Züge der Mot.-Schützen-Bataillone ab.

Da das sowjetische Militär mit den taktisch-technischen Daten der schweren Panzerbüchse SPG-82 unzufrieden war, schrieb das Verteidigungsministerium der UdSSR, vertreten durch die Haupt-Verwaltung für Artillerie des Verteidigungsministeriums der UdSSR - GAU *(Главного артиллерийского управления - ГАУ)*, in den frühen 1950er Jahren einen Wettbewerb für die Schaffung eines rückstoßfreien 82-mm Geschützes mit einem Gewicht von nicht mehr als 100 kg und einer Durchschlagsleistung von 200 bis 250 mm aus. Es sollte neben der Vernichtung gepanzerter Fahrzeuge auch lebende Kräfte in und außerhalb von Deckungen bekämpfen sowie leichte Feldbefestigungsanlagen bis zu einer Reichweite von mindestens 4000 m zerstören. Das rückstoßfreie Geschütz B-10 wurde 1954 in Dienst gestellt. Die Serienproduktion erfolgte im *Maschinenbauwerk Tula*, wo es bis 1964 produziert wurde.
Das RG war in seiner Konstruktion und Bedienung einfach. Beim Abschuss blieb das Glattrohr-Geschütz unbeweglich, da ein Teil der Pulvergase durch die Düsenöffnungen am Rohr-

Das 82-mm rückstoßfreie Geschütz B-10 in Marsch- und in Gefechtslage.

ende nach hinten ausströmten und somit die Rückstoßkraft ausglichen. Die wichtigsten Hauptteile waren das Rohr mit Verschluss, die Lafette mit Höhen- und Seitenrichtmaschine, das Fahrgestell und die Zieleinrichtung. Am hinteren Teil des Rohres waren die Ladungskammer, das Bodenstück und der Verschluss aufgeschraubt. Am Bodenstück und am Verschluss befanden sich zwei düsenförmige Öffnungen, aus denen beim Abschuss die Pulvergase entwichen. Das Rohr war nach der Seite und der Höhe mit der Lafette verbunden. Die Lafette hatte eine Dreipunktauflage. Mit den Stützen konnte das Geschütz in drei verschiedenen Höhen aufgestellt werden (420, 750 oder 850 mm). An der Lafette waren der Seiten- und der Höhentrieb befestigt. Das Fahrgestell setzte sich aus der Achse und den zwei Rädern zusammen, sie waren an der Lafette montiert. Zur Zieleinrichtung gehörten der Richtaufsatz PBO-2 und das Grobvisier mit Kimme und Korn. Der Richtaufsatz bestand aus zwei miteinander gekoppelten Aufsätzen, dem Aufsatz A für das Schießen im direkten und den Aufsatz B für das Schießen im indirekten Richten. Die Weite des direkten Schusses mit der Hohlraum-Wurf-Granate BK-881 betrug bei einer Zielhöhe von zwei Metern rund 380 m. Mit der Splitter-Wurf-Granate O-881A konnten bei einem Erhöhungswinkel von 35° Ziele bis auf 4470 m bekämpft werden.

Ein Geschoss setzte sich aus einer Hohlraum- oder Splitter-Wurf-Granate, der Grundladung, der Zusatzladung, einem Zünder und zwei Scheiben zusammen. Die beiden Scheiben hatten die Aufgabe, die Wurf-Granate im Rohr vor dem Abschuss in der richtigen Lage zu halten. Die Hohlraum-Wurf-Granate (später Hohlladungs-Wurf-Granate) erreichte bei einer Anfangsgeschwindigkeit von 322 m/s eine Entfernung bis 1430 m. Die Splitter-Wurf-Granate flog bei einer Anfangsgeschwindigkeit von 320 m/s fast 30 s, um ein Ziel in 4500 m zu erreichen. Negativ wirkten sich die geringe Schussentfernung im direkten Richten und die demaskierende Wirkung der nach hinten ausströmenden Pulvergase auf den Einsatz der Waffe aus. Auf große Entfernungen wurden Geschütz, EWZ und Munition mit Fahrzeugen transportiert. Auf kurzen Strecken konnte das Geschütz mit Hilfe des Fahrwerks im Mannschaftszug durch die Bedienung gezogen werden.

1957 erhielt die NVA die ersten 148 Waffen aus sowjetischer Produktion, von denen jeweils vier in den Panzerabwehr-Zügen der MSB zum Einsatz kamen. Sie wurden ab 1960 durch die 57-mm selbstfahrende Pak SD-57 abgelöst und in Einheiten der Grenzpolizei/Grenztruppen der NVA umgesetzt.

82-mm rückstoßfreies Geschütz B-10 auf Spezial-PKW P-3	
Einführungszeitraum	1964
Einsatzebene	Grenztruppen der NVA
Kaliber (mm)	82
Maximale Schussentfernung (m)	1400
Erhöhungswinkel max. (Grad)	5
Seitenschwenkbereich (Grad) rechts / links	90 / 90
Mechanisches Visier	ja
Richtaufsatz	PBO-2
Höhe Mündungswaagerechte über Ladefläche des Basisfahrzeuges (mm)	1800
Masse in Marschlage (kg)	2044
Masse in Gefechtslage (kg)	1945
Kampfsatz	12
Granatarten	HL, SplG
Länge des Kfz mit RG 82 (mm)	3835
Bedienung	5

Das 82-mm rückstoßfreie Geschütz B-10 in Gefechtslage mit mechanischem Visier.

Das rückstoßfreie Geschütz B-10 in Gefechtslage. Auf Grund der kleinen Silhouette konnte die Waffe auch im Häuserkampf eingesetzt werden. Unter dem Geschütz der Transportbehälter für den Richtaufsatz PBO-2.

Mit Bildung des Fallschirmjäger-Bataillons (FJB) Anfang der 1960er Jahre war auch der Einsatz von sechs 82-mm RG B-10 in der Begleit-Batterie geplant. Bis 1965 befanden sich unter anderem 12 RG im Bestand der zwei Panzerabwehr-Züge des FJB-5 als Ersatzbewaffnung für die schwere 73-mm Panzerbüchse SPG-9. 1969 wurde die Begleit-Batterie im FJB-5 aufgelöst und die RG B-10 abgegeben. Die UdSSR vergab die Lizenz zur Produktion des RG B-10 an die VR Bulgarien, die von 1960 bis 1965 263 RG B-10 an die NVA lieferte. Ihr Einsatz erfolgte hauptsächlich in den Mob.-Divisionen, in den VP-Bereitschaften und in den Kampfgruppen der Arbeiterklasse.

Zur *Sicherung der Staatsgrenze zu Westdeutschland* entwickelte das Kommando Grenztruppen 1963/1964 das Waffensystem *82-mm rückstoßfreies Geschütz B-10 auf P-3 PKW*, das in den Grenz-Kommandos NORD und SÜD zum Einsatz kommen sollte. Im April 1964 wurde in der 7. Grenz-Brigade (Grenz-Kommando NORD) die praktische Erprobung durchgeführt.
Aus dem Erprobungsbericht:
Durch die Verbindung des RG 82 mit den Kfz P-3 wird die Beweglichkeit und die schnelle Feuereröffnung besonders gegen gepanzerte Ziele außerordentlich erhöht. Das Kfz kann als beweglicher und fester Feuerpunkt zur Erfüllung von Gefechtsaufgaben eingesetzt werden. Durch das Mitführen von mindestens zwölf Wurfgranaten ist die volle Gefechtsbereit-

Als Transportmittel für das 82-mm rückstoßfreie Geschütz B-10 kam der PKW P-3 zum Einsatz. Das Bildmaterial stammt aus dem Erprobungsbericht.

schaft gewährleistet. Die Verbindung des RG 82 mit dem Kfz P-3 entspricht mit seinen Einsatzgrundsätzen besonders den Bedingungen des Einsatzes und der Lösung von Aufgaben in den Grenztruppen der NVA. Vorteile bilden: die hohe Beweglichkeit, Feuereröffnung vom Kfz, das schnelle Lösen des RG 82 vom Kfz, das Mitführen einer größeren Anzahl von Wurfgranaten und des gesamten Zubehörs während des Einsatzes. Nachteile bilden: Vergrößerung der Silhouette des RG 82, Begrenzung des Seitenrichtfeldes auf je 90 Grad nach rechts und links, Begrenzung des Schußfeldes auf 1400 m. Die Montage des 82-mm RG B-10 auf den PKW P-3 erfolgte im *Lehrgeräte- und Reparaturwerk Mittenwalde* durch Kräfte des Kommandos Grenztruppen.

Im Dezember 1967 teilte der Minister und Chef der Deutschen Volkspolizei dem Minister für Nationale Verteidigung mit, dass die 130 RG B-10 auf Grund des Abnutzungsgrades sowie des Mangels an Ersatzteilen und Übungsmunition aus dem Bestand der Volkspolizei herausgenommen werden. Um den Ausfall auszugleichen, würden ab 1970 entsprechende 73-mm schwere Panzerbüchsen SPG-9D dringend benötigt. Die in den Kampfgruppen der Arbeiterklasse eingesetzten 82-mm RG B-10 sollten ebenfalls ab 1970 durch SPG-9D ausgetauscht werden.

Das 82-mm rückstoßfreie Geschütz B-10 auf Spezial-PKW P-3 in Gefechts- und in Marschlage mit Planenverdeck.

107-mm rückstoßfreies Geschütz B-11

107-мм безоткатное орудие Б-11
= 107-mm rückstoßfreies Geschütz B-11

Ab 1956 sollten für die Panzerabwehr in den Infanterie-Regimentern/ID, in den Mot.-Bataillonen der Mot.-Divisionen und in den Mot.-Regimentern der PD 107-mm rückstoßfreie Geschütze (RG) eingesetzt werden. Weitere 107-mm RG B-11 wurden für die Offiziers- und Regimentsschule geplant. Da erst 1957 die ersten 40 RG B-11 in die Einheiten der NVA eingeführt wurden, kamen bis zu diesem Zeitpunkt 45-mm Pak als Ersatzwaffen zum Einsatz.

Die Entwicklung eines 107-mm rückstoßfreien Geschützes für die Einheiten der Luftlandetruppe begann parallel zum 82-mm rückstoßfreien Geschütz B-10. Da beide Waffen im *Maschinenbauwerk Tula* entwickelt wurden, waren Design und Funktionsprinzip ähnlich, was die weitere Serienproduktion erheblich vereinfachte. 1954 wurde das 107-mm rückstoßfreie Geschütz B-11 in die sowjetische Armee eingeführt.

Mithilfe einer Protzöse vorn am Rohr konnte das Geschütz an ein Kfz angehängt und gezogen werden. Auf kurze Entfernungen oder beim Stellungswechsel wurde das Geschütz im Mannschaftszug von der Bedienung bewegt. Es bestand zudem die Möglichkeit, das schnell zu demontierende Geschütz durch die Bedienung zu tragen. Die Zieleinrichtung bestand aus dem Richtaufsatz PBO-4 mit Nachtbeleuchtung und dem Grobvisier. Zum Grobvisier gehörten ein Visierrahmen und das Korn. Der Richtaufsatz diente dem horizontalen und dem vertikalen Richten der Waffe beim Schießen im direkten und indirekten Richten. Außerdem verfügte er über einen Verkantungstrieb zum Ausgleich der Neigung des Schildzapfens.

Verschossen wurden die flügelstabilisierten Hohlraum-Wurf-Granate BK-883 und die Splitter-Spreng-Wurf-Granate

Das 107-mm rückstoßfreie Geschütz B-11 in Gefechtslage. Zum Schießen musste der Rohrschutz entfernt werden.

107-mm rückstoßfreies Geschütz B-11	
Einführungszeitraum	ab 1957
GAU-Index	52-M-883
Einsatzebene	Regiment
Kaliber (mm)	107
Weite des direkten Schusses (m)	540
Maximale Schussentfernung (m)	6650
Feuergeschwindigkeit (S/min)	4 - 5
Marschgeschwindigkeit (km/h)	50 - 60
Erhöhungswinkel max. (Grad)	45
Neigungswinkel max. (Grad)	10
Seitenschwenkbereich (Grad) rechts / links	17,5
Mechanisches Visier	ja
Richtaufsatz	PBO-4
Länge in Marschlage (mm)	3560
Breite (mm)	1450
Höhe in Marschlage (mm)	900
Spurweite (mm)	1250
Bodenfreiheit (mm)	320
Masse Gefechts- / Marschlage (kg)	305 / 302
Kampfsatz	80
Granatarten	HL-WG, Spl-Spr-WG
Index der Granaten	883
Zugmittel	GRANIT-27, 30-K
Bedienung	5

Das 107-mm rückstoßfreie Geschütz B-11 als Ausstellungsexponat im Militärhistorischen Museum der Bundeswehr Dresden.

OF-883A. Die Munition für das 107-mm RG bestand aus der Wurf-Granate mit Stabilisierungseinrichtung, dem Zünder, dem Ladungshalter, der Grundladung, der Schlagzündschraube und der Zusatzladung. Beide Wurf-Granaten waren mit dem Zünder GK-2 ausgestattet, der nach dem Aufschlag- und Beharrungsprinzip funktionierte und eine Detonation auch bei einem seitlichen Aufschlag auslöste. Zwei bis drei Meter nach dem Verlassen des Rohres wurde der Zünder geschärft.

Die Anfangsgeschwindigkeit und das Gewicht betrugen für die Hohlraum-Wurf-Granate 400 m/s und 7,52 kg und für die Splitter-Spreng-Wurf-Granate 375 m/s und 8,51 kg. Die Weite des direkten Schusses mit der Hohlraum-Wurf-Granate/Splitter-Spreng-Wurf-Granate lag bei einer Zielhöhe von zwei Metern bei 450/430 m, die maximale Schussentfernung lag bei 1710/6650 m. Die Durchschlagsleistung der Hohlraum-Wurf-Granate lag bei 380 mm Panzerstahl bei einem Auftreffwinkel von 90°. Durch den austretenden Gasstrahl beim Abschuss entstand ein 40 m langer explosionsgefährdeter Bereich hinter dem Geschütz. Das Herstellen der Gefechtsbereitschaft aus der Marschlage und umgekehrt dauerte höchsten 60 s.

Das 107-mm rückstoßfreie Geschütz B-11 wurde hauptsächlich von einem Lkw, hier der leichte Lkw GRANIT-27, gezogen. Dazu befand sich an der Rohrmündung eine Protzöse.

In der im Juli 1957 angefertigten *Analyse zum Plan der Ausrüstung der NVA mit neuer Bewaffnung* wurden 81 107-mm RG aufgelistet, bis 1960 wurde der Bestand auf 84 erhöht. Ab 1960 waren ausreichend 85-mm selbstfahrende Kanonen

SD-44 für die Ausstattung der Panzerabwehr-Batterien in den MSR vorhanden, um die 107-mm rückstoßfreien Geschütze B-11 abzulösen.

Ab 1966 begann die DDR militärische Technik und Ausrüstung abzugeben, unter anderem an afrikanische Nationalstaaten. Dazu gehörten beispielsweise die 107-mm und 82-mm rückstoßfreien Geschütze. 1967 erfolgte der Verkauf von 28 107-mm RG B-11. Das Grenzkommando Mitte mit der 1. und der 2. Grenz-Brigade verfügte 1966 über elf Grenz-Regimenter, die in den schweren Grenz-Kompanien über jeweils drei 107-mm rückstoßfreie Geschütze B-11 verfügten. 1971 wurden die 33 RG B-11 an das Ministerium des Inneren übergeben.
Ab 1972 tauchten die 107-mm rückstoßfreies Geschütz B-11 in den Bestandsnachweisen der NVA nicht mehr auf.

73-mm schwere Panzerbüchse SPG-9 SPEER

станковый противотанковый гранатомёт СПГ-9 Копьё = schwerer Panzerbüchse SPG-9 SPEER

1967 begann die Ausrüstung der Panzerabwehr-Züge der MSB mit der 73-mm schweren Panzerbüchse SPG-9 SPEER. Sie löste sukzessiv die bis dahin verwendeten 57-mm PaK Modell 1943 ab.
Die Dienstvorschrift DV-41/72 schwere Panzerbüchse SPG-9 von 1970 beschreibt die Wirkungsweise dieser Waffe wie folgt: *Die schwere Panzerbüchse SPG-9 ist ein rückstoßfreies Geschütz mit glattem Rohr. Beim Abschuss stößt ein Teil der Pulvergase der Starttreibladung die Hohlladungsgranate aus dem Rohr. Der andere Teil der Pulvergase wird durch die Düse aus dem Rohr geleitet. Dadurch entsteht eine reaktive Kraft, die den Rückstoß ausgleicht. Die nach diesem Prinzip schießenden Geschütze werden als dynamo-reaktive Geschütze bezeichnet.*
Die Entwicklung eines rückstoßfreien Geschützes mit einer direkten Schussweite von rund 600 m und einer Durchschlagsleistung von 300 mm Panzerstahl begann 1959 im Konstruktionsbüro Nr. 47 *(Государственное союзное конструкторское бюро № 47 - ГСКБ-47 = Staatliches Konstruktionsbüro Nr. 47 - GSKB-47)* in Moskau. Während der Arbeiten gelang es, die gewünschte Reichweite auf 800 m zu steigern. Nach Abschluss der militärischen Testserien 1962 erfolgte 1963 die Einführung in die sowjetischen Streitkräfte.
Die Hauptbestandteile der Panzerbüchse **SPG-9** waren das Rohr mit Verschluss, Abfeuerungs- und Zieleinrichtung sowie die Dreibeinlafette. Die Abfeuerungseinrichtung wandelte mechanische in elektrische Energie um und erzeugte so einen elektrischen Impuls, der die Starttreibladung des Geschosses zündete. Zur Zieleinrichtung gehörten ein mechanisches und ein optisches Visier. Das mechanische Visier bestand aus einem Klappkorn und einem Klappvisier und fand bei Ausfall des optischen Visiers Verwendung. Das optische Visier PGO-9 verfügte über eine vierfache Vergrößerung sowie eine Nachtbeleuchtung. Es kam neben dem Richten der Panzerbüchse auch zur Beobachtung des Gefechtsfeldes, zum Messen von Winkeln und zur Bestimmung der Zielentfernung zum Einsatz. Mit der Lafette wurde das Rohr nach der Höhe und der Seite gerichtet sowie die Höhe der Mündungswaagerechten verändert.

Panzerbüchsen, die mit einem Fahrwerk ausgerüstet waren, wurden unter der Bezeichnung **SPG-9D** geführt. Das Fahrwerk bestand aus einer Achse mit zwei Rädern und einer Rohrschelle, die um das Rohr im hinteren Teil gelegt wurde.

Die 73-mm schwere Panzerbüchse SPG-9D in Marschlage. Das einfache Fahrwerk wurde mittels einer Rohrschelle am Heck der Panzerbüchse befestigt. Das Bild stammt aus der DV-41/72 schwere Panzerbüchse SPG-9 - Beschreibung und Nutzung 1970.

Zwischen den beiden hinteren Beinen der Dreibeinlafette der 73-mm schwere Panzerbüchse SPG-9DM befand sich die Halterung für das überarbeitete Fahrwerk. Vorn am Rohr das Klappkorn des mechanischen Visiers, das Klappvisier fehlt. Um die Panzerbüchse mit angebautem Fahrwerk ziehen zu können, wurde vorn am Rohr ein abklappbarer Zuggriff angebaut.

Um die Rohrschelle zu öffnen oder zu schließen, war ein extra Werkzeug im EWZ-Satz. Die 73-mm schweren Panzerbüchsen SPG-9 und SPG-9D verschossen ausschließlich das Hohlladungs-Geschoss PG-9W, das sich aus der Hohlladungs-Granate PG-9, dem Starttriebwerk PG-9P und dem Zünder BP-9 zusammensetzte. Die Granate PG-9 wurde von den Pulverga-

Die schwere Panzerbüchse SPG-9DMN1 in Gefechtslage mit aufgebautem Richtaufsatz PGOK-9. Zur Ausrüstung gehörten zwei Tragetaschen, in jeder wurden drei komplette Geschosse verpackt - hier ein Hohlladungs-Geschoss PG-9W. Zwischen der Dreibeinlafette der Tragebehälter für den Richtaufsatz.

Die letzte Version der schweren Panzerbüchse SPG-9DMN1 mit Nachtsichtgerät PGN-9M und dem Richtaufsatz PGOK-9.

73-mm schwere Panzerbüchse	SPG-9	SPG-9M	SPG-9MN1
Einführungszeitraum	1967	1976	1984
GRAU-Index	6G6	6G13	6G13N1
GRAU-Index mit Fahrwerk	6G7	6G14	6G14N1
Einsatzebene	Bataillon	Bataillon	Bataillon
Kaliber (mm)	73	73	73
Rohrlänge (mm)	2110	2110	2110
Weite des direkten Schusses HL (m)	800	800	800
Weite des direkten Schusses SplG (m)		345	345
Maximale Schussentfernung HL (m)	1300	1300	1300
Maximale Schussentfernung SplG (m)		4500	4500
Anfangsgeschwindigkeit Granate HL (m/s)	435	435	435
Feuergeschwindigkeit (S/min)	6	6	6
Erhöhungswinkel für HL max. (Grad)	7	7	7
Erhöhungswinkel für SplG max. (Grad)		25	25
Neigungswinkel max. (Grad)	3	3	3
Seitenschwenkbereich (Grad)	30	30	30
Mechanisches Visier	ja	ja	ja
Optisches Visier	PGO-9	PGOK-9	PGOK-9
Nachtsichtgerät	---	---	PGN-9M
Länge in Marschlage (mm)	2110	2110	2110
Breite (mm)	990	1055	1055
Höhe (mm)	800	895	895
Masse Gefechtslage (kg)	47,5	50,5	55,87
Kampfsatz	60 HL	48 HL, 12 SplG	36 HL, 24 SplG
Index der Granaten	PG-9W	PG-9W, OG-9W	PG-9W, OG-9W
Bedienung	4	4	4

Die 73-mm schwere Panzerbüchse SPG-9DMN1 mit Nachtsichtgerät PGN-9M, davor ein Splitter-Geschoss OG-9W. Im Hintergrund rechts ist die nächste Generation von Panzerabwehrwaffen, der Panzerabwehrlenkraketen-Komplex 9K111 FAGOT, zu sehen.

sen der Starttreibladung aus dem Rohr getrieben und erhielt eine Anfangsgeschwindigkeit von 435 m/s. In einer Entfernung von 10 bis 20 m nach Verlassen des Rohres zündete die Marschtreibladung, die der Granate eine maximale Geschwindigkeit von 70 m/s verlieh. Ein im Zünder verbautes Piezoelement wandelte die mechanische Energie beim Aufschlag der Granate in elektrische Energie um und zündete den Detonator der Hohlladungs-Granate. Wenn die Granate das Ziel verfehlte, brachte die Selbstzerlegeeinrichtung die Granate nach einer Flugzeit von vier bis sechs Sekunden zur Detonation. Am hinteren Teil der Granate befand sich der Stabilisator mit den Stabilisierungsflügeln. Diese öffneten sich am Anfangsteil der Flugbahn durch die Einwirkung der Fliehkräfte und den auf sie treffenden Luftstrom. Durch die Öffnungen am Ende des Marschtriebwerkes strömten die Pulvergase der Marschladung aus und verliehen der Granate eine Drehung um die Längsachse zur Stabilisierung der Flugbahn.

Ab 1971 wurde in der Sowjetarmee der aus Hohlladungs-Granaten bestehende Kampfsatz um eine Splitter-Granate ergänzt und die Einsatzmöglichkeiten somit erweitert. Die dazu notwendigen Veränderungen an der Panzerbüchse führten zur 73-mm Panzerbüchse **SPG-9M**, beziehungsweise **SPG-9DM**. Neben der neuen Granatart fand der Richtaufsatz PGOK-9 (anstelle des optischen Visiers) Verwendung, der das Schießen auch im indirekten Richten bis 4500 m ermöglichte. Das vordere Dreibein wurde in Teleskopbauweise ausgeführt. Das Innenrohr war ausziehbar und gestattete so das Einstellen von verschiedenen Höhen der Mündungswaagerechten. Auch das Fahrwerk wurde verbessert. Mit Hilfe einer speziellen Halterung konnte das Fahrwerk ohne zusätzliches Werkzeug direkt an der Dreibeinlafette befestigt oder gelöst werden.
Das Splitter-Geschoss OG-9W setzte sich aus der Splitter-Granate OG-9 und der Starttreibladung OG-9P zusammen. Die Splitter-Granate OG-9 ohne Marschtreibladung bestand aus dem Kopfteil und dem Stabilisator. Der Stabilisator nutzte acht Stabilisierungsflossen, die mit Abschrägungen eine Drehung bewirkten, um den Flug der Granate zu stabilisieren.

Bei der dritten Version, der **SPG-9MN1** und **SPG-9DMN1**, kam für das Schießen im direkten Richten bei Nacht das Nachtsichtgerät PGN-9M in die Ausrüstung. Eine elektro-mechanische Blockiereinrichtung schützte den Bildwandler automatisch vor gefährlichen Lichtquellen und vor auftretenden Flammenstrahlen beim Abschuss der Panzerbüchse.
Sowohl auf den Schützenpanzern BMP-1 und BMP-1P als auch auf dem Luftlande-Schützenpanzer BMD-1 wurde die 73-mm Glattrohrkanone 2A28 GROM installiert, bei der es sich um eine modifizierte schwere Panzerbüchse SPG-9 handelte.

Der Einsatz der 73-mm schweren Panzerbüchse SPG-9 erfolgte ab 1967 in den Panzerabwehr-Zügen der MSB/MSR. Jedes MSB verfügte über einen Panzerabwehr-Zug mit zwei SPG-9. Mit der Einführung des Schützenpanzers BMP-1 SP2 in verschiedene MSR wurden die Panzerabwehr-Züge der MSB obsolet. Sie wurden weiterhin in den mit SPW ausgerüsteten

Die 73-mm schwere Panzerbüchse SPG-9DMN1 in Marschlage. Zum Schießen konnte das Fahrwerk abgenommen werden.

Heckansicht des SPW-152W1 als Transportmittel für die 73-mm schwere Panzerbüchse SPG-9DMN1. Vor der Waffe wurden die Munitionskisten transportiert, auf den Sitzbänken fand die Bedienung Platz.

MSB / MSD und in den Mob.-Divisionen genutzt. Als Basis für den Einsatz der schweren Panzerbüchse SPG-9 wurde der SPW-152W1 genutzt, der das entsprechende Transportvolumen, eine hohe Beweglichkeit im Gelände und einen gewissen Schutz für die Bedienung bot.

Die Einführung der **73-mm schweren Panzerbüchse SPG-9MN1 mit Speziallafette auf geländegängigem Pkw UAZ-469B** erfolgte ab 1976 in die Einheiten der Grenztruppen der DDR (Grenz-Kommando NORD und SÜD) sowie ab 1984 in das Luftsturm-Regiment der Landstreitkräfte. Neben dem Einsatz vom Pkw konnten die Panzerbüchsen auch vom Erdboden aus eingesetzt werden. Dazu befand sich ein Dreibein in der Ausrüstung der Waffe. Durch die Nutzung des Spezial-Pkw UAZ-469B als Basisfahrzeug konnte eine hohe Beweglichkeit und die Durchführung von schnellen Manövern in allen Gefechtsarten bei Tag und Nacht realisiert werden. Am Basisfahrzeug wurden verschiedene Änderungen vorgenommen, die den optimalen Einsatz der Panzerbüchse ermöglichten. Auffälligste Neuerung waren die mit Scharnieren versehenen abklappbaren Türaufsätze und die um 30 Grad nach oben gedrehten Türklinken. Im hinteren Bereich des Pkw befand sich eine Bodenplatte zur Aufnahme des Standrohres der Speziallafette. Weiterhin konnte die Frontscheibe abgeklappt werden, das Heck erhielt eine abklappbare Heckklappe, an der eine Reserveradaufhängung angebracht war.

Eine starke Einheit der Kampfgruppen (Stand 1980) war das *Kampfgruppen-Bataillon (mot)* mit vier *Kampfgruppen-Hundertschaften (mot)*. Zum Bestand der 4. KGH (mot) gehörten

Der Spezial-Pkw UAZ-469B mit der 73-mm schweren Panzerbüchse SPG-9MN1 in Gefechts- und Marschlage.

73-mm schwere Panzerbüchse SPG-9 auf Spezial-PKW	
Einführungszeitraum	1986
Einsatzebene	LStR, GK NORD und SÜD
Kaliber (mm)	73
Rohrlänge (mm)	2110
Weite des direkten Schusses (m)	800
Maximale Schussentfernung HL (m)	1300
Maximale Schussentfernung SplG (m)	4900
Anfangsgeschwindigkeit Granate (m/s)	435
Feuergeschwindigkeit (S/min)	6
Erhöhungswinkel max. (Grad)	15
Neigungswinkel max. (Grad)	15
Seitenschwenkbereich (Grad)	250 - 315
Mechanisches Visier	ja
Optisches Visier	PGO-9
Richtaufsatz	PGOK-9
Nachtsichtgerät	PGN-9M
Höhe Mündungswaagerechte über Ladefläche des Basisfahrzeuges (mm)	1100
Masse Gefechtslage (kg)	62
Masse Granatkiste mit 6 Granaten (kg)	48
Gefechtsmasse mit Basisfahrzeug (kg)	2290
Kampfsatz	30
Granatarten	HL, SplG
Index der Granaten	PG-9, OG-9
Bedienung	3

zwei RG-Züge mit je drei 73-mm SPG-9. Da in der gesamten DDR 39 KGB (mot) disloziert waren, wurden für die Ausrüstung der RG-Züge 234 SPG-9 zuzüglich von 5,5 Kampfsätzen pro Waffe benötigt.

Im *Nachweis über Hauptarten der Kampftechnik und Bewaffnung der NVA* von 1980 wurde ein IST-Bestand von 222 schweren Panzerbüchsen SPG-9 und eine weitere Zuführung von 24 für den Zeitraum 1986 bis 1990 ausgewiesen. Die Grenztruppen übergaben 1990 weitere 300 schwere Panzerbüchsen an das Kommando Landstreitkräfte. Einer Antwort der Bundesregierung zur *Verwendung und Weitergabe von Waffen .... der NVA* von 1992 zufolge übernahm die Bundeswehr 862 SPG-9 und stufte sie in die Kategorie III - Aussonderung ein.

Wenig bekannt war der Einsatz der 73-mm schweren Panzerbüchse SPG-9MN1 auf Spezial-Pkw UAZ-469B bei den Kampfgruppen. Die Türklinken wurden um 30° nach oben verdreht, auf den Kotflügeln befanden sich Zusatzspiegel für den Fahrer und an den Unterseiten der Türen Halterungen für die abzuklappenden, hier fehlenden, Fenster.

Automatische Werfer

30-mm automatischer Granatwerfer AGS-17 PLAMJA

30-mm automatischer Granatwerfer AGS-17 PLAMJA	
Einführungszeitraum	1979
Einsatzebene	Bataillon
Index der Waffe	6G11
Kaliber (mm)	30
Maximale Schussentfernung (m)	1700
Anfangsgeschwindigkeit Granate (m/s)	185
Feuergeschwindigkeit Einzelfeuer (S/min)	50 - 100
Feuergeschwindigkeit Dauerfeuer (S/min)	350 - 400
Erhöhungswinkel max. (Grad)	14
Neigungswinkel max. (Grad)	2
Seitenschwenkbereich (Grad)	4
Richtaufsatz	PAG-17
Masse Gefechtslage (kg)	31
Masse Granatpatrone (kg)	0,35
Kampfsatz komplett	300
Fassungsvermögen des Gurtkasten	29
Granatarten	Spl-G
Index der Granatpatrone	WOG-17
Bedienung	3

30-мм автоматический гранатомет на станке АГС-17 Пламя
= 30-mm automatischer Granatwerfer auf Stativ AGS-17 FLAMME

Der 30-mm Granatwerfer AGS-17 PLAMJA sollte als automatische Waffe lebende Kräfte und nicht gepanzerte Ziele in offenen Stellungen und Deckungen bekämpfen.
Die Entwicklung des Granatwerfers begann 1968, drei Jahre später, 1971 wurde er in die Bewaffnung der sowjetischen Streitkräfte übernommen. Seine Produktion erfolgte im *Maschinenbauwerk MOLOM* in Wjatsko-Poljanski, einer Stadt in der Nähe von Kirow. Er bildete eine gelungene Synthese aus den taktischen Feuereigenschaften eines Granatwerfers und der hohen Feuergeschwindigkeit und der Beweglichkeit eines modernen Maschinengewehrs.
Der Einsatz des 30-mm automatischen Granatwerfers AGS-17 war ab 1979 in den Mot.-Schützeneinheiten geplant, die mit einem SPW ausgerüstet waren. Um der starken Erwärmung des Rohres bei Dauerfeuer entgegenzuwirken, befanden sich Kühlrippen am Rohr. Der Verschluss war als freier Masseverschluss ausgelegt, dessen Vor- und Rücklauf durch eine hydraulische Verschlussbremse zusätzlich abgebremst wurde. Die Stützen der Lafette waren mit Erdspornen versehen und verstellbar am Lafettenrahmen befestigt, mithilfe eines Zurrhebels wurden sie in der jeweiligen Stellung arretiert. Der Richtaufsatz PAG-17 diente dem Richten des Granatwerfers. Außerdem konnten vertikale und horizontale Winkel gemessen und das Gefechtsfeld beobachtet werden. Beim Nachteinsatz ließ sich die Strichplatte des Richtaufsatzes beleuchten.

Der Werfer verschoss 30-mm Splitter-Granatpatronen, deren Radius mit tödlicher Splitterwirkung sieben Meter betrug. Der Kampfsatz eines Werfers umfasste 300 Granaten, die zum Teil in Gurtkästen zu je 29 Granaten transportiert wurden. Das Füllen der Patronengurte erfolgte per Hand oder mit Hilfe einer Gurtfüllvorrichtung. Das Schießen war im direkten, halbdirekten oder im indirekten Richten auf Punkt- oder Flächenziele möglich. Dazu konnte der Werfer mit Einzelfeuer, kurzen oder (bis fünf Schuss) langen Feuerstößen (bis zehn Schuss) sowie Dauerfeuer schießen. Im direkten Richten wurden Ziele bis 700 m bekämpft. Im halbdirekten Richten auf größere Entfernungen musste das Zielgelände einsehbar sein. Das Erfüllen von Feueraufgaben im indirekten Richten erfolgte aus gedeckten Feuerstellungen. Zur Bedienung gehörten der Werferführer, der Richt- und der Ladeschütze. Mit dem Werfer wurde in den Anschlagarten liegend, kniend, sitzend oder stehend geschossen. Der Granatwerfer wurde im zusammengesetzten oder zerlegten Zustand transportiert.
Die NVA plante bis 1985 den Einsatz von 150 30-mm automatischen Granatwerfern AGS-17 PLAMJA. Obwohl für die Mot.-Schützeneinheiten vorgesehen, kamen die 30-mm automatischen Granatwerfer in den Grenztruppen der DDR zum Einsatz. Ab 1981 wurden jedem Grenz-Bataillon vier automatische Granatwerfer AGS-17 zugeordnet. Für die Ausbildung der Werferführer fanden an den Ausbildungseinheiten der Grenztruppen fünf Granatwerfer AGS-17 Verwendung.
Im Rahmen der geplanten Aufstellung eines *Selbständigen Luftlande-Sturm-Bataillons* sollten in den drei Fallschirmjäger-Kompanien jeweils zwei 30-mm automatische Granatwerfer PLAMJA zum Einsatz kommen.

Der 30-mm automatische Granatwerfer AGS-17 PLAMJA mit Richtaufsatz PAG-17 in Gefechtslage.

Mit Befehl 30/90 des MfNV wurde ein Großteil der Militärtechnik aus dem Bestand der Grenztruppen der DDR herausgelöst und im Munitionslager-26 zentral gesammelt. Das Munitionslager-26 wurde dem Stellvertreter des Ministers und Chef Technik und Bewaffnung bis zum 30.05.1990 übergeben. Unter der übergebenen Technik befanden sich auch 150 *30-mm AGS-17* und 152.346 *30-mm Splitter-Granaten WOG-17M*, was einem Gesamtbestand von jeweils 100 Prozent entsprach. Die Bundeswehr übernahm den gesamten Bestand und ordnete ihn in die Kategorie III - Aussonderung ein.

Flugabwehr-MG

Schweres 12,7-mm Fla-MG DSchK

12,7 мм Дегтярёва-Шпагина крупнокалиберный пулемёт образца 1938 года
= 12,7-mm Degtjarow-Schpagin großkalibriges (schweres) Maschinengewehr Modell 1938

Das schwere 12,7-mm MG DSchK Modell 1938 und seine Weiterentwicklung, das Modell 1938/46, kamen ab 1952 in den S5-MG Kompanien (Flug-Abwehr) der KVP und später in der NVA hauptsächlich als Fla-MG zum Einsatz. Es war eine der wenigen Waffen, die von der Gründung der NVA 1956 bis zu ihrer Auflösung 1990 aktiv eingesetzt wurden.
Bereits 1928 entwickelte der sowjetische Konstrukteur W. A. Degtjarow das 7,62-mm MG DT als Gasdrucklader mit Stützklappenverschluss. Es bildete die Grundlage für das auf den Haupt-Konstruktionsmerkmalen basierende schwere 12,7-mm MG DK, das vor allem als Fla-MG eingesetzt werden sollte. Dazu wurde 1930 eine spezielle panzerbrechende Patrone entwickelt. Da die Munition über ein tellerförmiges Magazin zugeführt wurde, lag die Feuergeschwindigkeit unter den Erwartungen, das Projekt wurde gestoppt. 1938 entwickelte G. S. Schpagin einen walzenförmigen Patronenzuführer für dieses MG, sodass die Munition von links oder von rechts mithilfe eines Patronengurtes zugeführt werden konnte. Diese Neuerung erforderte keine wesentliche Überarbeitung des MG und ermöglichte eine theoretische Feuergeschwindigkeit von 560 bis 600 S/min. Damit konnten sich schnell bewegende Ziele erfolgreich bekämpft werden. Das Maschinengewehr wurde 1939 als 12,7-mm schweres Fla-MG DSchK in die Ausrüstung der Roten Armee übernommen.

Das **schwere 12,7-mm Fla-MG DSchK Modell 1938** war eine automatische Waffe mit Gasdrucklader und Stützklappenverschluss. Die Patronenzuführung erfolgte über Metallgurte. Der Charakter des Zieles bestimmte die Feuerart des Schießens. Es konnten kurze (fünf bis zehn Schuss) oder lange (15 bis 20 Schuss) Feuerstöße, beziehungsweise Dauerfeuer geschossen werden. Einzelfeuer war nicht möglich. Die Schussentfernung auf feste Feuerpunkte lag bei 1500 m, auf Ziele mit bis zu 10 mm Panzerung bei 800 m und auf Luftziele bis 1600 m. Die Visierschussweite auf Bodenziele betrug 3500 m, die Höchstschussweite erreichte 7000 m. Die Waffe kam als gezogenes MG mit Fahrwerk und Schild, hauptsächlich aber als Fla-MG in Fla-Zügen und mit Universallafette auf dem schweren Panzern IS-2 zum Einsatz. Als Beispiel sei der Einsatz als S5-MG 12,7-mm im Führungszug einer S5-Kompanie, Bestandteil eines *C-Kommandos einer A-VP-Bereitschaft der KVP*, genannt.

Das schwere 12,7-mm MG DSchK Modell 1938 auf Lafette. Auf den beiden Seitenstützen waren jeweils eine Ellenbogenstütze für die bequemere Bedienung durch den Schützen aufgesetzt, beim Schießen im Sitzen dienten sie als Sitzfläche.

Oben: Das schwere 12,7-mm Fla-MG DSchK Modell 1938/46 mit Fliegervisier 41 auf Lafette.
Rechts: Das schwere 12,7-mm Fla-MG DSchK Modell 1938/46 als gezogene Waffe auf Lafette zum Kampf gegen Bodenziele bei den Kampfgruppen der Arbeiterklasse.

Der Buchstabe C bezeichnete eine Panzereinheit, das S5 stand für Flugabwehr. Die Lafette gab dem MG beim Schießen festen Halt und erleichterte den Stellungswechsel auf kurze Entfernungen. Zum Schießen auf Luftziele wurde die Lafette als Dreibein umgestellt, der senkrechte Schwenkbereich lag bei +70° bis +80°. Das Fahrgestell konnte mit wenigen Handgriffen von der Lafette getrennt werden, es bestand aus zwei Rädern und einer Fahrgestellachse. Der Schutzschild schützte die Bedienung vor Infanteriegeschossen und Granatsplittern. Er verfügte über zwei Ausnehmungen für die Räder sowie eine Ausnehmung für den Einbau der Waffe und zum Zielen. Die Mündungsbremse verringerte die Rückstoßkraft, bewirkte einen festeren Stand und entlastete die Lafette beim Schießen.

Veränderungen am Lauf (neue Mündungsbremse), am Bodenstück und an der Patronenzuführung kennzeichneten die Version **schweres 12,7-mm Fla-MG DSchK Modell 1938/46**. Das Laden des MG konnte nur noch von der rechten Seite aus erfolgen. Beim Schießen auf Luftziele wurde die Lafette mit wenigen Handgriffen in ein Stativ umgestellt, das Fahrgestell und der Schild abgenommen, die Schulterstütze aufgesetzt und das Fliegervisier aufgebaut. Für das Anrichten der Ziele

schweres 12,7-mm Fla-MG DSchK	
Einführungszeitraum	ab 1952
GAU-Index Modell 1938	56-P-542
GAU-Index Modell 1938/46	56-P-842M
Einsatzebene	MG-Kompanie, Panzer
Kaliber (mm)	12,7
Lauflänge mit Mündungsbremse (mm)	1069
Maximale Schussentfernung (m)	7000
Anfangsgeschwindigkeit Patrone (m/s)	850
Feuergeschwindigkeit theoretisch (S/min)	560 - 600
Feuergeschwindigkeit praktisch (S/min)	80
Mechanisches Visier	ja
Fliegervisier	Modell 1938, 1941, 1943
Reflexvisier	K8-T, K10-T
Länge in Marschlage (mm)	2328
Breite (mm)	708
Höhe mit Schutzschild (mm)	965
Masse Gefechtslage (kg)	157
Masse Marschlage (kg)	152,5
Anzahl Patronen je Gurt	50
Kampfsatz	500
Munition	Pzbg, Pzbg mit LS
Index der Patronen	B-32GL, BST-GL
Transportmittel	GRANIT-27
Bedienung	3

Das schwere 12,7-mm Fla-MG DSchK Modell 1938/46 mit dem Fliegervisier 43, hier im Einsatz bei den Kampfgruppen der Arbeiterklasse. Um die Waffe beim Schießen zu stabilisieren, wurden Schwingungsdämpfer in Form von Gewichten an der Lafette befestigt. Mit Hilfe der Schulterstützen konnte der Schütze die Waffe leichter richten. Die dazugehörigen Lafetten und Schutzschilde wurden vor den Waffen abgestellt.

Das Führungs- und Feuerleitfahrzeug 1W16-1 setzte zum Selbstschutz das schwere 12,7-mm Fla-MG DSchKM Modell 1938/46 auf Speziallafette ein.

wurden verschiedene Fliegervisiere genutzt. Mit Einführung der mittleren Panzer T-54 und T-55A kam das modifizierte **schwere 12,7-mm Fla-MG DSchKM Modell 1938/46** auf Spezialafette zum Einsatz. Vom Panzer aus wurden Luftziele hauptsächlich mit dem Reflexvisier K-10T und Bodenziele mit dem Rahmenvisier bekämpft.

1955 verfügte die KVP über 398 schwere 12,7-mm Fla-MG DSchK Modell 1938/46, die ersten 168 MG wurden im Juni 1952 übernommen. In der NVA kamen die 12,7-mm Fla-MG als Ersatzbewaffnung für 14,5-mm Fla-MG SPU-2 und SPU-4 zum Einsatz. Mit dem Zulauf der 14,5-mm Fla-MG konnten die schweren 12,7-mm Fla-MG DSchK Modell 1938 und Modell 1938/46 sukzessiv an andere Nutzer abgegeben werden.
Eine wesentliche Kampfeinheit der Kampfgruppen (Stand 1980) war das *Kampfgruppen-Bataillon (mot)* mit vier *Kampfgruppen-Hundertschaften (mot)*. Zum Bestand der 1., 2. und 3. KG-H (mot) gehörten jeweils eine Fla-MG-Gruppe mit jeweils zwei 12,7-mm Fla-MG DSchK Modell 1938/46. Neben der Aufgabe der Flugabwehr konnten Sicherstellungsaufgaben im Erdkampf mit Lafette und Schutzschild erfüllt werden.
Ebenfalls sechs Fla-MG wurden für 15 *Kampfgruppen-Hundertschaften zur Sicherung der Ausweichobjekte der Führungsstellen der Vorsitzenden der Bezirks-Einsatzleitungen* (90 Fla-MG) benötigt. In den 427 *Kampfgruppen-Hundertschaften* kamen, je nach Bestimmung, eine, zwei oder drei Fla-MG-Gruppen mit je zwei schwere 12,7-mm Fla-MG zum Einsatz. Für die Sicherstellung der Fla-MG wurden 7,5 Kampfsätze pro Waffe benötigt.

Das schwere 12,7-mm Fla-MG DSchKM fand als Fla-MG bei verschiedenen gepanzerten Fahrzeugen Verwendung, so bei sämtlichen mittleren Panzern T-54 und T-55. Mit einer Panzer-Kompanie konnte ein wirksames Sperrfeuer gegen angreifende tieffliegende Flugzeuge oder Hubschrauber geschossen werden. Auch Führungsfahrzeuge der Artillerie, wie das Führungsfahrzeug 1W13-1 oder das Führungs- und Feuerleitfahrzeug 1W16-1 nutzten das Fla-MG für den Selbstschutz.

Schweres 14,5-mm Fla-MG SPU-2

ЗПУ-2 - Зенитная пулемётная установка = ZPU-2 - Flugabwehr-Maschinengewehr

Mit Gründung der NVA 1956 wurde nach und nach begonnen, das schwere 12,7-mm Fla-MG DSchK durch das schwere 14,5-mm Fla-MG SPU-2 auszutauschen. Mit dem schweren Fla-MG erhielten die Fla-MG-Batterien wirksamere Waffen mit hoher Schussfolge, höherer Trefferwahrscheinlichkeit sowie größerer Manövrierfähigkeit. Sie konnten Luftziele bis 2000 m Höhe, leichtgepanzerte Bodenziele und ungedeckte Truppenansammlungen bis zu 1000 m Entfernung bekämpfen. Sie wurden hauptsächlich zur Deckung der eigenen Kräfte gegen Luftziele in geringen Höhen, besonders gegen tieffliegende Flugzeuge, eingesetzt.
Im November 1944 begann die Entwicklung eines Zwillings-Flugabwehr-Maschinengewehrs, das einen horizontalen Richtkreis von 360° problemlos abdecken konnte. Nach Beseitigung der in verschiedenen Tests aufgedeckten Mängel wurde die Waffe 1948 den Vertretern der sowjetischen Armee vorgeführt und 1949 in den Bestand der Armee aufgenommen. Für das schwere 14,5-mm Fla-MG SPU-2 wurden zwei 14,5-mm schwere MG KPW *(КПВ - Крупнокалиберный пулемёт Владимирова = KPW - großkalibriges MG Wladimirow)* genutzt. Das MG KPW war ein automatischer Rückstoßlader mit Drehverschluss und Gurtzuführung. Die Abzugseinrichtung gestattete nur Dauerfeuer. Die vom Schießen erwärmten Läufe konnten schnell ausgewechselt werden, sodass mit dem MG längere Zeit geschossen werden konnte. Zum Instellungbringen des schweren 14,5-mm Fla-MG SPU-2 mussten die Räder mit Hilfe der Schneckenuntersetzung der Achsen nach oben geklappt werden, sodass der Sockel der Waffe auf der Erde auflag.

Das Richten des Fla-MG erfolgte mit der Höhen- und der Seitenrichtmaschine, deren Handräder sich links und rechts vom Richtschützen befanden. Die Lage des Fla-MG wurde in beliebiger Stellung innerhalb des Schwenkbereichs durch zwei Handbremsen nach der Höhe und Seite sowie durch eine Fußbremse nach der Seite festgelegt. Zur genauen Einhaltung der Schusssektoren war das Fla-MG mit Begrenzern ausgerüstet. Die Abfeuerungseinrichtung wirkte gleichzeitig auf beide MG und bestand aus dem Hand- und dem Fußabzug. Der Handabzug war für das Schießen aus einer Stellung auf Bodenziele bestimmt. Die Fla-MG wurden einzeln durch die beiden Ladeschützen geladen und gespannt. Das Spannen konnte auch durch den Richtschützen und durch den Schützen 2 von ihren Plätzen aus erfolgen. Zum Richten auf Luftziele fand das automatische Visier Verwendung. Es war an einer Halterung befes-

Das schwere 14,5-mm Fla-MG SPU-2 in Gefechtslage. Der Richtschütze (rechts im Bild) und der Schütze 2 bedienten das Fla-MG, der Geschützführer beobachtete.

tigt und durch das Parallelogramm mit dem beweglichen Teil des Fla-MG verbunden. Die Sitze waren für den Richtschützen, der das Fla-MG richtete und die Abfeuerung betätigte, und für den Schützen 2, der am Visier die Anfangsangaben einstellte, bestimmt. Zum Richten auf Bodenziele diente das am beweglichen Teil des Visiers befestigte Zielfernrohr. Das notwendigste Zubehör lagerte in einem Kasten in der Plattform des Fla-MG. Das übrige EWZ, darunter auch das Zubehör zum Visier, befand sich auf dem Transport-Kfz. Der Reinigungsstock und die Ölkanne waren am Wiegenträger befestigt. Mit Hilfe einer Deichsel konnte das Fla-MG am Transport-Kfz angehängt werden.

Als Munition für das Fla-MG kamen Patronen mit Panzer-Brand-Geschoss B-32, mit Panzer-Brand-Geschoss BS-41, mit Panzer-Brand-Leuchtspur-Geschoss BST und mit Brand-Geschoss SP zum Einsatz. Patronen mit den Geschossen B-32, BS-41 und BST wurden zur Bekämpfung von Flugzeugen in Höhen von bis zu 2000 m, zum Inbrandsetzen von Treibstoff und zum Bekämpfen leicht gepanzerter Ziele bis auf 1000 m eingesetzt. Das Geschoss BS-41 besaß eine erhöhte Durchschlagskraft im Verhältnis zu den Geschossen B-32 und BST. Die Patronen mit den Geschossen BST wurden außerdem zur Korrektur des Feuers bestimmt, sie gaben eine rote Leuchtspur ab, die bei Tag und Nacht zu sehen war. Die Brennweite der Leuchtspur betrug mindestens 1500 m. Patronen mit dem Brand-Geschoss SP besaßen eine rote Leuchtspur und wurden auf Entfernungen bis 1500 m zum Bekämpfen von Flugzeugen sowie zum Inbrandsetzen von Treibstoff und Holzbauten eingesetzt. Die Munition wurde in zwei Gurtkästen, 150 Patronen pro Kasten, transportiert. Sie waren rechts und links neben den Waffen angeordnet. Zu jeder Waffe gehörten vier Läufe, die in einer Metallkiste auf dem Transportmittel lagerten. Die gewechselten Läufe konnten mit Wasser gekühlt werden.

Das Visier gewährleistete das genaue Richten des Fla-MG beim Schießen auf Luft- und Bodenziele. Am Visier konnten Zielgeschwindigkeiten bis 300 m/s eingestellt werden. Es stellte sicher, dass sich die mittlere Flugbahn der Geschosse im Vorhaltepunkt mit dem Ziel schnitten. Am Visier wurden weiterhin Kurs und Entfernung zum Ziel eingestellt und ständig durch den Schützen 2 korrigiert. Flog das Ziel nicht horizontal, mussten zusätzlich Neigungs- oder Steigungswinkel eingegeben werden. Beim Einstellen der Zielangaben neigte sich die Visierlinie von ihrer vorherigen Stellung um den Winkel, der durch die Mechanik des Visiers errechnet wurde. Zum Zielen auf Bodenziele befand

schweres 14,5-mm Fla-MG SPU-2	
Einführungszeitraum	ab 1956
GAU-Index	56-UZ-562
Einsatzebene	Bataillon
Kaliber (mm)	14,5
Anzahl der Waffen	2
Länge eines MG (mm)	2000
Visierschussweite (m)	2000
Anfangsgeschwindigkeit Patrone (m/s)	1000
Feuergeschwindigkeit theoretisch (S/min)	1100
Feuergeschwindigkeit praktisch (S/min)	300
Erhöhungswinkel max. (Grad)	90
Neigungswinkel max. (Grad)	15
Seitenschwenkbereich (Grad)	360
Länge in Marschlage (mm)	3900
Breite (mm)	1664
Höhe in Gefechtslage (mm)	1100
Höhe in Marschlage (mm)	1500
Masse Gefechtslage (kg)	660
Masse Marschlage (kg)	670
Bodenfreiheit (mm)	270
Spurbreite (mm)	1480
Anzahl Patronen je Gurt	300
Kampfsatz	2400
Munition	Pzbg, Pzbg mit LS, Bg
Index der Patronen	B-32, BS-41, BST, SP
Zugmittel	LO-1800A
Bedienung	6

sich am Visier ein Zielfernrohr, das eine vom Visier unabhängige Visierlinie besaß. Das Fla-MG SPU-2 konnte nur im direkten Richten schießen, dass Ziel musste also zu sehen sein. Laut Planungen vom März 1956 sollten 54 Fla-MG-Batterien in den drei Infanterie-Divisionen eingesetzt werden. Somit konnten in jedem Infanterie-Regiment die Fla-MG-Batterien komplett mit sechs Waffen ausgerüstet werden. Weitere 16 Fla-MG waren für Offiziers- und Regimentsschulen vorgesehen.

Da bis Ende 1957 nur 55 Prozent der benötigten 70 schweren 14,5-mm Fla-MG SPU-2 vorhanden waren, musste der fehlende Bestand durch schwere 12,7-mm Fla-MG abgedeckt werden. Geplant war der Einsatz des 14,5-mm Fla-MG SPU-2 in den fünf MSD (je zwölf), in den zwei PD (je drei) und an Schulen (vier). Darüber hinaus führte die NVA eine Reihe von SPW-40A und SPW-152E ein, die beide mit einem modifizierten 14,5-mm Fla-MG ZTPU-2, eine Modifikation des 14,5-mm Fla-MG SPU-2, ausgerüstet waren.

1957 befahl der Chef Artillerie die Erprobung des Aufbaus eines schweren 14,5-mm Fla-MG SPU-2 auf der Ladefläche eines leichten Lkw. Dazu sollte der in den Einheiten vorhandene leichte Lkw 30-K genutzt werden. Die technischen Voraussetzungen waren eine Tragfähigkeit von 1,8 t und eine Ladefläche von 1,9x2,5 m. Neben Waffe und Bedienung mussten transportiert werden: ein halber Kampfsatz in sechs Gurtkästen und zwei Patronenkisten, der Laufkasten für vier Läufe, der Visierkasten, die Justiertafel, der Gurtfüller, Werkzeug sowie Zubehör. Bei der Beplanung musste die ständige Feuerbereitschaft des Fla-MG, die Sicherheit der Bedienung und das schnelle Auf- und Abbauen der Waffe berücksichtigt werden. Weitere glaubwürdige Informationen zu diesem Projekt fehlen bislang.

1967 befanden sich noch 26 schwere 14,5-mm Fla-MG SPU-2 im Bestand der NVA. Da sie durch moderne 23-mm Flak ZU-23 ersetzt wurden, übernahmen die Verbände der Kampfgruppen der Arbeiterklasse einen Teil der Fla-MG. 1970 erhielt das Kommando Volksmarine die letzten sechs schweren 14,5-mm Fla-MG SPU-2.

Das schwere 14,5-mm Fla-MG SPU-2, hier im Einsatz bei den Kampfgruppen der Arbeiterklasse, wurde von zwei Ladekanonieren geladen.

Schweres 14,5-mm Fla-MG SPU-4

ЗПУ-4 - Зенитная пулемётная установка = ZPU-4 - Flugabwehr-Maschinengewehr

Mit Aufstellung der NVA 1956 wurde die Ausrüstung der einzelnen Einheiten geplant. Für die Fla-MG-Batterien wurden 169 schwere 14,5-mm Fla-MG SPU-4 benötigt. Die erste Planung sah folgende Verteilung vor: In den Fla-MG-Batterien der drei Infanterie-Divisionen (mit jeweils drei IR) jeweils vier (insgesamt 36), in den drei Mot.-Regimentern der beiden Mot.-Divisionen jeweils vier (insgesamt 24), in den beiden Mech.-Regimentern der PD jeweils vier (insgesamt acht), in den 85-mm Flak-Batterien der sieben Flak-Regimenter der Kampf-Divisionen insgesamt 14, in den Offiziers- und Regimentsschulen insgesamt 17, in der 1., 2. und 3. Flak-Division der Luftverteidigung jeweils 20 (insgesamt 60) sowie in den beiden Flak-Regimentern der Wehr-Bezirke (Militärbezirke) jeweils fünf (insgesamt zehn).

Die Entwicklung des schweren 14,5-mm Fla-MG SPU-4 begann 1945. Nach Abschluss der Fertigung des ersten Prototyps 1946 und der Truppenerprobung 1948 erfolgte die Einführung in die Sowjetarmee im Jahr darauf, 1949.

Mit dem schweren 14,5-mm Fla-MG SPU-4 konnten Luftziele bis 2000 m, leicht gepanzerte und ungepanzerte Bodenziele bis 1000 m bekämpft werden. Die Patronenzuführung erfolgte durch Metallgurte zu je 150 Patronen. Der Kampfsatz umfasste 4800 Patronen. Er bestand aus Brand-, Panzerbrand- und Panzerbrandpatronen mit LS. Geschossen wurde aus dem kurzen Halt, aus der Bewegung auf Rädern oder aus der Stellung mit gesicherter Unterlafette. Als Unterlafette kam eine einfach bereifte Kreuzlafette mit Einzelradfederung zum Einsatz. Die vordere Achse war lenkbar, die Bereifung mit Schwammgummi gefüllt. Beide Achsen waren Kippachsen, die beim *in Stellung gehen* hochgeklappt wurden, so dass die Unterlafette auf vier Horizontierungstellern aufgesetzt wurde. Durch Visier- und Richtschützen mussten die Ziele angerichtet werden. Über ein Fußpedal wurde die Waffe abgefeuert. Die vier MG vom

Bei diesem schweren 14,5-mm Fla-MG SPU-4 sind die vier Horizontierungsteller abgeklappt.

Beide Fotos zeigen die Ladefläche des Zugmittels G-5 für das schwere 14,5-mm Fla-MG SPU-4. Auf dem linken Bild sieht man in der Mitte der Ladefläche die beiden Laufkästen, darüber die Kiste mit den Pioniergeräten und der Justiertafel. Davor stand die Zubehörkiste für das Fla-MG (fehlt hier). Vorn die Gurtkästen unter der rechten und der linken Sitzbank, dahinter die Munition in der Originalverpackung. Rechts im Bild geht der Blick auf die beiden Laufkästen mit Kennzeichnung für die rechten, beziehungsweisen linken Läufe. Links davon zwölf Original-Munitionskisten.

Typ KPW waren paarweise an der Wiege rechts und links vom Wiegenträger übereinander angeordnet. Die Lafette verfügte über eine Ausgleichseinrichtung, die den vertikalen drehbaren Teil im Gleichgewicht hielt und so die Arbeit mit der Höhenrichtmaschine erleichterte. Jedes MG musste einzeln geladen werden, sodass zwei Ladeschützen erforderlich waren.

Das Visier gewährleistete das genaue Richten des Fla-MG beim Schießen auf Luft- und Bodenziele. Am Visier (es kam das gleiche Visier wie beim schweren 14,5-mm Fla-MG SPU-2 zum Einsatz) konnten Zielgeschwindigkeiten bis 300 m/s eingestellt werden. Es gewährleistete, dass sich die mittlere Flugbahn der Geschosse im Vorhaltepunkt mit dem Ziel schnitt. Am Visier wurden Kurs, Geschwindigkeit und Entfernung des Zieles durch den Visier-Schützen eingestellt und ständig korrigiert. Flog das Ziel nicht horizontal, mussten zusätzlich Neigungs- oder Steigungswinkel eingegeben werden. Beim Einstellen der Zielangaben neigte sich die Visierlinie von ihrer vorherigen Stellung um den Winkel, der durch die Mechanik des Visiers vorgegeben wurde. Zum Zielen auf Bodenziele befand sich am Visier ein Zielfernrohr, das eine vom Visier unabhängige Visierlinie besaß. Das MG SPU-4 konnte nur im direkten Richten schießen, dass Ziel musste also zu sehen sein.

Als Zugmittel für das schwere 14,5-mm Fla-MG SPU-4 kam der leichte Lkw 30-K und ab 1961 der leichte Lkw LO-1800A zum Einsatz. Da ihre Geländegängigkeit den Anforderungen

schweres 14,5-mm Fla-MG SPU-4	
GAU-Index	56-U-562
Einführungszeitraum	ab 1956
Einsatzebene	Regiment
Kaliber (mm)	14,5
Anzahl der Waffen	4
Länge eines MG (mm)	2000
Visierschussweite (m)	2000
Anfangsgeschwindigkeit Patrone (m/s)	1000
Feuergeschwindigkeit theoretisch (S/min)	2200
Feuergeschwindigkeit praktisch (S/min)	600
Erhöhungswinkel max. (Grad)	90
Neigungswinkel max. (Grad)	10
Seitenschwenkbereich (Grad)	360
Automatisches Visier	ja
Länge in Marschlage (mm)	4530
Breite (mm)	2700
Höhe in Gefechtslage (mm)	1830
Höhe in Marschlage (mm)	2125
Gesamtgewicht (kg)	2100
Bodenfreiheit (mm)	390
Anzahl Patronen je Gurt	150
Kampfsatz	4800
Munition	Pzbg, Pzbg mit LS, Bg
Index der Patronen	B-32, BST, SP
Zugmittel	30-K, LO-1800A, G-5
Bedienung	6

Der vertikale Erhöhungswinkel erreichte beim schweren 14,5-mm Fla-MG SPU-4 maximal 90°.

Als Zugmittel für das schwere 14,5-mm Fla-MG SPU-4 wurde auch der leichte Lkw LO-1800A eingesetzt.

Der mittlere Lkw G-5 mit Metallpritsche als Zugmittel für das schwere 14,5-mm Fla-MG SPU-4.

nicht genügte und die Ladefläche keinen ausreichenden Platz für Bedienung, Munition und EWZ bot, musste der mittlere Lkw G-5 mit Metallpritsche diese Aufgabe übernehmen. Um den Einsatz des Fla-MG effektiv zu gestalten, wurde das Transportmittel und das Zubehör angepasst.

Die Ladefläche des Lkw G-5 wurde für die Aufnahme von zwei Laufkästen, von zwei Halterungen für die Original-Munitionskisten und von zwei Haltervorrichtungen für sechs Gurtkästen vorbereitet. Zusätzlich mussten eine Justiertafel und eine Kiste für die Unterbringung von Pioniergeräten erstellt und ebenfalls auf der Ladefläche untergebracht werden. Als Laufkästen wurden die Originalkisten für die Ersatzläufe verwendet. Für die Unterbringung von 0,5 Kampfsatz mussten Halterungen für 15 und zwölf Kisten gefertigt werden. Unter den hinteren Sitzbänken wurden auf der rechten und linken Seite der Ladefläche jeweils drei Gurtkästen befestigt. Durch den Einbau von Einsätzen nahm eine Ersatzlaufkiste die Pioniergeräte, die Tarnmittel und die Justiertafel auf.

1957 verfügte die NVA über 119 schwere Fla-MG SPU-4, ab 1963 konnten die ersten 23-mm Flak ZU-23/2 zugeführt werden, die die schweren Fla-MG sukzessiv ablösten. 1967 ließen sich noch 121 schwere Fla-MG SPU-4 in den Beständen der NVA nachweisen. Mit Aufstellung und Ausrüstung der fünften Mob.-Division (19. MSD) Mitte der 1980er Jahre, wurden für die Ausrüstung der Fla-Einheiten langfristig abgestellte schwere Fla-MG SPU-4 reaktiviert. In der *Meldung über die Sicherstellung der NVA mit Raketen und Munition* von 1990 wurde ein Bestand von 27 schweren 14,5-mm Fla-MG SPU-4 aufgelistet mit einem Kampfsatz von 1440 Patronen. Für jedes Fla-MG waren zehn Kampfsätze eingelagert.

Flugabwehrkanonen

Um Flugabwehrkanonen effektiv einsetzen zu können, musste der Luftgegner rechtzeitig aufgeklärt und sein Flug permanent begleitet werden. Weiterhin waren die Höhe, die Geschwindigkeit und die Flugrichtung wesentliche Parameter für seine Bekämpfung. Zudem musste der technischen Entwicklung des Luftgegners Rechnung getragen werden. Die Flugzeuge wurden immer schneller, ihre Manövrierfähigkeit nahm stark zu, die Flughöhe variierte extrem, es musste zwischen eigenen und feindlichen, zwischen wichtigen und unwichtigen Zielen unterschieden werden.
Für diese komplexen Aufgaben benötigte der Mensch technische Hilfe. Die Aufklärung des Luftgegners übernahmen Funkmess- und Geschützrichtstationen. Für die Bearbeitung der Beobachtungsergebnisse, seien es visuelle oder Funkmess-Aufklärungsergebnisse, kamen Kommandogeräte zum Einsatz, die die Werte direkt an die FlaK-Geschütze weiterleiteten. Somit konnten bereits während des II. Weltkrieges die Geschütze einer FlaK-Batterie mit Hilfe analoger Rechner genauer auf den Vorhaltepunkt gerichtet und die Effektivität des FlaK-Feuers gesteigert werden. Diese Entwicklung wurde nach dem Krieg stürmisch vorangetrieben, da der mögliche Einsatz einer Atombombe eine neue Kampfführung erforderte. Schnell wurde allerdings klar, FlaK-Artillerie war dieser Aufgabe nicht gewachsen, es wurde eine grundsätzlich neue Waffe benötigt, die Fla-Rakete.
Mit Gründung der NVA kamen für die Aufklärung des Luftgegners sowjetische Funkmess-Stationen zum Einsatz (auch als Rundblickstation bezeichnet). Genannt seien die Funkmess-Stationen P-8, P-10, P-12 und P-15, sowie die Geschützrichtstationen 4, 9 und 9A. Als Kommandogeräte wurden die Stationen PUASO-3 und PUASO-5 sowie ihre Nachfolger die Kommandogeräte 6-12, 6-19, 6-60 und das FlaK-Kommandogerät E-2BD verwendet. Mit dem Funkmess-Feuerleitgerät RPK-1 wurden erstmals Geschützrichtstation und Kommandogerät (kombiniert mit einem Fernsehvisier, dadurch konnte auf einen optischen Entfernungsmesser verzichtet werden) auf einem Fahrzeug zusammengefasst. Für die Energieversorgung einer Batterie standen spezielle Elektroaggregate zur Verfügung, zum Beispiel das Benzin-Elektroaggregat APG-15 oder die Diesel-Elektroaggregate SPL-30-1 und SPO-30.

37-mm FlaK Modell 1939 (61-K)

37-мм автоматическая зенитная пушка образца 1939 года (61-К)
= 37-mm automatische Flugabwehrkanone Modell 1939 (61-K)

In einer Abhandlung zum *Historischen Ablauf der Bewaffnung der Kasernierten Volkspolizei* meldete die Verwaltung für Versorgung im Dezember 1953: *Im Zuge der ersten Reorganisation zur Aufstellung der ersten Territorialen Verwaltung wurden die Einheiten vollständig mit sowjetischen Waffen ausgerüstet.* Im Oktober 1952 erhielten die KVP-Einheiten unter anderem 102 37-mm FlaK Modell 1939 (61-K). Aus Geheimhaltungsgründen wurde die 37-mm FlaK als *leichte S5* in verschiedenen Dokumenten bezeichnet. Bis 1955 wurde der Bestand auf 189, bis zum November 1956 auf 215 erhöht. Die 37-mm FlakK Modell 1939 (61-K) ersetzte aus organisatorischen Gründen die ursprünglich geplante 85-mm FlaK Modell 1939.
Anfang der 1930er Jahre begann in der Sowjetunion die Entwicklung einer kleinkalibrigen Flugabwehrkanone mit hoher Schussfolge. Als Vorbild diente die schwedische 40-mm Bofors-FlaK. Ende 1937 wurde eine 45-mm FlaK getestet. Auf ihrer Basis entstand in kürzester Zeit die *37-mm automatische Flugabwehrkanone 61-K Modell 1939*, die im selben Jahr in die Rote Armee eingeführt wurde. Gefertigt wurde das Geschütz unter der Werksbezeichnung 61-K (61 - Modellnummer, K - Kaliningrad) von 1939 bis 1946 im *Werk Nr.8 Maschinenbauwerk Kalinin* in Kaliningrad (1941 nach Swerdlowsk evakuiert) mit einer Gesamtzahl von rund 17.000 Stück.

Auszug aus der DV-22/32 von 1954: *Die Aufgaben der leichten S5 sind folgende: Vernichtung von Flugzeugen, ferngelenkten Raketen, Fallschirmjägern und anderen Luftzielen bis zu 3000 m; Vernichtung von leichten Panzern, Schützenpanzerwagen, Kavallerie, Infanterie und anderen Bodenzielen im Raume der Feuerstellungen; Vernichtung der lebenden Kräfte von Landungstruppen sowie von Kuttern, Pontons, Landungsbooten und anderen Seezielen. Auf Erd- und Seeziele schießt die leichte S5 in der Selbstverteidigung und in den Fällen, in denen die Bekämpfung von Erd- und Seezielen wichtiger ist als die Bekämpfung von Luftzielen.*

Die 37-mm FlaK Modell 1939 (61-K) in Gefechtslage, einzelne Waffen erhielten einen Schutzkäfig für die empfindliche Visiereinrichtung.

Je nach Charakter des Zieles und den Beobachtungsverhältnissen wurde Sperrfeuer, mit dem Visier oder nach der Leuchtspur geschossen. Konnten Geschwindigkeit, Richtung, Höhe und Entfernung mit dem Auge oder mit einem optischen Entfernungsmesser geschätzt werden, wurde mit dem Visier ASP-37-1 geschossen. Dazu mussten diese Parameter sowie der Winkel für eventuellen Steig- oder Sinkflug mit Handrädern an der Visiereinrichtung eingestellt und entsprechend korrigiert werden. Mit Hilfe eines komplizierten Zahnradwerkes wurde die Waffe den Einstellungen entsprechend gerichtet. Wurden Ziele bis zu einer Entfernung von 1000 m erkannt, richteten die Richtkanoniere die Waffe nach der beobachteten Leuchtspur.

Wenn bei fehlender optischer Sicht die grobe Zielrichtung, Zielhöhe und Entfernung durch Horchgeräte oder Funkmess-Stationen bestimmt werden konnte, wurde Sperrfeuer geschossen. Dieses Verfahren wurde beim Nachtschießen ohne Scheinwerfer und am Tage bei dichter, niedriger Wolkendecke oder bei Nebel angewandt. Es wurden die Feuerarten: kurze Feuerstöße (drei bis vier Schuss), lange Feuerstöße (zehn bis 15 Schuss) oder Dauerfeuer angewandt. Dabei konnten Ziele bis 4000 m und mit Geschwindigkeiten bis 540 km/h beschossen werden. Es gab strikte Regeln für die Feuerführung. Bei einer Dauer des Schießens von fünf Minuten und einer maximalen Schussleistung von 200 Schuss musste das Rohr gewechselt oder, bei fehlendem Ersatzrohr, das Feuer eingestellt werden.

Die 37-mm-Flak Modell 1939 (61-K) war eine kleinkalibrige Flugabwehrkanone, die untrennbar auf einer zweiachsigen Lafette montiert wurde. Die Automatik der Waffe nutzte die Rückstoßenergie zum Öffnen und Entriegeln des Fallkeilverschlusses, zum Auswerfen der beschossenen Hülsen, zum Spannen der Abzugseinrichtung, zum Zuführen der nächsten Granatpatrone sowie zum Schließen des Verschlusses.

Die Geschützbedienung bestand aus vier Richtschützen, die die Höhe, die Entfernung, die Geschwindigkeit und die Richtung zum Ziel an der Visiereinrichtung einstellten, sowie einem Ladeschützen. Der Geschützführer und ein zweiter Ladeschütze komplettierten die Bedienung. An der Rohrmün-

Die 37-mm FlaK Modell 1939 (61-K) im Gefechtseinsatz. Beide Achsen der Lafette wurden nach oben gekippt, die Lafette wurde auf vier Spindeln mit Stütztellern horizontiert.

37-mm FlaK Modell 1939 (61-K)	
Einführungszeitraum	ab 1952
GAU-Index	52-P-167
Einsatzebene	Regiment
Kaliber (mm)	37
Rohrlänge (mm) / Kaliber	2729 / 73,8
Maximale Schussweite (m)	4000
Feuergeschwindigkeit praktisch (S/min)	170
Anfangsgeschwindigkeit (m/s)	980
Marschgeschwindigkeit (km/h)	60
Erhöhungswinkel max. (Grad)	85
Neigungswinkel max. (Grad)	5
Seitenschwenkbereich (Grad)	360
Visiereinrichtung	AZP-37-1
Nachtbeleuchtungssatz	Swet-I
Länge in Marschlage (mm)	5500
Breite in Marschlage (mm)	1500
Höhe in Marschlage (mm)	2100
Breite in Gefechtslage (mm)	4750
Bodenfreiheit (mm)	360
Masse in Gefechtslage (kg)	2100
Kampfsatz	200
Granatarten	Spl-SprG, PG, UKG
Index der Granaten	167
Zugmittel	G-5
Bedienung	7

dung befand sich ein Mündungsfeuerdämpfer, der die Bedienung vor dem Mündungsfeuer und dem lauten Abschussknall schützte. Auf Grund der hohen Anfangsgeschwindigkeit der Granate und der hohen Schussfolge erwärmte sich das Rohr sehr schnell. Das schnelle Wechseln mit einem Ersatzrohr sollte die Gefechtsbereitschaft der FlaK gewährleisten. Die Verschlusseinrichtung ermöglichte Dauer- als auch Einzelfeuer. Darüber hinaus gab es einen Mechanismus, der den Verschluss automatisch in Feuerposition hielt, falls die Munitionszufuhr stoppte, und automatisch weiter schoss, wenn wieder Munition vorhanden war. Das erlaubte bei ausreichender Munition das Schießen von Dauerfeuer. Unter normalen Bedingungen betrug die praktische Feuergeschwindigkeit 120 S/min, die theoretische konnte bis 170 S/min erreichen.

Unter dem Rohr war eine hydraulische Rohrbremse angeordnet. Sie verfügte über einen Kompensator, der das schnelle Ausdehnen des Öls bei hoher Schussfolge ausglich. Beim Kampf gegen Bodenziele konnten die FlaK-Geschütze mit einem Schild ausgerüstet werden, der die Bedienung vor Kugeln und Splittern schützte. Die Höhen- und die Seitenrichtmaschine besaßen zwei Richtgeschwindigkeiten. Die niedrige wurde für ein sanftes Zielen verwendet, wenn das Ziel in mittleren und großen Höhen und Entfernungen flog. Die hohe Richtgeschwindigkeit kam bei sich schnell bewegenden Zielen in geringer Höhe zum Einsatz. Um das Schießen in großen Höhenwinkeln zu gewährleisten, wurde der Schildzap-

fen der Rohrwiege deutlich nach hinten verschoben, was ein Ungleichgewicht verursachte und so die Bedienung der Höhenrichtmaschine deutlich erschwerte. Mit Hilfe eines Federausgleichers wurde dieser Mangel behoben. Das Visier AZP-37-1 konnte anhand der sich ständig ändernder Zieldaten (Geschwindigkeit, Entfernung und Richtung) die entsprechenden Zielkoordinaten für einen Vorhaltepunkt berechnen. Dazu mussten die geschätzten Werte mit Hilfe der jeweiligen Handräder am Visier eingestellt respektive korrigiert werden. Das Visier war für Entfernungen von bis zu 4000 m bei einer Zielgeschwindigkeit von 1,6 bis 140 m/s und einem Winkel für maximalen Sink- oder Steigflug von 70° ausgelegt. Die vierrädrige, gefederte Lafette ZU-7 nutzte mit Schwammgummi gefüllte Räder des Lkw GAZ-AA. Die Vorderachse konnte gelenkt werden, die Hinterachse war starr mit der Lafette verbunden. Für die Horizontierung der Lafette wurden vier Spindeln mit Stütztellern verwendet. Die Höchstgeschwindigkeit des Zugmittels mit angehängter FlaK durfte auf Asphaltstraße 60 km/h, auf unbefestigter Straße 25 km/h und im Gelände 15 km/h nicht übersteigen.
Verschossen wurden patronierte Splitter-Spreng-Granatpatronen mit LS, Unterkaliber-Panzer-Granatpatrone und Panzer-Granatpatrone mit LS (Index der Munition 167). Die Splitter-Spreng-Granate verfügte über den sprengkräftigen Aufschlagzünder ohne Verzögerung mit Selbstzerlegeeinrichtung MG-37. Zum Laden der Flak kam der Granatrahmen Ju-9 mit fünf Granatpatronen zum Einsatz. 30 Granatpatronen waren in einer Munitionskiste verpackt. Die Munition besaß keine Zeitzünder, sodass die Ziele direkt getroffen werden mussten.
In der KVP kam die *37-mm FlaK Modell 1939 (61-K) zum Beispiel in der 37-mm-FlaK-Kp. des S5-Kommandos, in den S5-Batterien der Mech.-Kommandos (MSR)* und der *Mittleren C-Kommandos (PR)* zum Einsatz. Da bei Gründung der NVA nur etwa 13 Prozent der notwendigen FlaK-Geschütze vorhanden waren, wurde die 37-mm FlaK Modell 1939 als Ersatz für die 85-mm FlaK Modell 1939 in den FlaK-Regimentern der Divisionen (vier Batterien je vier Geschütze), in den MSR und PR (je zwei Geschütze), in einem FlaK-Regiment der LV (24 Geschütze) und in Schulen (insgesamt 14 Geschütze) eingesetzt.

Für den effektiven Einsatz der 37-mm FlaK Modell 1939 (61-K) gab es in der NVA weder eine Geschützrichtstation noch ein Kommandogerät. Weiterhin genügte die geringe Schussweite nicht mehr den Anforderungen des modernen Luftkampfes. Zwei starke Gründe, die den Einsatz einer moderneren FlaK forderten. Mit der Zuführung der 57-mm FlaK S-60 und der 57-mm Fla-SFL 57-2 ab 1957 konnte sie in den FlaK-Einheiten ausgetauscht werden. 80 37-mm FlaK Modell 1939 erhielten die Kampfgruppen der Arbeiterklasse für den Objektschutz. Mit Zufuhr der 23-mm FlaK ZU-23 wurde sie ausgemustert.

Die Bedienung bereitete die 37-mm FlaK Modell 1939 (61-K) auf das Gefecht vor.

Die 37-mm FlaK Modell 1939 (61-K) im Erdkampf bei der Kampfgruppe der Arbeiterklasse.

85-mm FlaK Modell 1939 (52-K)

85-мм зенитная пушка образца 1939 года (52-К)
= 85-mm Flugabwehrkanone Modell 1939 (52-K)

Im Oktober 1952 erhielten die KVP-Einheiten unter anderem 24 85-mm FlaK Modell 1939 (52-K). Aus Geheimhaltungsgründen wurde die 85-mm Flak als mittlere S5 in verschiedenen Dokumenten bezeichnet. Bis 1955 wurde der Bestand auf 26 erhöht, von denen 20 in die FlaK-Einheiten der NVA übernommen wurden.

Mit Gründung der NVA wurden aus den S5-Kommandos der VP-Bereitschaften die FlaK-Regimenter der Militärbezirke und der Panzerdivisionen formiert. Die FlaK-Regimenter sollten laut Planung von 1956 mit jeweils zwei Batterien je sechs 85-mm FlaK Modell 1939 ausgerüstet werden. Bis 1958 sollten die Offiziers- und Regimentsschulen mit 17, die FlaK-Regimenter der Wehr-Kreise (MB) mit jeweils zwölf FlaK-Geschützen ausgerüstet werden.

Die Entwicklung der 85-mm FlaK Modell 1939 (52-K) begann im *Werk Nr. 8 in Kaliningrad*. Basis bildete die 76-mm FlaK Modell 1938, von der die Lafette mit Fahrgestell, eine Modifikation des Verschlusses und die Halbautomatik übernommen wurden. 1939 bestand die neue 85-mm FlaK mit der Werksbezeichnung 52-K die erforderlichen Tests und wurde im selben Jahr in die Rote Armee übernommen. Gefertigt wurde die FlaK von 1939 bis 1945 mit einer Gesamtzahl von etwa 14.200 Stück. Um die Trefferwahrscheinlichkeit zu verbessern, wurden Zielentfernung und -höhe mit einem optischen Entfernungsmesser ermittelt. Mithilfe des für die 85-mm FlaK entwickelten Kommandogerätes PUASO-3 wurden die Geschütze zentral gerichtet. Dazu wurden alle Geschütze einer Batterie mit Hilfe von elektrischen Richtantrieben permanent in die erforderliche Richtung gedreht und auf den erforderlichen Erhöhungswinkel eingestellt. Gleichzeitig erhielten die Zünderstellmaschinen die entsprechenden Stellwerte. Weiterhin eignete sich die 85-mm FlaK im Erdkampf als Panzerabwehrwaffe.

Der Einsatz der 85-mm-FlaK Modell 1939 (52-K) erfolgte in der NVA hauptsächlich im Bestand der Batterie (sechs Geschütze). Mit Hilfe des Kommandogerätes PUASO-3 wurden die generierten Daten für die Höhe, die Entfernung und die Flugrichtung eines Luftgegners zeitnah an die Geschütze der Batterie übertragen, was das Feuertempo erhöhte, die Treffergenauigkeit verbesserte und den Feuerkampf gegen sich bewegende Ziele ermöglichte. Da der Luftgegner ständig begleitet wurde, konnten auch die korrigierten Schießwerte zeitnah

Die 85-mm FlaK Modell 1939 (52-K) in Feuerstellung.

übermittelt werden. So war ein erfolgversprechender Einsatz der FlaK in einer Entfernung von 700 bis 16.000 m und in einer Höhe bis 9600 m möglich. Die Zielzuweisung erfolgte durch den vorgesetzten Gefechtsstand, der für die Aufklärung hauptsächlich Funkmess-Stationen P-8 oder P-10 einsetzte. Ab 1956 wurde sukzessiv das Kommandogerät 6-12 für die 85-mm Flak-Batterien eingeführt, das mit der Geschützricht-station-9 kombiniert werden konnte.

Die 85-mm FlaK Modell 1939 (52-K) war eine halbautomatische Kanone, das Öffnen des Verschlusses, das Auswerfen der beschossenen Hülse und das Schließen des Verschlusses erfolgten während des Schießens automatisch, die Granatpatrone musste manuell geladen werden. Das Kanonenrohr war mit einer Sechskammer-Mündungsbremse ausgestattet, das einen Teil der Rückstoßenergie beim Abschuss kompensierte. Die hydraulische Rücklaufbremse veränderte entsprechend der Rohrerhöhung ihren Rücklauf. So war gewährleistet, dass auch bei maximaler Rohrerhöhung das Bodenstück nicht auf die Unterlafette schlug und die Hülse problemlos ausgeworfen werden konnte. Der größte/kleinste Rohrrücklauf erfolgte bei einem Erhöhungswinkel von 0°/82°, er betrug 1150/600 mm. Durch das Heben und Senken des Rohres veränderte sich die Stellung der Regulierungsbuchse in der Rohrbremse. Damit veränderte sich der Öldurchfluss in der Rücklaufbremse, was eine Verkürzung oder Verlängerung des Rücklaufes bewirkte. Da zum Schießen in allen Winkeln die Zapfen der Rohrwiege deutlich nach hinten verschoben waren, verfügte das Geschütz zum leichten Richten über einen Federausgleicher. Die Seitenrichtmaschine war so konstruiert, dass es möglich war, die Oberlafette zwei Mal um 360° nach rechts oder links zu drehen. Somit wurde ein Abscheren elektrischer Kabel verhindert, die in die Oberlafette führten. Eine Friktionsbremse (Bandbremse) verhinderte bei plötzlicher Unterbrechung schneller horizontaler Bewegungen das Beschädi-

Die 85-mm FlaK Modell 1939 (52-K) in Marschlage.

85-mm FlaK Modell 1939 (52-K)	
Einführungszeitraum	ab 1952
GAU-Index	52-P-365
Einsatzebene	Division
Kaliber (mm)	85
Rohrlänge (mm) / Kaliber	4692 / 55,2
Maximale Schussweite (m)	15.500
Maximale Schusshöhe (m)	10.500
Anfangsgeschwindigkeit Granate (m/s)	800
Feuergeschwindigkeit praktisch (S/min)	20
Marschgeschwindigkeit (km/h)	50
Erhöhungswinkel max. (Grad)	82
Neigungswinkel max. (Grad)	3
Seitenschwenkbereich (Grad)	360
Zielfernrohr	PO-1
Länge in Marschlage (mm)	7050
Breite in Marschlage (mm)	2150
Höhe in Marschlage (mm)	2250
Breite in Gefechtslage (mm)	4750
Bodenfreiheit (mm)	400
Masse in Gefechtslage (kg)	4600
Masse Marschlage (kg)	4300
Kampfsatz	150
Granatarten	SplG, PG, UK
Index der Granaten	365
Zugmittel	SIS-151, G-5
Bedienung	8

gen der Richtmaschine. Mit Hilfe einer Zünderstellmaschine konnten die vom Kommandogerät ermittelten Werte mechanisch am Zünder eingestellt werden. So wurde die Detonation der Granate in der gewünschten Höhe sichergestellt. Bei Ausfall von Zünderstellmaschine oder Kommandogerät mussten die Zünder mit einem Zünderstellschlüssel manuell eingestellt werden. Die Zieleinrichtung diente dem Schießen im direkten oder indirekten Richten ohne Kommandogerät. Beim direkten Richten wurde das Ziel mit dem Zielfernrohr PO-1 anvisiert. Für das Schießen im indirekten Richten mussten die Rohrerhöhung und der Seitenwinkel an der Zieleinrichtung ein-

Ausbildung an der 85-mm FlaK Modell 1939 (52-K). Beide Achsen wurden gekippt, die Lafette lag auf dem Erdboden auf.

gestellt werden. Die beweglichen Elemente der FlaK waren auf einem Sockel montiert, der fest mit der Zweiachs-Lafette ZU-8 verschraubt war. Die Lafette verfügte über vier, kreuzförmig angeordnete mechanische Stützen mit Stütztellern, die die Stabilität der Waffe beim Schießen in allen Höhenwinkeln gewährleistete. Die Vorder- und Hinterachse waren nach oben kippbar, was ein Aufsetzen der Kreuzlafette auf den Boden ermöglichte. Jedes Rad verfügte über eine Einzelradaufhängung mit Schraubenfeder. Die Vorderachse war drehbar gelagert, die Hinterachse starr und mit Trommelbremsen ausgestattet. Die elektrische Anlage bestand aus zwei unabhängigen Elementen, der Nachtbeleuchtung und dem elektrischen Antrieb. Über ein Kabel erhielten die Stellmotoren des Geschützes die Werte zum Ausrichten der Waffe nach Höhe und Seite sowie die Stellwerte für die Zünderstellmaschine.
Verschossen wurden 85-mm Splitter-Granatpatronen UO-365 und UO-365K, 85-mm Panzer-Granatpatronen mit LS UBR-365 und UBR-365K sowie 85-mm Unterkaliber-Granatpatrone UBR-365P. Je nach Gefechtsaufgabe konnten die Splitter-Granaten mit dem Zeitzünder T-5 für Luftziele oder mit dem Aufschlagzünder KTM-1 für den Erdkampf ausgestattet sein. Die Panzer-Granaten wurden mit einer Anfangsgeschwindigkeit von 800 m/s abgeschossen, bei einem Auftreffwinkel von 90° durchschlugen sie auf 100/3000 m eine Panzerung von 126/56 mm. Die Unterkaliber-Granate mit einer Anfangsgeschwindigkeit von 1050 m/s durchschlug bei einem Auftreffwinkel von 90° auf 100/1500 m eine Panzerung von 167/83 mm.

Bis 1955 wurde der Bestand auf 26, bis 1956 auf 46 FlaK erhöht. Im *orientierungsmäßigen Fünfjahrplan (1956 bis 1960) des Imports an Bewaffnung und Kampftechnik für die NVA* war der Einsatz von 125 85-mm FlaK Modell 1939 (52-K) vorgesehen. Ab 1956 sollten in den FlaK-Regimentern der sieben Kampf-Divisionen jeweils zwei Batterien je sechs, an den Offiziers- und Regimentsschulen insgesamt 17 und in den beiden FlaK-Regimentern der Wehr-Bezirke (MB) je zwölf Geschütze eingesetzt werden. Bereits im Oktober 1956 war klar, dass nur 22 Prozent der notwendigen FlaK-Geschütze die NVA bis Ende 1957 erreichen würden. Die bis dahin vorhandenen 46 85-mm FlaK-Geschütze Modell 1939 ergänzten die beiden FlaK-Regimenter der MB mit je zwölf Stück, ein FlaK-Regiment der Luftverteidigung mit zwölf Stück und die FlaK-, Funkmess- und Artillerie- und Panzertechnische Schule mit insgesamt zehn Stück. Damit sollte die Ausbildung an den Geschützen und die Gefechtsbereitschaft der drei FlaK-Regimenter gewährleistet werden. Es gibt keine Hinweise, dass der Bestand von 46 85-mm FlaK Modell 1939 weiter erhöht wurde. Mit Einführung der 100-mm FlaK ab 1957 wurden die 85-mm FlaK Modell 1939 ausgesondert und langfristig abgestellt. Der weitere Werdegang muss noch geklärt werden.

57-mm FlaK S-60

57-мм зенитная автоматическая пушка АЗП-57 С-60 = 57-mm automatische Flugabwehrkanone AZP-57 S-60

Laut Planungsunterlagen von 1956 sollte die 57-mm FlaK S-60 ab 1956 in den FlaK-Regimentern der drei Infanterie-Divisionen (3x12 Geschütze), in der 1. FlaK-Division der Luftverteidigung (24 Geschütze) und an den Offiziers- und Regimentsschulen (21 Geschütze) eingesetzt werden. Für 1957 war die Ausrüstung der beiden FlaK-Regimenter der Wehrkreise - Militärbezirke (24 Geschütze), der 1. FlaK-Division der LV (36 Geschütze) und Teile der 2. FlaK-Division der LV (sechs Geschütze) geplant. 1958 und 1959 sollten schließlich die 2. FlaK-Division der LV komplettiert und die 3. FlaK-Division der LV ausgerüstet werden. Somit hätte die NVA 261 57-mm FlaK S-60 benötigt. Da sich Ende 1956 die Strukturen der sieben Kampf-Divisionen änderten, widersprachen sich die Planungen zur Ausrüstung der Einheiten mitunter.

Teile einer 57-mm FlaK-Batterie beim Gefechtsdienst, vorn das Kommandogerät, links davon ein FlaK-Fernrohr TSK.

Die gestiegenen Fluggeschwindigkeiten, der Einsatz gepanzerter Schlachtflugzeuge, die größeren Flughöhen und die Möglichkeit des effektiven Kampfes gegen gepanzerte Bodenziele führten zur 1944 begonnenen Entwicklung eines Nachfolgemodells für die 37-mm FlaK Modell 1939. Die 1946 getestete 57-mm FlaK S-60 erzielte eine doppelt so starke Splitterwirkung beim Schießen auf Luftziele wie die 37-mm FlaK und

Die 57-mm FlaK S-60 in Gefechtslage.

eine doppelt so hohe Durchschlagsleistung wie die 57-mm PaK Modell 1939 (ZIS-2). Sie wurde ab 1950 in der Sowjetarmee eingesetzt. Die 57-mm FlaK S-60 war eines der ersten sowjetischen Fla-Geschütze, das für den Einsatz mit einer automatisierten Feuerleitung eingesetzt wurde. Dazu kamen als Aufklärungsmittel die Geschützrichtstation-9 (SON-9) und für die Feuerleitung das Kommandogerät PUASO-5 (Entwicklungsbezeichnung PUASO-57) zum Einsatz. Durch die vorgesetzte Kommandoebene wurde als Unterstützung der Luftaufklärung die Funkmess-Station P-10 verwendet. Im Laufe der Nutzung wurden die Geschützrichtstation-9A, die Kommandogeräte 6-60 oder E-2DB und für die Zielzuweisung an die FlaK-Batterie die FuMS P-15 eingesetzt. Letzte Glieder dieser Reihe bildeten das Feuerleitgerät RPK-1A auf dem mittleren Lkw URAL-375 und die FuMS P-19.

Mit der 57-mm FlaK konnten Luftziele mit dem Visier in Höhen bis 5500 m und mit Angaben des Kommandogeräts (Kdo-Gerät) in Höhen bis 6500 m bekämpft werden. Außerdem konnte die 57-mm FlaK gegen bewegliche und unbewegliche Erd- und Seeziele eingesetzt werden. Ihre hohe Manövrierfähigkeit ermöglichte es, Truppen auf dem Marsch zu decken. Die maximale Schussfolge des Geschützes betrug 100 bis 120 S/min. Die Marschgeschwindigkeit auf Autobahnen und guten Straßen durfte 60 km/h nicht überschreiten.

Die 57-mm FlaK war eine automatische Waffe, bei der sämtliche Vorgänge zur Abgabe eines Schusses, wie das Spannen des Verschlusses, das Ausziehen der Hülse, das Zuführen der Granatpatrone und das Auswerfen der Hülse automatisch durch die Rückstoßkraft erfolgten. Dasselbe traf für das Einführen der Granatpatrone in den Ladungsraum, das Verriegeln des Verschlusses und das Auslösen des Schusses durch die Schlageinrichtung zu. Es konnte zwischen kurzen und langen Feuerstößen sowie Einzelfeuer gewählt werden. Zu den Hauptteilen gehörten das Rohr mit Vorholfeder, Verschluss und Rohrrahmen mit Beschleunigungseinrichtung, das Waffengehäuse mit hydraulischem Rückstoßpuffer und Rohrbremse. Außerdem die Zuführereinrichtung, die Oberlafette mit Plattform, Richtmaschinen, Federausgleicher und Schutzschild, die Visiereinrichtung, die Unterlafette mit Fahrgestell und der elektrische Antrieb ESP-57.

Der hydraulische Puffer dämpfte die Rückstoßwucht des Verschlusses während des Schießens im hinteren Teil des Waffengehäuses. Ausgelöst wurde der Schuss durch die Fußabfeuerung oder durch die automatische Abfeuerungseinrichtung. Die hydraulische Rohrbremse war unterhalb des Waffengehäuses mit der Aufgabe angebracht, die Rückstoßenergie der gleitenden Teile zu bremsen, um ein hartes Anschlagen beim

57-mm FlaK S-60	
Einführungszeitraum	ab 1957
GAU-Index	52-P-281
Einsatzebene	Division
Kaliber (mm)	57
Rohrlänge (mm)	4390
Maximale Schussweite (m)	12.000
Maximale Schusshöhe (m)	8800
Anfangsgeschwindigkeit Granate (m/s)	1000
Feuergeschwindigkeit praktisch (S/min)	120
Marschgeschwindigkeit (km/h)	60
Erhöhungswinkel max. (Grad)	87
Neigungswinkel max. (Grad)	2
Seitenschwenkbereich (Grad)	360
Visiereinrichtung	ja
Länge in Marschlage (mm)	8500
Breite (mm)	2054
Höhe in Marschlage (mm)	2370
Höhe in Gefechtslage (mm)	6000
Spurweite (mm)	1710
Bodenfreiheit (mm)	380
Masse in Gefechtslage (kg)	4775
Masse Marschlage (kg)	4875
Kampfsatz	200
Granatarten	SplG, PG
Index der Granaten	281
Zugmittel	G-5, URAL-375
Bedienung	7

Vorlauf zu verhindern. Die beiden Federausgleicher kompensierten die Vorlastigkeit des Rohres bei allen Rohrerhöhungen, sie befanden sich zwischen den beiden Lafettenwänden. Der auf der Plattform befestigte Schutzschild schützte die Geschützbedienung und die dahinter angebrachten Geräte vor Geschossen und Splittern. Er setzte sich aus der rechten und linken Schildhälfte mit abklappbarer Schildblende und dem Schieber zusammen. Mit der Höhenrichtmaschine ließ sich das Rohr vertikal von -2° bis +87°, mit der Seitenrichtmaschine unbegrenzt nach der Seite drehen. Die Richtmaschinen befanden sich an der Oberlafette und wurden von Hand oder durch den elektrischen Antrieb betätigt. Der elektrische Antrieb ermöglichte ein genaues Richten nach Angaben des Kdo-Geräts und ein schnelles Suchen und Begleiten der Ziele beim halbautomatischen Richten mit Visier. Die Unterlafette war eine Kreuzlafette mit vier Horizontierungsspindeln. Das Fahrgestell verfügte über eine Drehstabfederung, die Räder waren mit Backenbremsen ausgestattet, die von Hand und durch Druckluft (vom Zugmittel) gebremst werden konnten. Um das Geschütz schnell in Gefechtslage bringen zu können, war die Unterlafette mit einer manuell zu betreibenden, hydraulischen Hebe- und Senkvorrichtung ausgerüstet. Mit der Kühlvorrichtung wurde das Geschützrohr gekühlt. Das Rohr erhitzte sich nach etwa 50 bis 60 Schuss bei ununterbrochenem Schießen auf 400 bis 450°C. Bei einer derartigen Temperatur musste das Kanonenrohr drei bis vier Minuten gekühlt werden. Dazu wurde das Rohr mit einem vorderen und hinteren Verschluss abgedichtet und die Kühlflüssigkeit (hauptsächlich Wasser) mit Hilfe einer Pumpe aus dem Vorratsbehälter durch das Kanonenrohr und zurück in den Vorratsbehälter geleitet.

Die Visiereinrichtung ermittelte beim Richten auf Luft-, Erd- und Seeziele den Vorhaltepunkt. Beim Richten mit dem automatischen Flakvisier wurden die Anfangsangaben Schrägentfernung, Zielgeschwindigkeit, Kurswinkel, Neigungs- und Steigungswinkel sowie Winkel zum Ziel ermittelt. Die Schrägentfernung wurde mit dem Entfernungsmessgerät ermittelt oder geschätzt, die Zielgeschwindigkeit abhängig vom Flugzeugtyp bestimmt. Der Kurswinkel und der Neigungs-, beziehungsweise Steigungswinkel wurden nach der Bewegungsrichtung und der Sichtbarkeit des Zieles ermittelt. Die Visiereinrichtung war an der rechten Lafettenwand ange-

Die 57-mm FlaK S-60 in Marschlage. An der rechten und linken Schildhälfte waren die Schildblenden abgeklappt.

Die 57-mm FlaK S-60 in Gefechtslage, vorbereitet für den Erdkampf.

bracht und durch eine Verbindungsstange mit dem Waffengehäuse verbunden. Durch das Einstellen der Anfangsangaben wurde der Vorhaltepunkt automatisch errechnet. Als Richtarten fanden das automatische Richten mit synchroner Übertragung der Werte vom Kdo-Gerät, das halbautomatische Richten mit halbautomatischen Richtgeräten und Visiereinrichtung, das Richten von Hand nach den Werten der Nullsichtgeräte sowie das Richten von Hand nach der Visiereinrichtung Verwendung. Beim automatischen Richten errechnete das Kdo-Gerät den Vorhalteseitenwinkel und die Rohrerhöhung. Die errechneten Winkel wandelten die Drehmeldergeber des Kdo-Geräts in elektrische Spannungen um, die über die Synchronkabel und den Zentralen Verteilerkasten an alle Geschütze der Batterie übertragen wurden. Die Visiereinrichtung wandelte diese Signale für die beiden Antriebsmotoren um und richtete das Geschütz nach Höhe und Seite.

Beim halbautomatischen Richten begleitete der Richtkanonier das Ziel mit den Handrädern. Die über Tachogeneratoren erzeugten elektrischen Impulse steuerten die Antriebsmotoren für Höhe und Seite. Das Richten des Geschützes von Hand nach Werten vom Kdo-Gerät erfolgte bei Ausfall der Antriebsmotoren. Dabei wurden die Werte des Kdo-Geräts an das Geschütz übertragen und an den beiden Nullgeräten (ein Nullgerät für Höhe und eins für Seite) in Form von Zeigerausschlägen angezeigt. Die Richtkanoniere deckten die Zeiger der Nullsichtgeräte mit der Nullstellung ab und richteten das Geschütz nach dem Kdo-Gerät. Der Batteriesatz des elektrischen Antriebs ESP-57 diente dem Richten von sechs Geschützen. Zu einem Batteriesatz gehörten die Geschützsätze des elektrischen Antriebs, ein Zentraler Verteilerkasten (ZVK), ein EWZ-Satz sowie eine Kabeltrommel mit 100 m Gerätekabel. Das Diesel-Elektroaggregat SP-O-30 erzeugte die elektrische Energie für eine Batterie. Mit der Beleuchtungseinrichtung wurden beim Nachtschießen alle Skalen und Strichplatten der Reflexvisiere beleuchtet.

Mit der 57-mm FlaK wurden Splitter-Granatpatronen UOP-281U mit LS (Index der Granate OP-281U) und Zünder, Splitter-Granatpatronen UOP-281 mit LS (Index der Granate OP-281) und Zünder, Panzer-Granatpatronen UBR-281U mit LS (Index der Granate BP-281U) und Bodenzünder sowie Panzer-Granatpatronen UBR-281 mit LS (Index der Granate BP-281) und Bodenzünder verschossen. Die Splitter-Granatpatronen waren zum Schießen auf Luftziele bestimmt. Die verbauten Zünder zerlegten sich nach einer Brennzeit von 13 bis 17 s selbst. Um eigene Truppen durch die Detonation in unmittelbarer Nähe zu schützen, musste der Erhöhungswinkel beim Schießen mit

Als Zugmittel für die 57-mm FlaK S-60 kam der mittlere Lkw URAL-375 zum Einsatz.

Splitter-Granaten mindestens 10° betragen. Die Splitter-Granaten konnten ebenfalls zur Selbstverteidigung auf Infanterie und ungepanzerte Ziele verschossen werden. Die Weite des direkten Schusses betrug bei einer Anfangsgeschwindigkeit von 1000 m/s und einer Zielhöhe von zwei Meter etwa 1100 m.

Panzer-Granatpatronen mit LS bekämpften gepanzerte Ziele, wie SPW, SFL, leichte und mittlere Panzer, die bis zu 1500 m entfernt waren. Sollten schwere Panzer und SFL mit Panzer-Granatpatronen bekämpft werden, so mussten beispielsweise Heckplatten, Ketten oder Laufrollen getroffen werden, um eine Wirkung zu erreichen. Mit der Panzer-Granate konnten bei einem Auftreffwinkel von 90° und einer Entfernung von 500/2000 m Panzerstahl mit einer Stärke von 110/70 mm durchschlagen werden. Als Zugmittel fanden die mittleren Lkw G-5 oder URAL-375 Verwendung.

Die letzten sechs 57-mm FlaK S-60 erreichten die NVA 1965, sodass der Gesamtbestand auf 313 Geschütze anstieg. Ab 1974 erfolgte die Einführung der ersten Fla-Raketensysteme in den Militärbezirken und den sechs Kampf-Divisionen. Im Zuge der Umrüstung wurden die FlaK-Regimenter in Fla-Raketen-Regimenter umstrukturiert. Dieser Umwandlungsprozess wurde 1981 abgeschlossen. Das FlaK-Regiment-7 gab als letztes Regiment 1983 seine 57-mm FlaK S-60 in die Reserve ab. Die Geschütze dienten der Ausrüstung der FlaK-Einheiten der Mob.-Divisionen. Laut STAN der FlaK-Regimenter/Mob.-Division von 1986 wurden für die Ausrüstung eines FlaK-Regimentes 36 57-mm FlaK S-60, zwei Funkmess-Stationen P-19, sechs Funkmess-Feuerleitgeräte RPK-1 sowie sechs Diesel-Elektroaggregate GAD-30 benötigt.
Bis 1990 sank der Bestand auf 168 Geschütze, die letztendlich von der Bundeswehr übernommen wurden.

100-mm FlaK KS-19M2

100-мм зенитная пушка КС-19
= 100-mm Flugabwehrkanone KS-19

Mit Gründung der NVA 1956 wurden 374 100-mm FlaK KS-19M2 für die Ausrüstung der drei FlaK-Divisionen der Luftverteidigung benötigt. 1956 war die Ausstattung eines FlaK-Regiments der 1. FD der LV mit 48 und der Offiziersschule mit 14 Geschützen vorgesehen. 1957 sollten weitere 72 Geschütze zur Vervollständigung der 1. FD und die ersten 16 Geschütze für die 2. FD geliefert werden. Bis 1959 sollten alle drei FD mit jeweils 120 Geschützen, 30 Geschützrichtstationen 4 (SON 4) und vier Funkmess-Stationen die volle Kampfstärke erreichen. 1956 wurden für zwei FlaK-Regimenter der LaSK jeweils 37 Geschütze und damit bis 1959 insgesamt 448 FlaK-Geschütze für die NVA benötigt.
Im Oktober 1956 zeichnete sich ab, dass diese ehrgeizigen Ziele nicht erreicht werden würden. Für die Ausbildung an der Artillerie- und Panzertechnischen Schule erhielt die NVA 1956 ihre erste 100-mm FlaK KS-19M2. Laut Importzusagen durch die UdSSR sollten bis Ende 1957 weitere 26 Geschütze geliefert werden. Um die Ausbildung mit FlaK-Geschützen sicherzustellen, wurden zwölf 85-mm FlaK Modell 1939 als Austauschbewaffnung eingesetzt.
Das Ausmaß der Zerstörung deutscher Städte wie Hamburg, Dresden oder Berlin durch alliierte Bomber im II. Weltkrieg sollte sich niemals in der Sowjetunion ereignen. Sehr schnell

Die 100-mm FlaK KS-19M2 in Gefechtslage.

wurde klar, dass die 85-mm FlaK Modell 1939 (52-K) diese Aufgabe nicht erfüllen konnte. Mit knapp 9000 m Schusshöhe ließen sich die immer höher fliegenden Bombenflugzeuge nicht hinreichend bekämpft. 1947 begann die Entwicklung der 100-mm FlaK KS-19, die im Dezember 1948 in Dienst gestellt wurde. Die wesentlichen technischen Eckdaten waren die automatische Führung einer FlaK-Batterie, die Ziele mit einer maximalen Geschwindigkeit von 1200 km/h in 15.000 m Höhe bekämpfen konnte. 1950 erfolgte die erste Modernisierung zur Verlängerung der Lebensdauer des Kanonenrohres, die als KS-19M bezeichnete Waffe kam 1951 in die Truppe. Ab 1953 wurde vor allem die Lafette überarbeitet. Die Handlungen zur

Detailaufnahme der 100-mm FlaK KS-19M2. Über dem linken Rad der viereckige hydraulische Antrieb der Höhe, rechts davon das Handrad der Höhenrichtmaschine, darüber die beiden rechteckigen Kästen - der Höhen- und der Seitenwinkelempfänger, rechts davon die Zieleinrichtung, darunter das Handrad der Seitenrichtmaschine.

100-mm FlaK KS-19M2	
Einführungszeitraum	ab 1958
GAU-Index	52-P-415
Einsatzebene	Armee
Kaliber (mm)	100
Rohrlänge (mm) / Kaliberlänge	6073 / 60,7
Maximale Schussweite (m)	21.000
Maximale Schusshöhe (m)	15.400
Anfangsgeschwindigkeit Granate (m/s)	900
Feuergeschwindigkeit praktisch (S/min)	15
Marschgeschwindigkeit (km/h)	35
Erhöhungswinkel max. (Grad)	85
Neigungswinkel max. (Grad)	3
Seitenschwenkbereich (Grad)	360
Zieleinrichtung	ja
Rundblickfernrohr	ja
Zielfernrohr	PO-1M1
Länge in Marschlage (mm)	9170
Breite in Marschlage (mm)	2350
Breite in Gefechtslage (mm)	4860
Höhe in Marschlage (mm)	2123
Bodenfreiheit (mm)	330
Masse in Gefechtslage (kg)	9100
Masse Marschlage (kg)	9450
Kampfsatz	100
Granatarten	SplG, Spl-SprG, Pg
Index der Granaten	412,415
Zugmittel	ATS-712, AT-S 59, Tatra 813
Bedienung	7

Abgabe eines Schusses wurden verbessert, wodurch die Feuergeschwindigkeit gesteigert werden konnte. Außerdem wurden die Elemente der automatischen Führung des Feuerkampfes einer Batterie erweitert. Als Funkmessgerät kam die Geschützrichtstation 4 (SON 4), das Kommandogerät PUASO-7 und als Energiequelle das Diesel-Elektroaggregat SP-O-30 zum Einsatz, die FlaK erhielt die Bezeichnung 100-mm FlaK KS-19M2. (Der Aufbau der 100-mm FlaK KS-19M2 war sehr komplex, hier kann nur eine stark verallgemeinert gehaltene Beschreibung angeboten werden.)

Die 100-mm FlaK war ein automatisches Geschütz. Nach Betätigen des Auslösehebels der Zünderstellmaschine erfolgten ohne weitere manuelle Eingriffe das Einstellen des Zünders, das Zuführen der Granatpatrone, das Schließen des Verschlusses, das Auslösen des Schusses und das Auswerfen der Hülse. Nach dem Schuss befanden sich alle Einrichtungen des Geschützes wieder in Schussausgangsstellung. Zur Abgabe eines weiteren Schusses musste lediglich ein neue Granatpatrone in die Ladeschale gebracht und der Auslösehebel der Zündstellmaschine betätigt werden. Bei Ausfall der automatischen Richtgetriebe konnte das Geschütz von Hand gerichtet werden. Die drei Schusswerte, Höhen- und Seitenwinkel sowie Zündereinstellung wurden durch Drehmeldesysteme und Kabelverbindungen (Synchronkabel) vom Kommandogerät über den zentralen Verteilerkasten (ZVK) zum Geschütz übertragen. Der Betriebsstrom für die Elektromotoren wurde durch ein Kraftstromkabel vom ZVK zum Geschütz geleitet.
Zu den Hauptteilen des Geschützes gehörten das Rohr mit Bodenstück, der Verschluss und Mündungsbremse, die Rohrwiege mit Zuführereinrichtung, die Zünderstellmaschine und Rücklaufeinrichtung und die Oberlafette mit Federausgleicher, aber auch die Höhen- und Seitenrichtmaschine, die Höhenwinkel-, Seitenwinkel- und Zünderempfänger, die hydraulischen Richtgetriebe, die Zieleinrichtung, der Schutzschild

Die linke Seite der 100-mm FlaK KS-19M2 in Gefechtslage. Über dem Rohr befand sich die Zünderstellmaschine.

sowie die Unterlafette mit schwenkbaren Seitenholmen und kippbaren Fahrgestellen.
Im Rohr wurde dem Geschoss die Anfangsgeschwindigkeit, die Richtung sowie die Drehung verliehen. Auf die Rohrmündung war die Mündungsbremse aufgeschraubt, die den Rückstoß verminderte und das Mündungsfeuer verkürzte. Die Rohrwiege lag in den Zapfenlagern der Oberlafette, sie nahm das Rohr mit seinen Einrichtungen in sich auf und ermöglichte das vertikale Schwenken des Rohres. Die hydraulische Zuführereinrichtung bewirkte das Zuführen der Granate in den Ladungsraum. Die Ladungswucht wurde für die verschiedenen Erhöhungswinkel selbsttätig reguliert (je höher die Rohrerhöhung, umso größer die Ladungswucht der Zuführereinrichtung). Die Zünderstellmaschine diente dem Einstellen des Zünders der Granate sowie dem Kippen der Ladeschale in die Zuführerlinie. Die Rücklaufeinrichtung bremste den Rückstoß der gleitenden Teile und brachte sie wieder in die Schussausgangsstellung.

Die Oberlafette lagerte drehbar auf der Unterlafette und ermöglichte das horizontale Schwenken des Rohres. Das Rohr und die anderen vertikal schwenkbaren Einrichtungen des Geschützes waren vorderlastig in den Wiegenzapfenlagern der Oberlafette gelagert, der Federausgleicher glich diese Vorderlastigkeit aus. Beim Senken des Rohres wurden zwei Federn zusammengepresst, beim Heben entspannten sie sich, wodurch das Rohr mit annähernd gleicher Kraft gehoben und gesenkt werden konnte. Die Unterlafette verlieh dem Geschütz die notwendige Standfestigkeit beim Schießen und diente als Fahrgestell beim Marsch. Sie bestand aus dem Längsholm, den beiden schwenkbaren Seitenholmen und den beiden kippbaren Fahrgestellen. Das vordere Fahrgestell war lenkbar, das hintere Fahrgestell war starr und mit einer Backenbremse ausgestattet. Jedes der vier Räder verfügte über eine unabhängige Torsionsfederung. An den vier Holmenden befanden sich je eine Horizontierungsspindel mit Horizontierungsteller. Im Längsholm waren zwei Ausgleichervorrichtungen verbaut. Zum Herstellen der Gefechtslage musste das Geschütz durch Kippen der Fahrgestelle bis zu den Horizontierungstellern gesenkt werden. Dabei wurden die Federn der Ausgleichervorrichtungen gespannt. Zum Herstellen der Marschbereitschaft aus der Gefechtslage unterstützte die beim Senken gespeicherte Kraft nun das Anheben des Geschützes. Um Unfälle zu vermeiden, musste darauf geachtet werden, dass die Räder einer Achse, auch bei Geländeunebenheiten, immer eine feste Auflage hatten.

Die 100-mm FlaK KS-19M2 in Gefechtslage.

Die 100-mm Granatpatrone lag in der Ladeschale, der Granatkopf vor der Öffnung der Zünderstellmaschine. Nach dem Einstellen des Zünders kippte die Ladeschale nach rechts in die Zuführerlinie und die Granatpatrone wurde in das Rohr geschoben.

Die Zünderstellmaschine stellte den Zünder auf den vom Kommandogerät gelieferten Zünderwert ein und kippte die Ladeschale mit der Patrone auf Höhe der Zuführerlinie. Die Zünderlaufzeiten konnten von 0,38 bis 43,69 Sekunden eingestellt werden. Die Zünderstellmaschine war so konstruiert, dass nach Betätigen des Auslösehebels bei laufendem Elektromotor die Arbeitsgänge automatisch abliefen. Die Ladeschale hatte den Zweck, während der Einstellung des Zünders die Patrone zu halten, sie auf Höhe der Zuführerlinie zu bringen und ihr beim Laden die Richtung zu geben. Der Aufbau der Richtmaschinen ermöglichte das automatische Richten der FlaK nach den Werten des Kommandogerätes, das manuelle Richten nach dem Auskuppeln der hydraulischen Antriebe und das halbautomatische Richten. Dazu wurde der Betriebsartenschalter an den Empfängern auf halbautomatisch gestellt. Der hydraulische Antrieb wurde eingekuppelt und durch Drehen des Handrads des Drehmeldegebers der Richtmechanismus mit geringem Kraftaufwand unter Ausnutzung des hydraulischen Antriebs in Gang gesetzt. Die Richtart halbautomatisch fand beim Schießen im direkten Richten Verwendung.

Die Zieleinrichtung kam zum Einsatz, wenn ohne Kommandogerät geschossen wurde. Zum Anrichten sichtbarer Ziele kam das Zielfernrohr zum Einsatz. Das Richten beim Schießen auf Ziele, die von der Feuerstellung aus nicht zu sehen waren, erfolgte mit dem Rundblickfernrohr. Die 100-mm FlaK verfügte über eine unabhängige Zieleinrichtung. Die Visierlinie konnte

Die 100-mm FlaK KS-19M2 im Erdkampf, auf dem Ladetisch lag bereits die nächste Granate.

in vertikaler Richtung unabhängig von der Rohrerhöhung verändert werden. Die Zieleinrichtung bestand aus den Getrieben des Höhen- und Seitenwinkels sowie dem Getriebe für den Aufsatz. Das vertikale Richten erfolgte durch Drehen des Handrades am Getriebe für den Höhenwinkel. Über ein Parallelogrammgestänge wurde der Erhöhungswinkel auf den Zielzeiger übertragen. Die Seelenachse des Rohres wurde mit der Visierlinie in Übereinstimmung gebracht, indem der Höhenrichtkanonier die Ablesemarke des Rohrzeigers mit der des Zielzeigers abdeckte. Der Seitenwinkelvorhalt wurde an der Skalentrommel eingestellt, wodurch die Visierlinie seitlich auswanderte. Durch erneutes Anrichten des Haltepunkts mittels der Seitenrichtmaschine wurde das Rohr auf den Vorhaltepunkt gerichtet.

Das System der hydraulischen Antriebe GSP-100 war zum automatischen Richten des Geschützes auf die vom Kommandogerät errechneten Werte und zur Übermittlung sowie zum Einstellen der Werte der Zündereinstellung in die Zünderstellmaschine bestimmt. Als Stromquelle diente das Elektroaggregat SP-O-30. Es erzeugte einen dreiphasigen Wechselstrom mit einer Spannung von 230 V und einer Frequenz von 50 Hz.
Beim batterieweisen Schießen wurden die vom Kommandogerät ermittelten Werte durch den zentralen Verteilerkasten an die Geschütze übertragen. Die hydraulischen Richtgetriebe richteten das Rohr ununterbrochen nach der Seite und nach der Höhe auf den ermittelten Vorhaltepunkt. Außerdem wurden die der Entfernung zum Vorhaltepunkt entsprechenden Zünderlaufzeitwerte ständig zum Geschütz übertragen und dort von der Zünderstellmaschine automatisch am Zünder der Granate eingestellt.
Mit der 100-mm FlaK wurden fünf Arten von Munition verschossen: Splitter-Granatpatronen O-415 mit Zeitzünder BM-30, Splitter-Spreng-Granatpatronen OF-412 mit Zünder RGM, Panzer-Granatpatronen mit LS, ballistische Hauben BR-412B und mit Bodenzünder MD-8 (Aufschlagzünder) sowie Panzer-Granat mit LS BR-412 und Zünder MD-8. Die Splitter-Granatpatronen dienten der Bekämpfung von Luft-, Erd- und Seezielen. Die Weite des direkten Schusses bei einer Zielhöhe von zwei Meter und einer Anfangsgeschwindigkeit von 880 m/s lag bei der Splitter-Granate O-415 bei etwa 1100 m. Die Panzer-Granatpatronen wurden ausschließlich zur Bekämpfung von Panzern und stark gepanzerten Fahrzeugen eingesetzt. Die Durchschlagsfähigkeit beider Panzer-Granaten lag bei einer Anfangsgeschwindigkeit von 875 m/s und einem Auftreffwinkel von 90° sowie einer Zielentfernung von 100/3000 m bei etwa 136/100 mm Panzerung.

Die 100-mm FlaK KS-19M2 mit neuer Bereifung als ehemaliges Ausstellungsexponat (ohne Zünderstellmaschine) im Militärhistorischen Museum der Bundeswehr in Dresden. Die Ablösung der FlaK, die Fla-Rakete, stand bereit.

Um Gefechtsmunition beim Übungsschießen zu sparen, wurde in den Munitionssatz eine Übungs-LS-Granate aufgenommen. Die 100-mm Übungs-LS-Granate PBR-412 enthielt keine Sprengladung.
1957 wurde begonnen, die Aufklärungseinheiten der FlaK-Regimenter mit der Funkmess-Station P-10 auszurüsten. Sie verbesserten die Ortung von Luftzielen in mittleren und großen Höhen. Ab 1965 kam die FuMS P-12 zum Einsatz. Der Bestand an 100-mm FlaKk KS-19M2 stieg von 1956 bis 1964 auf 148 Geschütze an. Bis zur Einführung des Fla-Raketensystems SA-75 DWINA wurden schwerpunktmäßig die FlaK-Regimenter der LSK/LV ausgerüstet. Ab 1961 wurde die Struktur der LSK/LV radikal verändert. Die drei FlaK-Divisionen reduzierte man anfänglich auf drei Flak-Regimenter (jedes Regiment mit 36x100-mm Flak und 18x57-mm Flak), bis 1965 auf sechs Flak-Regimenter.
Durch die Einführung der Fla-Raketensysteme SA-75 DWINA und S-75 WOLCHOW wurden die FlaK-Regimenter der LSK/LV nach und nach in Fla-Raketen-Regimenter umstrukturiert. Die freigewordenen 100-mm FlaK KS-19M2 dienten der Aufstellung der 3. FlaK-Brigade mit 72 Geschützen und dem

5. FlaK-Regiment mit 36 Geschützen (Soll 2) in den Landstreitkräften. 1966 verfügte der MB III/V über 82/45 100-mm FlaK KS-19M2, 19 FlaK waren in zentralen Lagern abgestellt, bei den LSK/LV waren sie nicht mehr in der Ausrüstung. Die 3. FlaK-Brigade wurde bis '80 aufgelöst, für die Ausbildung der Reservisten des 5. FlaK-Regiments verblieben in den vier FlaK-Ersatz-Ausbildungsabteilungen jeweils vier Stück. Ab '85 waren sämtliche 100-mm FlaK KS-19M2 aus den Kampf- und Mobilmachungs-Strukturen der LaSK herausgelöst. Am 10.06.1982 gab der Stellvertreter des Ministers und Chef der Rückwärtigen Dienste die Sonderinformation 6/82 heraus, in der es hieß:

Zur Verwendung alter Kaliber an Artilleriemunition

Durch die Verwaltung RWD wird zur Abgabe an Dritte seit rund sieben Jahren der Verkauf von FlaK-Granaten 100-mm angeboten. Alle Bemühungen dazu verliefen bisher erfolglos. Durch Untersuchungen des Labors für Munition 2 und praktische Erprobungen durch Schießen nach Vergleich der technischen Parameter der Panzer- und Flakkanonen und deren Munition wurde ermittelt, daß die 100-mm FlaK-Granaten aus dem Panzer T55A verschießbar sind. Damit ist die Verwendung von 140 000 FlaK-Granaten für den Panzer-Üb-Verschuss möglich und die Einsparung von 63 Mio M gegeben.

Nachdem die bürokratischen Hürden genommen waren und durch das *Labor für Munition 2* ein entsprechender Zünder gebaut und erprobt wurde, erfolgte im Sommer 1985 im Panzer-Regiment-1 das Schießen mit der 100-mm Panzer-Granate BR-412 vor prominenten Gästen.

Bei Schießübungen mit 100-mm Panzer-Üb-Granaten gehörten zum Kampfsatz drei Granaten. Beim Treffen des Kanonenzieles, wurde das Feuer mit der Panzerkanone eingestellt und im besten Fall zwei Granaten gespart. Beim Schießen mit der FlaK-Granate mussten alle drei verschossen werden. Die Schießergebnisse mit der FlaK-Munition waren bedeutend besser als mit der Übungsmunition, drei Treffer waren nicht selten. Die Entfernungseinstellung wurde mit der Skala der Splitter-Spreng-Granate im Zielfernrohr vorgenommen, die Ziele standen auf 1700 m. Da es technische Probleme mit dem Zünder gab, wurde das Schießen mit der Flak-Munition aus Sicherheitsgründen verboten.

23-mm FlaK ZU-23

23-мм спаренная зенитная установка ЗУ-23
= 23-mm Zwillings-Flugabwehrkanone ZU-23

Im Dezember 1963 begann die Umrüstung der 14,5-mm Fla-MG-Batterien der MSR zu *Batterien 23-mm FlaK ZU-23/2*. Damit verbesserte sich die Wirksamkeit der Bekämpfung des Luftgegners in den MSR vor allem gegen überraschend auftauchende, sich schnell bewegende tieffliegende Ziele. Außerdem konnten leicht gepanzerte Fahrzeuge und Feuerpunkte bis 2000 m bekämpft werden.

Während des II. Weltkrieges fehlten der Roten Armee großkalibrige Maschinengewehre und mobile Flugabwehrgeschütze für den Schutz von Militärkolonnen auf dem Marsch. Nach dem Krieg begann die Entwicklung kleinkalibriger automatischer Geschütze nach dem Vorbild der in Kampfflugzeugen verbauten 20-mm Kanonen. Eine wesentliche Maßnahme war die Erhöhung des Kalibers auf 23 mm, wodurch die Wirkung im Ziel bedeutend erhöht werden konnte. Über mehrere Stufen wurde 1953 im *Maschinenbauwerk Tula* mit der Entwicklung einer 23-mm Kanone begonnen. Nach Abschluss verschiedener Tests erfolgte im März '60 die Übernahme in die Sowjetarmee.

Die Automatik der FlaK bewirkte das Verriegeln des Rohres, das Abgeben des Schusses, das Entriegeln des Rohres, das Ausziehen und Auswerfen der leeren Patronenhülse, das Transportieren des Gurtes und das Zuführen der nächsten Granatpatrone. Die Automatik beruhte auf der Ausnutzung der Pulvergase, die über den Gaskanal und den Gasregler in die Gaskammer abgeleitet wurden und den Verschluss nach hinten drückten.

Das Waffengehäuse war vorn und hinten an der Wiege befestigt, die Rohre wurden mit Hilfe einer Schelle am Rohrträger befestigt, was eine zuverlässige und hohe Trefferdichte gewährleistete. Beim Schuss lief jedes Rohr 14 bis 18 mm zurück, den Vorlauf bewirkten die beiden Federn der Rücklaufdämpfer. Die Waffen waren nebeneinander auf der Wiege befestigt, die Patronen wurden bei der rechten Waffe von rechts und bei der linken Waffe von links zugeführt. Beide Waffen waren im Aufbau gleich, lediglich die Teile der Gurtzuführung unterschieden sich voneinander. Die Patronen wurden mit einem Metallgurt zugeführt, der aus einzelnen Gliedern bestand, die durch Verbindungsglieder und Ösen miteinander verbunden waren. Die Granatpatronen wurden direkt aus dem Gurt in das Patronenlager eingeführt. Die Blockiereinrichtung unterbrach das Schießen, sobald sich die letzte Granatpatrone des Patronengurtes auf der Zuführerlinie befand. Da der Rohr-

23-mm FlaK ZU-23	
Einführungszeitraum	ab 1963
GRAU-Index	2A13
Einsatzebene	Regiment
Kaliber (mm) / Kaliberlängen	23 / 87,4
Rohrlänge (mm)	2010
Maximale Schussentfernung (m)	2500
Anfangsgeschwindigkeit Granate (m/s)	970
Feuergeschwindigkeit praktisch (S/min)	400
Marschgeschwindigkeit (km/h)	70
Erhöhungswinkel max. (Grad)	90
Neigungswinkel max. (Grad)	10
Seitenschwenkbereich (Grad)	360
Flakvisier	ZAP-23
Reflexvisier	KW-L
Erdzielfernrohr	T-3
Länge in Marschlage (mm)	4620
Breite (mm)	1870
Höhe (mm)	1940
Spurweite (mm)	1690
Bodenfreiheit (mm)	360
Länge in Gefechtslage (mm)	4632
Masse Marschlage (kg)	950
Kampfsatz	1200
Granatarten	Sprl-SprBrG, PzBG
Index der Granaten	OFZT, BZT
Zugmittel	LO-1800A, LO-2002A
Bedienung	5

wechsel verhältnismäßig leicht und schnell durchgeführt werden konnte, war das Schießen über einen längeren Zeitraum möglich. Die Lafette bestand aus der Wiege, der Oberlafette mit ihren Einrichtungen sowie der Unterlafette mit dem Fahrwerk. Auf der Wiege waren die Waffen befestigt. Die Oberlafette war der horizontal schwenkbare Teil des Geschützes. Für den Richt- und den Visierkanonier wurden an der Oberlafette Sitze angebracht. Die Waffen mussten einzeln mit zwei Handspanneinrichtungen geladen werden. Die Gurtkästen, getrennt für die rechte und die linke Waffe, nahmen jeweils einen Patronengurt mit 50 Granatpatronen auf. In jedem Fall verblieb die letzte Granatpatrone des jeweiligen Patronengurts auf der Zuführerlinie. Beim Wechsel der Gurtkästen wurde die erste Granatpatrone des Patronengurts automatisch in das Zuführerfenster der Waffe eingeführt, wodurch das Schießen ohne zusätzliche Arbeiten fortgesetzt werden konnte. Dieser Aufbau

Die 23-mm FlaK ZU-23 in Gefechtslage, die Räder wurden zur Seite abgeklappt, die Lafette wurde von den drei Horizontierungsspindeln mit Horizontierungstellern getragen, der Höhenschwenkbereich konnte bis 90° betragen.

verkürzte die Zeit für das Nachladen der Waffe und erhöhte folgerichtig die praktische Feuergeschwindigkeit. Die Abfeuerungseinrichtung hatte eine Fuß- und eine Handabfeuerung. Sie ermöglichte lediglich das gleichzeitige Schießen von Dauerfeuer aus beiden Waffen.

Die Richtmaschinen wurden von Hand betätigt. Die Seitenrichtmaschine hatte zwei und die Höhenrichtmaschine eine Geschwindigkeitsstufe. Die Ausgleichseinrichtung glich die Vorderlastigkeit der Wiege mit den Waffen bei allen Rohrerhöhungen aus. Das Fahrwerk hatte zwei Räder mit getrennter Drehstabfederung. Am Fahrwerk war eine automatische Umstellhydraulik angebracht, die das gleichmäßige Instellungbringen ermöglichte und das Umstellen des Geschützes in die Marschlage erleichterte. Außerdem dämpfte die Hydraulik die Drehstabschwingungen der Räder während des Marsches. Beim Instellungbringen des Geschützes mussten die Räder nach oben und zur Seite gekippt werden. Damit stand

Die 23-mm FlaK ZU-23 in Marschlage.

das Geschütz mit den Horizontierungsstellern auf dem Boden. In Ausnahmefällen konnte auch aus der Marschlage geschossen werden, angehängt am Zugmittel. Für das Überführen von der Marsch- in die Gefechtslage wurden 15 bis 20 s und umgekehrt 35 bis 40 s benötigt. Die Zugstange war der Höhe nach verstellbar und ließ sich in zwei Stellungen arretieren. Damit sollte erreicht werden, dass die Unterlafette während des Marsches möglichst waagerecht blieb und das Schießen auch im angehängten Zustand möglich war.

Das automatische Flakvisier ZAP-23 diente dem Anrichten von Luft- und Bodenzielen. Es ermöglichte wirksames Feuer auf Luftziele, die mit einer Geschwindigkeit bis 300 m/s flogen. Als Anfangsangaben wurden am Flakvisier die Richtung, die Geschwindigkeit, die Entfernung und die Neigung oder Steigung eingestellt und so automatisch der erforderliche Vorhaltewinkel gebildet. Die Entfernung zum Ziel wurde geschätzt oder mit dem Entfernungsmess-Gerät SDN bestimmt. Beim Schießen auf Bodenziele kam das Erdzielfernrohr T-3 zum Einsatz. Das Erdzielfernrohr verfügte über eine vom Flakvisier unabhängige Visierlinie.

Mit der 23-mm-FlaK ZU-23 wurden Splitter-Spreng-Brand-Granatpatronen OFZT mit LS, Panzerbrand-Granatpatronen BZT mit LS sowie Übungssplitter-Spreng-Brand-Granatpatronen OFZT mit LS verschossen. Die Splitter-Spreng-Brand-Granatpatronen mit LS und die Panzerbrand-Granatpatronen mit LS kamen zum Bekämpfen von bis zu 2500 m entfernten Erd- und Luftzielen zum Einsatz. Die Masse beider Granatpatronen betrug je 450 g. Die Gurte wurden im Verhältnis von 3:1 (drei Splitter-Spreng-Brand- und eine Panzer-Brand-Granatpatrone) gefüllt. Die Übungssplitter-Spreng-Brand-Granatpatronen waren zum Üben bestimmt. Traf die Splitter-Spreng-Brand-Granate auf ein Hindernis, sprach der Zünder an und die Sprengladung zerlegte die Granate. Die Verzögerungseinrichtung des Zünders gewährleistete, dass die Granate erst detonierte, nachdem sie in das Hindernis eingedrungen war. Traf die Granate nicht auf ein Hindernis, so wurde sie durch die Selbstzerlegeeinrichtung des Zünders zerlegt. Die Panzerbrand-Granate hatte eine panzerbrechende Wirkung. Der Brandsatz aktivierte sich durch den Aufschlag und entzündete zusammen mit dem Leuchtspursatz leicht entflammbare Mittel.

Bei den Kampfgruppen der Arbeiterklasse fanden die 23-mm FlaK ZU-23 hauptsächlich zum Objektschutz Verwendung. Sie waren Bestandteil der *4. Kampfgruppen-Hundertschaft*

Die 23-mm FlaK ZU-23 im Erdkampf.

Als Zugmittel für die 23-mm FlaK wurde der leichte Lkw LO-1800A eingesetzt. In Ausnahmefällen konnte sofort aus der Marschlage geschossen werden.

(zwei Geschütze) im *Kampfgruppen-Bataillon (mot)*. Weiterhin kamen sie in der *Kampfgruppen-Batterie (FlaK)* (sechs Geschütze), Element der *Sicherungskräfte*, zum Einsatz. Mit Stand 1980 waren in der DDR 39 Kampfgruppen-Bataillone (mot) und 13 Kampfgruppen-Batterien (FlaK) gebildet worden. Die KG-Batt (FlaK) wurden hauptsächlich in den Bezirken Rostock und Halle (vier je Bezirk) stationiert. Für jedes Geschütz waren 7,0 Kampfsätze bevorratet.

1988 unternahm die Panzerwerkstatt 2 in Großenhain den Versuch, die 23-mm FlaK ZU-23 im Kampfraum eines SPW-152W1 unterzubringen. Dieses fahrbare FlaK-System sollte den Einheiten der Kampfgruppen für den beweglichen Objektschutz zugeführt werden.

Ab Ende 1963 begann der Zulauf der 23-mm FlaK ZU-23, die mit 765 Stück Ende 1989 ihren Höchststand erreichte. Die FlaK wurde in allen drei Teilstreitkräften eingesetzt, beispielsweise im Küstenraketen-Regiment-18, im Funktechnischen Bataillon-43, im Fla-Raketen-Regiment-31, im Fliegertechnischen Bataillon-9, in der 3. Raketen-Brigade und in den MSR der Mob.-Divisionen. 1990 wurden für die Friedens-/Kriegsstruktur 54/742 FlaK ZU-23 benötigt, von denen 603 im Bestand der NVA waren. Weitere Importe aus der VR Bulgarien waren für 1990 geplant.
Die Bundeswehr übernahm insgesamt 924 Flak ZU-23, die sich aus den Beständen der NVA, den Volkspolizei-Bereitschaften und den Kampfgruppen der Arbeiterklasse zusammensetzte und stufte sie in die Kategorie III - Aussonderung ein.

Die Lafette der 23-mm FlaK ZU-23 wurde im Kampfraum des SPW-152W1 installiert.

Bei den Kampfgruppen der Arbeiterklasse wurde die 23-mm FlaK ZU-23 von einem leichten Lkw LO-2002A gezogen.

130-mm FlaK KS-30

130-мм зенитная пушка КС-30
= 130-mm Flugabwehrkanone KS-30

In der Berichtigung des Importplanes 1957 beantragte die *Verwaltung Artillerie-Bewaffnung und Versorgung* folgende Elemente zu streichen: 130-mm FlaK KS-30 (zwei Stück), Geschützrichtstation SON-30 (ein Stück), 130-mm Splitter-Granaten (1985 Stück) und 130-mm Panzer-Granaten (40 Stück). Begründung: *Auf die Lieferung der vorstehenden Waffen, Geräte und Munition wird verzichtet, da dieselben im System der Bewaffnung nicht mehr enthalten sind.*
Die 130-mm FlaK KS-30 wurde nach dem II. Weltkrieg in der Sowjetunion entwickelt, um die in großen Höhen fliegenden Bombenflugzeuge abwehren zu können. Sie wurde auch in der Luftverteidigung Moskaus parallel zum ersten sowjetischen Fla-Raketen-System S-25 eingesetzt. Zu einem 130-mm FlaK-Komplex gehörten bis zu acht 130-mm FlaK KS-30, die Geschützrichtstation 30 und das Kommandogerät PUASO-30. Die Produktion der 130-mm FlaK KS-30 begann 1954 und wurde 1957, nach 738 FlaK-Geschützen (entsprach 123 Feuerbatterien), eingestellt.
Die wichtigsten Eckdaten waren: Geschossgewicht der Splitter-Granate 33,4 kg, Anfangsgeschwindigkeit 970 m/s, maximale Schusshöhe 21.000 m, Schussweite 27.500 m, Schussfolge zwölf bis 14 S/min, Bedienung zehn Mann, Marsch-/Gefechtsgewicht 29.000 kg/23.500 kg, Höhenrichtbereich -3° bis +88°, Lauflänge 8266 mm/63,9 Kaliber, Abmessungen Marsch-/Gefechtslage (LxBxH) 11.650 x 3075 x 3230 mm/ 10.360 x 9525 x 2610 - 10.510 mm.
Die wissenschaftlich-technische Entwicklung hatte dieses Waffensystem bereits überholt, die Luftverteidigung sollte hauptsächlich durch die Fla-Rakete realisiert werden.

Die 130-mm FlaK KS-30 (GRAU-Index 52-P-481) in Marsch- und Gefechtslage. Als Zugmittel war das mittlere Raupenschlepper ATS vorgesehen.

Flugabwehr-SFL

SPW-40A mit 14,5-mm Fla-MG SPU-2

Зенитная самоходная установка БТР-40А с ЗТПУ-2 = Selbstfahrende Flugabwehrkanone BTR-40A mit ZTPU-2

Mit Gründung der NVA zeigte sich sehr schnell, dass die Ausrüstung der Kampf-Divisionen der LaSK mit den erforderlichen 57-mm Fla-SFL 57-2 nicht sofort erfolgen konnte. Die Sowjetunion bot der NVA als Ersatztechnik den SPW-40A und den SPW-152E an.
Im oben offenen Kampfraum des SPW-40 wurde das modifizierte 14,5-mm Fla-MG ZTPU-2 eingebaut und das so ausgerüstete Fahrzeug als SPW-40A bezeichnet. ZTPU-2 *(ЗТПУ-2 - зенитной турельной пулеметной установки -2 = Flugabwehr-Maschinengewehr-Lafette-2)* bezeichnete die Modifikation des 14,5-mm Fla-MG SPU-2 für den Einsatz auf einem SPW. Im Mannschaftsraum fand ein Drehkranz Platz, der sämtliche Elemente der Waffe aufnahm. Mit den 14,5-mm Fla-MG SPU-2 konnten Luft- und Bodenziele bis zu einer Entfernung von 2000 m bekämpft werden. Die Waffen wurden mit einer Handspanneinrichtung durchgeladen, das Abfeuern erfolgte durch den Kanonier mit Hilfe einer mechanischen Fußabfeuerung. Da die Patronenzufuhr über zwei Patronengurte realisiert wurde, waren zwei Ladeschützen erforderlich. Zwei Bremsen zurrten das Fla-MG in vertikaler und horizontaler Ebene. Durch Freigeben beider Bremsen konnten die Waffen um 360° horizontal und um 89° vertikal gedreht werden. Die Feuergeschwindigkeit je Waffe lag bei 70 S/min, zum Kampfsatz gehörten 1200 Patronen. Für das Schießen auf Bodenziele fand das optische Visier OP1-14 Verwendung, mit Hilfe des Reflexvisieres VK-4 wurden Luftziele bekämpft. Ein Nachtsichtgerät für den Fahrer und das Funkgerät 10RT-12 ergänzten die Ausrüstung.
1957 erhielt die NVA 21 SPW-40A, die auf beide Militärbezirke aufgeteilt wurden. Bereits 1964 wurden sämtliche SPW-40A durch Abbau der 14,5-mm Fla-MG in SPW-40 umgerüstet.

Werksfotos der ersten beiden Fla-SFL der NVA, der SPW-40A (links) und der SPW-152E (rechts).

SPW-152E mit 14,5-mm Fla-MG SPU-2

Зенитная самоходная установка на БТР-152Е = selbstfahrende Flugabwehrkanone auf SPW-152E

1957 erhielt die Nationale Volksarmee eine einmalige Lieferung von 80 fabrikneuen SPW-152E. Jede der fünf MSD erhielt sieben, das Wachregiment zehn und die beiden PD jeweils 15 Fahrzeuge. Die restlichen SPW wurden für Ausbildungszwecke eingesetzt. Basis für diese Fla-Waffe bildete der bereits in der NVA vorhandene SPW-152W mit außen liegender Reifendruck-Regelanlage. Von Mai bis Dezember 1949 wurde der Einsatz des 14,5-mm Fla-MG SPU-2 auf dem Fahrgestell des BTR-152 (SPW-152) getestet, ab 1950 wurde dieser unter der Bezeichnung BTR-152A in die Sowjetarmee eingeführt. Mit dem Einsatz des BTR-152W wurde die Bezeichnung in BTR-152E (SPW-152E) geändert.

Die Besatzung bestand aus dem Kommandanten, dem Fahrer, dem Richt- und zwei Ladeschützen. Das Fla-MG erreichte eine praktische Feuergeschwindigkeit von 70 S/min, die theoretische lag bei 550 S/min. Die hohe Anfangsgeschwindigkeit der Geschosse mit 990 m/s erlaubte ein effektives Schießen auf Luftziele, die mit Geschwindigkeiten bis 600 km/h und in einer Höhe von 500 bis 1000 m flogen. Im Erdkampf wurden Ziele bis 2000 m bekämpft. Zum Kampfsatz gehörten 1200 Brand-, Panzerbrand- und Panzerbrandpatronen mit LS, die in Gurtkästen mit je 50 gegurteten Patronen transportiert wurden. Der Höhenrichtbereich lag zwischen +89° und -5°. Das Fehlen von elektrischen Richtantrieben wirkte sich negativ auf die Bekämpfung der Luftziele aus.

Zur Verwendung der SPW-40A und SPW-152E gibt es sehr widersprüchliche Angaben. Sie sollten zum Beispiel als Führungsfahrzeug der 57-mm Flak-Batterie eingesetzt werden. Es gibt aber auch Angaben, nach denen die SPW in der Fla-MG Batterie von Panzerregimenter und/oder in Aufklärungseinheiten zum Einsatz kamen.

Mit der Zuführung der 23-mm Flak ZU-23 fand der Einsatz dieses SPW sein Ende. 1965 wurden die Waffen ausgebaut, der SPW auf das Niveau des SPW-152W1 umgerüstet und weiter als Gefechtsfahrzeug genutzt.

57-mm Fla-SFL 57-2

57-мм зенитная самоходная установка ЗСУ-57-2 = 57-mm Flugabwehr-Selbstfahrlafette ZSU-57-2

Mit der Zuführung der 57-mm Fla-SFL 57-2 konnten ab 1957 die Fla-SFL-Batterien strukturmäßig ausgestattet werden. Durch die hohe Feuerkraft und große Beweglichkeit der SFL bestand erstmalig die Möglichkeit, die Truppe auf dem Marsch oder im Gefecht vor Luftangriffen zu schützen. Die Planungen sahen für den Zeitraum 1956 und 1957 den Einsatz von 136 Fla-SFL vor. Ihr Einsatz sollte in den Flak-Regimentern der mechanisierten und der Panzer-Divisionen (je zwei Abteilungen mit sechs Fla-SFL), in den Flak-Batterien der Mechanisierten und der Panzer-Regimenter (vier, beziehungsweise sechs Fla-SFL) sowie an den Offiziers- und Regiments-Schulen (acht Fla-SFL) erfolgen. Da diese Planung nicht realisierbar war, mussten vorhandene 37-mm FlaK Modell 1939 (61-K) die Ausbildung absichern und punktuell die Gefechtsbereitschaft gewährleisten.

Eines der ersten Werksfotos der 57-mm Fla-SFL 57-2. Der offene Turm wurde mit Hilfe einer Plane abgedeckt. Hinten am Turm nahm der Hülsenkäfig die beschossenen Hülsen und Patronenrahmen auf. Auf dem Hülsenkäfig lag die Abdeckplane.

Eine Erfahrung aus dem II. Weltkrieg war, dass die Mittel der Luftverteidigung eine zu geringe Effizienz hatten. Die mechanisierten und Panzereinheiten konnten vor allem im Angriff nicht wirkungsvoll gegen überraschend auftauchende gegnerische Flugzeuge gedeckt werden. Das lag am Fehlen, beziehungsweise der zu geringen Beweglichkeit der vorhandenen Fla-Waffen sowie an der langen Vorbereitungszeit bei der Abwehr eines Luftangriffes. Die notwendige Schlussfolgerung war die Schaffung einer Flugabwehr-Selbstfahrlafette, die in der Lage war, mit den zu schützenden Einheiten Schritt zu halten und wenn nötig sofort zu schießen. Sie sollte gleichzeitig über ein Kaliber verfügen, das feindliche Luftgegner wirkungsvoll bekämpfte. In Deutschland wurden daher verschiedene FlaK-Panzer entwickelt und eingeführt, da die deutsche Luftüberlegenheit an der Ostfront zurückging. In der Sowjetunion wurde die 37-mm Fla-SFL ZSU-37 in geringen Stückzahlen gebaut, da keine Kapazitäten zur Ausweitung der Produktion vorhanden waren. Die SFL bewährte sich, hatte jedoch Probleme, mittlere

und schwere Panzern in schwierigem Gelände zu begleiten. Deshalb wurde überlegt, als Basisfahrzeug den mittleren Panzer T-34 zu nutzen. Diese Idee wurde durch die Entwicklung neuer mittlerer Panzer überholt.
Im April 1947 wurde mit der Entwicklung einer neuen 57-mm Fla-Selbstfahrlafette (ZSU) begonnen. Der Entwurf und die Herstellung des Prototyps erfolgten im *Zentralen Forschungsinstitut für Artilleriewaffen*. Im November 1947 war der Entwurf der ZSU fertiggestellt, auf Grund des Fehlens einer effektiven Waffe ruhten die weiteren Arbeiten jedoch. Da eine Kopplung mit einem Funkmess-Feuerleitgerät zu dieser Zeit technisch noch nicht realisierbar war, sollte dieser Mangel durch den Einsatz eines Zwillingsgeschützes kompensiert werden. Es wurde beschlossen, eine Zwillings-FlaK zu entwickeln, die auf der 57-mm FlaK S-60 basierte. 1948 wurde ein Prototyp der 57-mm FlaK S-68 mit Elektroantrieb montiert und erfolgreich getestet. Der GAU-Index der Waffe lautete 52-П-282 = 52-P-282. Das Basisfahrzeug (Objekt 500) wurde vom mittleren Panzer T-54 entlehnt, da die Industrie die Fertigung des Fahrwerks beherrschte. Weil die Masse des neuen Turmes leichter als der Panzerturm war, wurde das Fahrwerk mit vier anstatt fünf Laufrollenpaaren ausgerüstet. Schwierig erwies sich die Kombination von Fahrwerk und Waffe, sodass erst 1950 der erste Prototyp fertig war. Ab Februar 1955 wurde die ZSU mit dem Werksindex Objekt 500 im *Omsker Werk für Transportmaschinenbau - Werk Nr. 174 (Омский завод транспортного машиностроения)* produziert und unter der Bezeichnung 57-mm Flugabwehrkanone ZSU-57-2 in Dienst gestellt.

Dieses Werksfoto zeigt die maximale Rohrerhöhung der 57-mm Fla-SFL 57-2 von 85°.

Die 57-mm Fla-SFL 57-2 war zur Deckung von Truppen auf dem Marsch, bei der Entfaltung und im Gefecht vor gegnerischen Luftangriffsmitteln bis zu Höhen von 5000 m bestimmt. Mit der SFL konnten weiterhin feste sowie sich bewegende Erd- und Seeziele bekämpft werden. Auf Grund ihrer guten Geländegängigkeit konnte die Fla-SFL diese Aufgaben auch in schwierigem Gelände erfüllen. Geschossen wurde nach Angaben des Visiers aus Stellungen, aus dem kurzen Halt und bei entsprechenden Wegeverhältnissen aus der Bewegung. Die beiden 57-mm Kanonen waren in ihrem konstruktiven Aufbau spiegelverkehrt gleich. Da die in der Fla-SFL eingesetzte 57-mm Flak S-60 im vorigen Kapitel dargestellt wurden, wird hier darauf verzichtet.
Die Lafette diente der Aufnahme beider Waffen, sie war drehbar auf dem Turmdrehkranz gelagert. Mit dem elektro-hydraulischen Antrieb der Richtmaschine war es möglich, den Turm nach der Seite unbegrenzt und die Waffen nach der Höhe von -5° bis +85° zu schwenken. Die Richtmaschine bestand aus den Elektromotoren, der hydraulischen Anlage mit Drehzahlregler, den Teilen der Kraftübertragung und der Steuerung. Die Seitenrichtmaschine für den mechanischen Antrieb befand sich rechts und die Höhenrichtmaschine links von den Waffen. Die Visiereinrichtung ermittelte beim Richten auf Luft-, Erd- und Seeziele den Vorhaltepunkt. Zum Richten mit dem automatischen Flakvisier mussten die Anfangsangaben wie Schrägentfernung, Zielgeschwindigkeit, Kurswinkel, Neigungs- und Steigungswinkel sowie Höhenwinkel bestimmt werden. Die Fla-SFL war mit einer mechanischen und einer elektrischen Abfeuerung ausgerüstet. Es war möglich, mit einer Waffe und mit beiden Waffen zugleich kurze Feuerstöße (zwei bis drei Schuss) und lange Feuerstöße (fünf bis zehn Schuss) sowie Einzelfeuer zu schießen. Die mechanische Ab-

Die 57-mm Fla-SFL 57-2 wurde gern auf den Paraden der frühen 1960er Jahre gezeigt. Die hier gezeigten Fla-SFL stammten aus den letzten Lieferungen, was an den modernen, vom mittleren Panzer T-55 übernommenen, Laufrollen zu erkennen war.

feuerung war auf der linken Seite des Geschützes angebracht. Für jede Waffe war ein Fußpedal vorhanden, dass beim Niederdrücken über einen Bowdenzug die mechanische Abzugsklinke anhob und dadurch den Verschluss aus seiner hinteren Stellung freigab. Die Abzüge der elektrischen Abfeuerung befanden sich als Druckknopf in der Richtsäule und als Schiebegriffstück an der Handkurbel für die Höhenrichtmaschine. Die Abzüge für jede Waffe schaltete der Kommandant mittels eines Kippschalters ein oder aus. Ein Transportband, das in der Lafette zwischen beiden Waffen angeordnet war, beförderte die Hülsen und die Patronenrahmen aus dem Kampfraum in den Hülsenkäfig am Heck des Turmes. Das Transportband konnte elektrisch oder von Hand angetrieben werden. Der elektrische Antrieb schaltete sich automatisch beim Betätigen der elektrischen Abfeuerung ein und nach sieben bis neun Sekunden aus.

Zu jeder Fla-SFL gehörte ein Ersatzteil-Werkzeug-Zubehör-Satz für das Geschütz. Er war in einer Kiste auf der linken Kettenabdeckung untergebracht.

Der Kampfsatz der Fla-SFL bestand aus 300 Granatpatronen, 276 Splitter-Granatpatronen UOR-281 mit LS und 24 Panzer-Granatpatronen BR-281 mit LS. Sie wurden zum größten Teil (44 Patronenrahmen mit je 4 Granatpatronen) im Turm und im Bug der Wanne (18 Patronenrahmen) aufbewahrt. Die restlichen 52 Granatpatronen wurden in Nischen unter der Drehbühne verstaut. Die Anfangsgeschwindigkeit der Granaten lag bei 1000 m/s, was eine maximale Schussweite von 12.000 m ermöglichte. Luftziele konnten bis 8800 m bekämpft werden, wobei die günstigste Schussentfernung bei 4000 m lag. Mit der Zwillings-FlaK wurde eine Feuergeschwindigkeit von bis zu 240 S/min erreicht. Die Munitionszuführung wurde durch Patronenrahmen mit je vier Granaten pro Rahmen realisiert. Da die Splitter-Granatpatrone UOR-281 mit dem Kopfzünder MG-57 ohne Verzögerung mit Selbstzerlegeeinrichtung ausgestattet war, musste das Ziel zur Bekämpfung direkt getroffen werden. Wurde das Ziel verfehlt, brachte die Selbstzerlegeeinrichtung die Granate etwa im Kulminationspunkt zur Detonation.

Zur Besatzung gehörten sechs Mann, der Kommandant, der

Die beiden Arbeitsorgane des SMRG-69, am Heck das Schlagwerk mit Kettenantrieb, am Bug die Eggen-Räumsektion.

Die Eggen-Räumsektion und das Schlagwerk befanden sich in Arbeitslage (links). Am Heck des Räumfahrzeuges des Schützenminen-Räumkomplexes Variante 1 konnte auch ein Bodenaufreißer angebaut werden (rechts).

Fahrer, der Richtkanonier K-1, der Visierkanonier K-2 sowie die beiden Ladekanoniere K-3 und K-4.
Da keine Möglichkeit der Nutzung von Funkmessgeräten bestand, konnte die Fla-SFL nur am Tage und bei guter Sicht wirksam kämpfen. Zur Ermittlung der Anfangsangabe für das Schießen verfügte jede Fla-SFL-Batterie über einen optischen Entfernungsmesser SDN. Da ein Vernichten des Luftgegners bei eingeschränkter optischer Sicht kaum möglich war, wurde in diesem Fall Sperrfeuer geschossen, um den Gegner zum Aufgeben seiner Gefechtsaufgabe und zum Abdrehen zwingen sollte. Wegen des offenen Turmes konnte die Fla-SFL nicht hermetisiert werden. Beim Einsatz von ABC-Waffen musste die Bedienung mit angelegter Schutzausrüstung arbeiten. Die ersten 27 Fla-SFL 57-2 erreichten die NVA 1957, fabrikneu aus der Sowjetunion. Bis 1964 stieg der Bestand auf 128 Fahrzeuge an. Ihr Einsatz erfolgte unter anderem in den Flak-Abteilungen (sechs Fla-SFL) der MSD/PD, in den Batterien 57-mm Fla-SFL 57-2 der MSR/PD und in Flak-Batterien der LSK/LV. 1969 wurden die ersten zwei Fla-SFL ausgesondert, da die Waffen nicht mehr instandgesetzt werden konnten. Eine Fla-SFL wurde komplett verschrottet, die zweite fand als Prototyp des **Schützenminen-Räumgeräts-69** (SMRG-69) bei den Grenztruppen Verwendung.

Ab 1969 mussten die 1962 verlegten Infanterieminen an der Grenze zur BRD geräumt werden. Durch Bodenbewuchs, durch Versumpfung einzelner Grenzbereiche und durch meteorologische Prozesse sowie durch Verrottung der mit einem Holzgehäuse versehenen Schützenminen PMN war die Grenze nicht mehr sicher. Es bestand die Notwendigkeit, dass der 532 km lange Grenzstreifen beräumt und durch neue Sperreinrichtungen gesichert werden musste. Zum gefahrlosen Beräumen der Minenfelder entwickelte das Pionierwesen des MfNV in Zusammenarbeit mit dem Pionierwesen der Grenztruppen das Schützenminen-Räumgerät-69. Dazu wurde eine komplette Wanne der 57-mm Fla-SFL ohne Turm mit einem kettenbetriebenen Schlagwerk am Heck und einer Eggen-Räumsektion am Bug ausgerüstet. Im Juni 1969 wurde im Bereich Grenz-Regiment-5, 1. Grenzbrigade, eine Erprobung des SMRG-69 durchgeführt. Dabei wurde die Minenlinie viermal mit beiden Arbeitsorganen überfahren. Es wurde festgestellt, dass ein Teil der funktionstüchtigen Minen ausgelöst und der größte Teil der nichtfunktionierenden Minen deformiert und damit wirkungslos wurden. Die Minen, die auf Grund der Geländebedingungen, der Bodenbewachsung und der Bodenveränderungen tiefer als sechs bis zehn Zentimeter in lehmigen Boden lagen, wurden durch das Schlaggerät nicht deformiert. Letztendlich konnte das SMRG-69 nicht für den Einsatz an der Grenze freigegeben werden.

Die gesammelten Erfahrungen flossen Anfang der 1970er Jahre in den folgenden **Schützenminen-Räumkomplex Variante 1** ein. Es wurde der Antrieb des Schlagwerkes verändert, die Rahmen für die Eggen-Räumsektion verstärkt und ein Bodenaufreißer als drittes Arbeitsorgan in die Ausrüstung aufgenommen. Letztendlich setzte sich der Schützenminen-Räumkomplex Variante 2 durch, der aus einem Kranpanzer T-55TK, drei Panzerzugmaschinen T-55T und zwei Kettentraktoren T-100MGP mit Anbaugeräten bestand.

43 Fla-SFL wurden in den Jahren 1981 und 1982 zu Fahrausbildungspanzer-500U umgerüstet. 1990 waren noch zwölf 57-mm Fla-SFL 57-2 in Reserve-Panzer-Regimentern mit je vier Kampfsätzen eingelagert.

23-mm Fla-SFL 23-4 SCHILKA

23-мм зенитная самоходная установка ЗСУ-23-4 Шилка
= 23-mm Flugabwehr-Selbstfahrlafette ZSU-23-4 SCHILKA

Für die Erhöhung der Feuerkraft der TLA war die von 1968 bis 1974 andauernde Umrüstung der Fla-SFL-Batterien der MSR/PR von der 57-mm Fla-SFL 57-2 auf die **23-mm Fla-SFL 23-4 SCHILKA** (GRAU-Index 2A6) von großer Bedeutung.
Die Waffen der 57-mm Fla-SFL 57-2 visierten den Luftgegner mithilfe eines manuell zu richtenden optischen Fla-Visieres an. Dabei waren Zielgeschwindigkeiten bis 350 m/s möglich. Die relativ geringe Feuerrate von 240 S/min und die Richtgeschwindigkeit von maximal 20°/s reichten nicht aus, um modernste gegnerische Kampfflugzeuge zu bekämpfen, die in extrem geringen Höhen (200 bis 500 m) und mit Geschwindigkeiten bis 450 m/s flogen. Fast unmittelbar nach der Indienststellung der 57-mm Fla-SFL 57-2 begann in der Sowjetunion die Entwicklung von zwei neuen Schnellfeuer-Fla-SFL mit automatischem Radarsystem, die Fla-SFL 37-2 JENISSEI mit einer 37-mm Zwillings-Kanone und die Fla-SFL 23-4 SCHILKA mit einer 23-mm Vierlings-Kanone. Beide Fla-SFL wurden nach sibirischen Flüssen benannt. Die Fla-SFL JENISSEI nutzte das Fahrgestell der experimentellen Selbstfahrlafette SU-100P, während die Fla-SFL SCHILKA auf dem Fahrgestell der ASU-85 basierte. Die Fla-SFL JENISSEI war für die Panzereinheiten vorgesehen, die Fla-SFL SCHILKA sollte die Kampfhandlungen der Mot.-Schützeneinheiten absichern. Jeweils ein Prototyp wurde im Dezember 1960 fertiggestellt, ihre Werkstests dauerten bis Oktober 1961. Lediglich die Fla-SFL 23-4 SCHILKA wurde ab September 1962 durch ein Dekret des Ministerrates der UdSSR in Dienst gestellt. Obwohl die effektive Schusshöhe bei der JENISSEI bei maximal 3000 m (SCHILKA bei 1500 m) lag, wurde die zwei Mal höhere Feuergeschwindigkeit der SCHILKA bevorzugt. Die weiteren Arbeiten an der Fla-SFL JENISSEI wurden eingestellt.

Die Fla-SFL wurde mehrmals modernisiert. Bei der Version **23-mm Fla-SFL 23-4W SCHILKA** (ab 1967) konnte die Zuverlässigkeit des Funkmess-Feuerleitgerätes 1RL33M stabilisiert, die Bedingungen für die Besatzung verbessert und die Betriebsdauer der Gasturbine von 300 auf 450 Stunden erhöht werden. Mit der **23-mm Fla-SFL 23-4W1 SCHILKA** (ab 1968) wurde das modernisierte Funkmess-Feuerleitgerät 1RLM1 eingebaut, was die Genauigkeit und die Effizienz des Schießens verbesserte und die Zielverfolgung in der Bewegung von 20 auf 40 km/h erhöhte. Die Betriebsdauer der Gasturbine konnte auf 600 Stunden erhöht werden. Von außen war die Fla-SFL an speziell geschützten Anbauten am Turm zu erkennen.

Eine seltene Aufnahme der 23-mm Fla-SFL 23-4W SCHILKA.

Die 23-mm Fla-SFL 23-4W1 SCHILKA mit speziell geschützten Anbauten am Bug des Turmes.

Mit der Version 23-mm Fla-SFL 23-4M SCHILKA (ab 1974) wurde der Turm überarbeitet, die Lebensdauer der Waffen von 3000 auf 4500 Schuss gesteigert, die Zuverlässigkeit und Stabilität des Funkmess-Feuerleitgerätes 1RL33M2 sowie die Betriebsdauer der Gasturbine auf 900 Stunden weiter erhöht. (Der Aufbau der 23-mm Fla-SFL 23-4 SCHILKA war sehr komplex, hier kann nur eine stark verallgemeinert gehaltene Beschreibung angeboten werden.)

Mit der 23-mm Fla-SFL 23-4 SCHILKA gelang es der Sowjetunion das erste Mal, ein Funkmess-Feuerleitgerät nebst dazugehörigem elektronischem Rechengerät und erforderlicher Stromversorgung mit einem hoch effektiven Waffensystem auf einem modernen Gleiskettenfahrzeug zu vereinen. Mit dieser Fla-SFL war es Dank der Stabilisierung der Visier- und Schusslinie möglich, automatisch Ziele zu begleiten und das Feuer bis auf 2500 m zu führen. Der Kampfsatz von 2000 Schuss wurde gegurtet, in Munitionsbehältern auf der SFL mitgeführt und beim Schießen automatisch den Waffen zugeführt. Da die Kanonenrohre automatisch gekühlt wurden, konnte eine praktische Feuergeschwindigkeit von 2000 S/min mit allen vier Rohren erreicht werden. Die Richtgeschwindigkeit lag bei 60 bis 70°/s. Ziele, die in geringer Höhe mit einer Fluggeschwindigkeit von bis zu 450 m/s flogen, konnten erfasst, automatisch begleitet und die Schusswerte zur Bekämpfung errechnet werden. Zur Ausrüstung der Fla-SFL gehörten eine Lüftungsanlage für die Besatzung und eine für das Funkmess-Feuerleitgerät, eine Kernwaffen-Schutz- und eine Heizungsanlage.
Mehrere Kampfeinsätze zeigten sehr deutlich, dass auch Bodenziele mit hoher Wirksamkeit bekämpft werden konnten. Die am Waffensystem verbauten Blockiereinrichtungen verhinderten, dass beim Schießen über den festgelegten Erhöhungswinkel hinaus gerichtet oder versehentlich pneumatisch geladen wurde, dass die Fahrerluke beim Schießen offen stand, dass das System der Waffenkühlung nicht arbeitete oder vom Rechengerät keine Schusswerte übertragen wurden. Sie

Blick auf das Turmdach der Fla-SFL, die Antenne des Funkmess-Feuerleitgerätes 1RL33 befand sich in Marschlage nach hinten abgeklappt.

blockierten das Einschalten der Richtantriebe bei gezurrtem Turm, bei gezurrter Waffenwiege oder bei geöffnetem Gurtgliedsammler.

Die vier Kanonen des Waffensystems (GRAU-Index 2A7) waren paarweise an der oberen und unteren Wiege befestigt. Der Abstand der Waffen voneinander betrug 320 mm, bei einem Erhöhungswinkel von 0° war das untere Waffenpaar gegenüber dem oberen um 320 mm nach vorn versetzt. Beim automatischen und halbautomatischen Richten erfolgte die Bewegung der Waffen durch die Richtantriebe. Die Waffen waren als Gasdrucklader mit Gurtzuführung ausgelegt, sie kamen bereits bei der 23-mm FlaK ZU-23 zum Einsatz. Die elektrische Abfeuerung stellte das Schießen sicher, signalisierte die Feuerbereitschaft und gewährleistete die Arbeit des Patronenzählers. Im Turm (GRAU-Index 2A10) waren alle Baugruppen des Waffensystems, der Richtantriebe, des Funkmess-Feuerleitgerätes, der Kreiselanlage und des Koordinatenwandlers sowie ein Schleifringübertrager integriert. Sämtliche Stromkreise verliefen von der Wanne über den Schleifringübertrager zum Turm. Jedes Kanonenrohr verfügte über eine Mündungskappe, die es vor Schmutz schützte. Mit Hilfe von vier Seilen wurden die vier Mündungsklappen vor dem Schießen geöffnet und das Rohr frei gegeben. Mit der Seiten- und der Höhenrichtmaschine war das Richten von Hand mit dem Handantrieb und das Richten im automatischen und halbautomatischen Regime mit dem Motorantrieb möglich. Mithilfe der pneumatischen Durchladeeinrichtung wurden die vier Waffen gespannt. Bei Ausfall des Kompressors wurde die in einer ständig gefüllten Druckluftflasche gespeicherte Druckluftreserve eingesetzt. Schließlich bestand die Möglichkeit, alle vier Waffen mit der Handspanneinrichtung zu spannen.

Die elektrische Anlage bewirkte unter anderem das elektrische Abfeuern und das pneumatische Laden, sie signalisierte die Feuerbereitschaft und die Anzahl der noch vorhandenen Granatpatronen, sie steuerte die Waffenkühlung und den Luftpresser. Vom Kommandantenpult aus wurden die Richtantriebe eingeschaltet, das Waffensystem bedient und kontrolliert sowie die Kreiselanlage, die Primärstromversorgungsanlage und die Feuerlöschanlage ein- und ausgeschaltet.

Die Fla-SFL war mit Hilfe eines umfangreichen Störschutzsystems in der Lage, die häufigsten Funkmess-Störungsarten zu kompensieren und zu unterdrücken. Durch das permanente Speichern von Zielkoordinaten konnte trotz Zielverlust wei-

Die 23-mm Fla-SFL 23-4M SCHILKA. Unterschiede zu 23-mm Fla-SFL 23-4W1 SCHILKA waren am Turm und an der Wanne zu finden.

Die 23-mm Fla-SFL 23-4M mit der Antenne des Funkmess-Feuerleitgerätes 1RL33 in Gefechtslage.

ter geschossen werden. Eine Navigationsanlage gewährleistete das sichere Führen der Fla-SFL durch den Kommandanten unter den unterschiedlichsten Bedingungen. Der Einbau einer Kernwaffenschutzanlage ermöglichte es der Besatzung, die Gefechtshandlungen auch in konterminiertem Gelände fortzusetzen. Die Feuerführung konnte aus einer Feuerstellung, aus dem kurzen Halt oder aus der Bewegung geführt werden.
Mit der Waffe AZP-23 wurden 23-mm Splitter-Spreng-Brand-Granatpatronen OFZT mit LS und Selbstzerlegezünder sowie 23-mm Panzerbrand-Granatpatronen BZT mit LS verschossen. Mit dem Panzerbrand-Geschoss konnte 25 mm Panzerung auf eine Entfernung von 500 m durchschlagen werden. Das Gurtungsverhältnis betrug 3:1. Zur Fla-SFL gehörten zehn Kampfsätze. Ein KS befand sich am Fahrzeug, fünf KS im Truppenvorrat des Verbandes und vier KS in zentralen Reserven. Der Schwenkbereich der Waffe reichte von +85° bis -4°.

Zum Funkmess-Feuerleitgerät RPK-2 *(Радиолокационный приборный комплекс-2 - РПК-2 = Radargeräte-Komplex-2 - RPK-2)* gehörten das Funkmess- und das Rechengerät, das Stabilisierungssystem und das optische Visier. Mit Hilfe des Funkmess-Feuerleitgerätes 1RL33 erfolgte die Erzeugung von Hochfrequenz-Impulsen großer Leistung, die über die Antenne abgestrahlt und als Echosignale vom Perzipient empfangen wurden. Das Antennen-Hohlleitersystem übertrug die Sendeimpulse zur Antenne und die vom Ziel reflektierten Echosignale zum Empfänger. Ein Zirkulator diente als Antennenumschalter. Er sperrte den Empfänger-, beziehungsweise Sendereingang in Abhängigkeit von der Ausbreitungsrichtung der elektro-magnetischen Wellen beim Senden oder beim Empfang. Es konnte zwischen den Betriebsarten *Zielsuche* und *Zielbegleitung* gewählt werden. Die verstärkten Echosignale wurden im Entfernungsmess-, im Zielsuch-, im Antennensteuer- und im SBZ-System (Selektierung beweglicher Ziele) verarbeitet. Das Entfernungsmess-System ermittelte bei automatischer Zielbegleitung und bei Zielbegleitung von Hand ständig die Schrägentfernung zum Ziel. Das Zielsuchsystem diente dem Auffassen von Zielen und dem Richten der Antenne auf ein Ziel. Es konnte in den Betriebsarten Rundsicht, Sektorsuche und Richten von Hand arbeiten. Bei Rundsicht drehte sich die Antenne mit konstanter Seitenwinkelgeschwindigkeit, während sie bei Sektorsuche periodisch in einem Seitenwinkelsektor von 30° bis 80° geschwenkt wurde. Beim Richten von Hand wurden Höhen- und Seitenwinkel der Antenne mit dem Steuergriff eingestellt.

Das SBZ-System diente dem Schutz vor passiven Störungen und zur Unterdrückung von Festzielimpulsen. Die vom Funkmess-Feuerleitgerät bestimmten Winkelkoordinaten und die Entfernung gelangten in das Rechengerät, das die Vorhaltekoordinaten ermittelte. Das Funkmess-Feuerleitgerät gab die errechneten Werte an die Richtantriebe, die die Waffen auf den Vorhaltepunkt richteten. Gab das Rechengerät das Kommando *Schusswert vorhanden*, wurde das Feuer eröffnet. Wenn sich die Fla-SFL bewegte, erfolgte die automatische Zielbegleitung im stabilisierten Koordinatensystem. Die Stabilisierung gewährleisteten die Kreiselanlage und die Koordinatenwandler für das Visier und die Waffen (Stabilisierungssystem). Die Kreiselanlage bestimmte den Nick-, den Wank- sowie den Marschrichtungswinkel. Der Koordinatenwandler für das Visier erarbeitete die Winkel, um die die Antenne gedreht werden musste. Durch laufendes Nachdrehen blieb die Antenne ständig auf das Ziel gerichtet. Die vom Rechengerät ermittelten Vorhaltekoordinaten gelangten in den Koordinatenwandler für die Waffen, worauf diese gerichtet wurden. Damit beim Schwenken des Turmes die Stellung der Antenne und der Kreiselanlage unverändert blieb, war eine Rückführung vorhanden. Diese wirkte der Schwenkrichtung des Turmes entgegen, das heißt die Antenne und die Kreiselanlage blieben in ihrer ursprünglichen Lage. Da der Einführungsprozess der Fla-SFL zehn Jahre dauerte, von 1968 bis 1978, befanden sich die Versionen Fla-SFL 23-4, Fla-SFL 23-4W, Fla-SFL 23-4W1 und Fla-SFL 23-4M in den Fla-SFL-Batterien der Regimenter. 1978 war, laut *Chronik des Panzerdienstes*, mit 125 Fla-SFL der Höchststand erreicht. Die letzte Version konnte man an einem zusätzlichen Ventilationssystem auf der rechten Turmseite erkennen.

Das Transport-Ladefahrzeug 2T210 diente der Sicherstellung der Fla-SFL 23-4 mit Munition. Es gewährleistete die Vorbereitung der Munition zum Schießen, den Transport von gegurteten Granatpatronen und von Teilen des EWZ-Satzes Nr. 1 der Fla-SFL, das Auf- und Abmunitionieren der Fla-SFL sowie die Aufnahme der Gurtglieder. Als Basisfahrzeug fand ein mittlerer LKW URAL-375 Pritsche/Plane mit entsprechender Ausrüstung Verwendung. Auf der Ladefläche des LKW waren unter anderem vier Gurtkästen mit gegurteter Munition, zwei Gurttransportwinden, eine Handgurtmaschine sowie die Kisten des EWZ-Satzes untergebracht. Für jede Batterie war eine elektrische Gurtmaschine mit elektrischem Büchsenöffner für das Öffnen der Munitionsbehälter (aus dem Munitionspark) mit ungegurteter Munition vorhanden.
Es gibt bisher noch keine belastbaren Unterlagen über die Anzahl der einzelnen Versionen in der NVA. Von den 125 Fla-SFL wurden 22 nach Schweden verkauft, fünf Fla-SFL an Dritte abgegeben und der Rest verschrottet.

25-mm FlaK/Zwilling 2M-3

25-мм спаренное универсальное орудие 2М-3
= 25-mm Doppel-Universalkanone 2M-3

Laut STAN der Raketentechnischen Abteilung 6 von 1986 war im Planungszeitraum 1986 bis 1990 der Einsatz der 25-mm FlaK/Zwilling 2M-3 im Feuerzug der Wach-Kompanie vorgesehen. Diese, nur im Mobilmachungsfall (Soll-2) zugeordnete Waffe diente dem Schutz sensibler Einrichtungen gegen Luft- und Bodenziele. Im Feuerzug befanden sich vier FlaK/Zwilling, die in zwei Gruppen zusammengefasst und eingesetzt wurden.
Bereits im Februar 1945 begann die Entwicklung einer automatischen 25-mm FlaK mit zwei, übereinander angeordneten, Kanonen. Sie sollte hauptsächlich für den Selbstschutz in Schiffsklassen wie kleinen und großen Landungsschiffen oder Torpedoschnellbooten zum Einsatz kommen. 1949 wurden die ersten Prototypen im *Konstruktionsbüro für Feinmechanik 16* in Moskau fertiggestellt, die die aufwendigen Testverfahren allerdings nicht bestanden. Im März 1953 wurde, nach mehreren Korrekturen, die 25-mm FlaK/Zwilling 2M-3 (produziert im *Maschinenbauwerk Tula*) in die Bewaffnung der Sowjetarmee aufgenommen.
Die luftgekühlte, automatische 25-mm FlaK/Zwilling 2M-3 war als Rückstoßlader mit Gurtzuführung konzipiert worden. Aus zwei Gurtkästen wurde die Munition den Kanonen zugeführt. Während des Gurtwechsels, der etwa 15 s dauerte, sprühten Düsen zusätzlich Wasser zur Kühlung in die Läufe. Das horizontale und vertikale Schwenken der Waffen erfolgte mit Hilfe von zwei hydraulischen Antrieben. Bei Ausfall der Hydraulik konnte der Artilleriegast die FlaK manuell richten. Verschossen wurden 25-mm Panzer-Brand-Granaten A3-BR-85 und Splitter-Granaten A3-OZR-85.

Nach der Außerdienststellung von Schiffen und Booten der Volksmarine wurde der Sockel der 25-mm Bord-FlaK 2M-3 mit einer Plattform versehen, die der Montage auf der Ladefläche des mittleren Lkw W-50LA/A diente. Durch die Ausrüstung des W-50 LA/A mit einem fünf kW leistenden Elektro-Aggregates konnten die Elemente der FlaK autonom versorgt werden, was ihren Einsatz während der Fahrt oder im Halt erlaubte. Gleichzeitig transportierte der Lkw die zehn Gurtkästen mit je 65 Granatpatronen. Somit wurde diese Schiffsbewaffnung einer zweckmäßigen Weiterverwendung zugeführt bei gleichzeitiger Erhöhung der Abwehrmöglichkeiten.
Anfang der 1980er Jahre wurden 48 Bord-FlaK 2M-3 auf Ladeflächen von mittleren Lkw W-50 LA/A montiert. Die damit entstandenen 25-mm FlaK/Zwilling 2M-3 dienten unter anderem der Sicherung von Führungsstellen oder rückwärtigen Einrichtungen. Zur Bedienung gehörten der Geschützführer, der Artilleriegast sowie der Fahrer. Die Bundeswehr übernahm sämtlich 25-mm FlaK/Zwilling 2M-3 und ordnete sie in die Kategorie III - Aussonderung ein.

25-mm FlaK Zwilling 2M-3	
Einführungszeitraum	ab 1985
Einsatzebene	Abteilung
Kaliber (mm) / Kaliberlängen	25 / 79
Rohrlänge (mm)	1975
Maximale Schussentfernung (m)	7500
Maximale Schusshöhe (m)	2800
Anfangsgeschwindigkeit Granate (m/s)	900
Feuergeschwindigkeit praktisch (S/min)	270 - 300 pro Rohr
Erhöhungswinkel max. (Grad)	+85
Neigungswinkel max. (Grad)	- 10
Seitenschwenkbereich (Grad)	360
Flakvisier	mechanisch
Masse Marschlage (kg)	1500
Kampfsatz	650
Granatarten	SplG, PG
Index der Granaten	85
Zugmittel	W-50 LA/A
Bedienung	3

Eine der wenigen Aufnahmen der 25-mm FlaK/Zwilling 2M-3 in Gefechtslage. Zwischen Bordwand und Sockel befand sich das Elektroaggregat.

MITTEL DER GEFECHTSSICHERSTELLUNG

Um die sechs FlaK-Geschütze (mit automatischen Richtgetrieben) einer Batterie erfolgversprechend einzusetzen, waren ein Kommandogerät (Kdo-Gerät) mit oder ohne Entfernungsmess-Gerät (EM-Gerät), eine Geschützrichtstation (GRS), mindestens zwei Elektroaggregate mit Zugmitteln sowie ein zentraler Verteilerkasten (ZVK) mit Kabeln erforderlich. Mit Hilfe von Funkmess-Stationen zur Ortung tieffliegender Luftziele sowie Höhenfindern wurde die Überwachung des Luftraumes und die Zielzuweisung für die GRS in den Flak-Einheiten sichergestellt.

Für die 23-mm FlaK ZU-23, die 37-mm FlaK Modell 1939 (61-K) und die 57-mm Fla-SFL 57-2 war das Schießen mit optischem Visier die Hauptfeuerart. Für diese Waffen gab es nur einen optischen Entfernungsmesser SDN (1-m-Basis) zur Ermittlung der Zielparameter. Für die 57-mm FlaK S-60, die 100-mm FlaK KS-19M2 und die 23-mm Fla-SFL ZSU 23-4 war die Hauptfeuerart das Schießen nach Angaben des Funkmess-Gerätes. Diese Technik benötigte eine deutlich umfangreichere Ausrüstung, die aus Funkmess-Feuerleitgerät/Geschützrichtstation, Kommandogerät, optischem Entfernungsmesser und Stromversorgungsgeräten bestand. Bei der Fla-SFL ZSU-23-4 waren diese Komponenten in einem Gefechtsfahrzeug vereint. Bei den FlaK-Komplexen S-60 und KS-19M2 wurden sämtliche Komponenten über Kabel und einen zentralen Verteilerkasten miteinander verbunden.

Kommandogeräte

Das Kdo-Gerät erarbeitete die Werte zum Richten der Geschütze beim Schießen auf Luftziele. Die dazu notwendigen Anfangsangaben Richtung, Höhe und Schrägentfernung wurden entweder mit Hilfe eines EM-Gerätes oder von einer GRS bestimmt und synchron zum Kdo-Gerät übertragen. Da sich der Luftgegner bewegte, änderten sich die Anfangsangaben ständig. Zur ununterbrochenen Errechnung der Schusswerte, die das Zusammentreffen des Geschosses mit dem Ziel gewährleisteten, musste das Kdo-Gerät die Zielkoordinaten sowie Kurs und Zielgeschwindigkeit bestimmen, die Lage des Vorhaltepunktes auf dem Zielweg und die Schusswerte errechnen und diese an die Geschütze weiterleiten.

Kommandogerät PUASO-3 und PUASO-5

Прибор управления артиллерийским зенитным огнём-3 - ПУАЗО-3
= Flugabwehr-Feuerleitgerät-3 - PUASO-3

In den Unterlagen der KVP fanden sich bereits 1952 Hinweise auf den Einsatz von sechs Kommandogeräten PUASO-3 (es wurde auch der Begriff *Feuerleitgerät* verwendet). Zu diesem Gerät wurde ein Entfernungsmesser DJa-1 (3-m-Basis) zum Bestimmen der Koordinaten Richtung, Höhe und Schrägentfernung eingesetzt.

In das **Kommandogerät PUASO-3** (Modell 1939) wurden die Werte, die mit dem EM-Gerät DJa-1 gemessen wurden, per Zuruf oder telefonischer Übermittlung eingegeben. Zusätzlich bestand die Möglichkeit, einfache meteorologische Werte wie Windrichtung und -geschwindigkeit einzustellen. Der analoge Rechner, bestehend vornehmlich aus verschiedenen komplizierten Zahnradgetrieben, ermittelte die an den Geschützen einzustellenden Werte für Richtung, für Rohrerhöhung und für die Zünderstellmaschine. Es gab für jeden Parameter ein separates Rechengetriebe. Alle Werte mussten per Hand eingegeben, die errechneten Werte bestätigt und an die FlaK übertragen werden. In der KVP und danach in der NVA wurde das Kdo-Gerät PUASO-3 in den 85-mm FlaK-Batterien eingesetzt.

Das **Entfernungsmess-Gerät DJa-1** war ein Raumbild-Entfernungsmessgerät, das bereits im II. Weltkrieg zum Bestimmen der Schrägentfernung, der Höhe und der Richtung des

Das Kommandogerät PUASO-3 (Modell 1939) im Museum für Artillerie, Pioniertruppen und Nachrichten in St. Petersburg.

Zieles in FlaK-Einheiten mittleren Kalibers eingesetzt wurde. Die Basis bildete ein drei Meter langes Aluminiumrohr mit eingebauten optischen Elementen. Damit konnten Luftziele im Entfernungsbereich von 2000 bis 50.000 m und im Höhenbereich von 200 bis 20.000 m gemessen werden. Das Entfernungsmess-Gerät verfügte über eine 8-fache Vergrößerung und wog in Arbeitslage 205 kg. Belegt ist der Einsatz von mindesten 16 EM-Geräten DJa-1 in der KVP.

Mit Einführung der 57-mm FlaK S-60 kamen auch acht **Kommandogeräte PUASO-5/-5M** in die FlaK-Einheiten der NVA. Das Kommandogerät PUASO-5 wurde 1945 speziell für die 57-mm FlaK S-60 entwickelt und trug zunächst die Projektbezeichnung PUASO-57. Es war für die Kopplung mit der Geschützrichtstation 9 vorgesehen. Eine wesentliche Verbesserung zum Vorgängermodell PUASO-3 war die konstruktive Einheit von Kommandogerät und Stereo-Entfernungsmesser sowie die Verwendung von Funktionspotenziometern, die auch die Berechnung komplexerer Aufgabenstellungen ermöglichte. Das EM-Gerät ruhte in Lagerschalen auf dem Zentralgerät. Über zwei Gelenkwellen waren Zentralgerät und EM-Gerät miteinander verbunden, wodurch die ermittelten Werte sofort und fehlerfrei in das Kdo-Gerät eingelesen, berechnet und an die mit elektrischen Richtantrieben ausgerüsteten Flak-Geschütze weitergeleitet wurden. Somit war gesichert, dass an allen Geschützen der Batterie die gleichen Einstellungen in kürzester Zeit vorgenommen wurden.

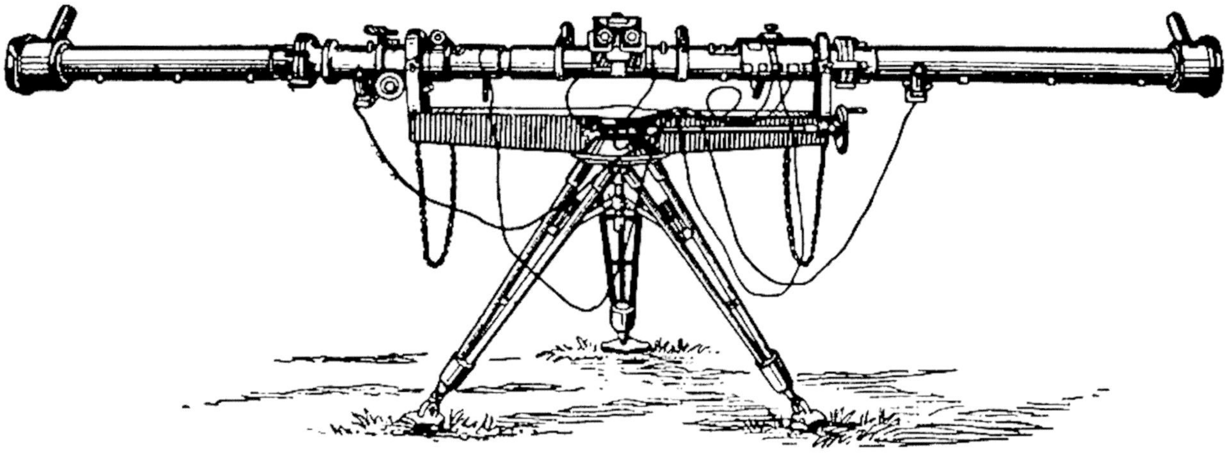

Die Vorderansicht des Entfernungsmess-Gerätes DJa-1 in Arbeitslage.

Das Entfernungsmess-Gerät DJa-1 im Bestand einer 85-mm FlaK-Batterie. Das Gerät bedienten vier Soldaten.

Für das Kdo-Gerät PUASO-5 wurde eine vierrädrige Kreuzlafette mit Seitenholmen entwickelt. Auf der Lafette war das Zentralgerät gelagert und um 360° drehbar. Die Kreuzlafette verringerte durch die sehr weiche Einzelrad-Drehstabfederung die Erschütterungen während des Transportes auf Straßen und im Gelände. Da das Entfernungsmess-Gerät direkt auf dem Kommandogerät montiert wurde, war die Horizontierung der Kreuzlafette zwingend notwendig. Dazu kamen vier Spindeln mit Spindeltellern zum Einsatz, die gleichzeitig für einen festen Stand sorgten. Die Hinterräder verfügten über Backenbremsen, die mit Druckluft während der Fahrt oder von Hand im Stand betrieben wurden. Mit Hilfe zweier hydraulischer Systeme konnte das Kdo-Gerät aus der Marsch- in die Gefechtslage und umgekehrt überführt werden. Dabei hielten die vier Spindeln die Lafette in Waage, das vordere und das hintere Fahrgestell wurden entlastet. Auf dem hinteren Fahrgestell befand sich der Motor-Generator, der das Zentralgerät mit Gleich- und Wechselspannung versorgte.

1957 befanden sich acht Kdo PUASO-5M im Bestand der NVA. 1966 wurden die letzten fünf in zentralen Lagern abgestellt.

Für das Kommandogerät PUASO-5 wurde ein neues Fahrgestell entwickelt, hier in Marschlage. Um die Arbeit der vier Soldaten zu gewährleisten, befand sich auf der Lafette eine kreisförmige Bühne, die die Bewegung des Zentralgerätes mit EM-Gerät und der Bedienung um 360° ermöglichte. Hinter dem Kdo-Gerät steht eine Haubitze.

Kommandogerät 6

Mit Einführung der 57-mm FlaK S-60 und der 100-mm FlaK KS-19 wurden Kommandogeräte der Baureihe 6 eingeführt. Diese Kdo-Geräte bedienten die in der NVA eingesetzten 57-mm, 85-mm und 100-mm FlaK-Batterien.

Neben einigen Verbesserungen gegenüber dem Kommandogerät 5 bestand das Ziel darin, ein universelles Kommandogerät zu schaffen, das die ballistischen Werte unterschiedlicher Geschütze in die Berechnung des Vorhaltepunkts durch Austausch von Potentiometerbehältern einbezog. Dieser Austausch war technisch sehr anspruchsvoll und in der Truppe nicht realisierbar. Da die drei FlaK-Geschütze unterschiedliche taktisch-technische Parameter und Einsatzgrundsätze aufwiesen, wurden die Kdo-Geräte diesen Bedingungen angepasst. Dies zeigte sich letztendlich in der Bezeichnung der Kdo-Geräte:

- 57-mm FlaK S-60 — Kommandogerät 6-60
- 85-mm FlaK Modell 1939 — Kommandogerät 6-12
- 100-mm FlaK KS-19 — Kommandogerät 6-19

Der Grundaufbau der drei Kommandogeräte war im Wesentlichen gleich. Die Hauptteile waren das Zentralgerät, das Entfernungsmess-Gerät D-49, der Motor-Generator, die Unterlafette, der Duplikator, das EWZ sowie das Kabelnetz.

Am Kdo-Gerät wurden der Stellungsunterschied, der ballistische Wind (Windgeschwindigkeit und Windrichtung), die Anfangsgeschwindigkeit der Geschosse und die Luftdichte berücksichtigt. Die Drallabweichung ermittelte das Gerät automatisch bei der Lösung der Feueraufgabe. Außerdem wurden die Korrekturen für die Richtung und für die Rohrerhöhung vorgenommen.

Die Stromquelle für das Kdo-Gerät war das Elektroaggregat SP-O-30 der FlaK-Batterie mit einer Dreiphasen-Wechselspannung von 220 V. Die vom Kdo-Gerät benötigte Leistung betrug ohne eingeschaltetem Heizkörper 2,5 kW. Unmittelbar nach dem Einschalten des Motor-Generators konnte ein Ziel aufgefasst und begleitet werden. Nach acht Sekunden der Zielbegleitung waren die Schusswerte errechnet. Zur Bedienung gehörten der Messtruppführer und vier Mann, die direkt am Kommando-Gerät arbeiteten. Jeweils ein Mann ermittelte die Werte für die Höhe, für den Höhenwinkel, für die Richtung und für die Schrägentfernung. Der Duplikator diente dem Anzeigen der Feuerbereitschaft des Kdo-Gerätes, dem Herstellen der Fernsprechverbindung zwischen dem Kdo-Gerät, der GRS und dem Feuerzug sowie dem Geben des Zeichens der Feuer-eröffnung.

Die Planungen sahen die Einfuhr von 35 Kdo-Geräten bis 1957 vor, vorhanden waren bereits 17 Kdo-Geräte 60-19 und vier Kdo-Geräte 6-60. Bis 1965 sollte der Bestand an Kdo-Geräten 6-60 auf 53 ansteigen. Für die MB III/V waren 17/13 und für die LSK/LV 23 Geräte vorgesehen. Tatsächlich verfügte die NVA 1966 über 33 Geräte. Da die Sowjetunion das Kdo-Gerät nicht mehr produzierte und den Nachfolger, das Funkmess-Feuerleitgerät RPK-1, noch nicht lieferte, erhielt die NVA das FlaK-Kommandogerät E-2BD aus der Ungarischen Volksrepublik.

Das Kommando-Gerät 6-60 in Gefechtslage.

FlaK-Kommandogerät E-2BD

Die Einführung der ersten 15 FlaK-Kommandogeräte E-2BD ab 1966 aus der Ungarischen Volksrepublik erfolgte auf Grund des hohen Verschleißes der Kommandogeräte PUA-SO-5 und 6-60. Im Rahmen der Zuführung wurden die einsatzbereiten Kommandogeräte 6-60 an den MB V abgegeben, der MB III wurde ausschließlich mit dem FlaK-Kommandogerät E-2BD ausgerüstet.

Das FlaK-Kommandogerät E-2BD war ursprünglich für die Kopplung mit einer in Ungarn entwickelten GRS vorgesehen. Da dieses Projekt nicht realisiert wurde, erfolgte eine Anpassung an die Geschützrichtstation 9. Der Einsatz eines optischen Entfernungsmessers war ursprünglich nicht geplant. In der NVA wollte man jedoch nicht auf die alternative Möglichkeit der optischen Zielbegleitung verzichten und beschaffte zusätzlich das optische EM-Gerät DJa-6. Die Berechnung des Vorhaltepunktes erfolgte elektrisch mit Hilfe von Drehmeldern. Das FlaK-Kommandogerät E-2BD übertraf hinsichtlich Rechengeschwindigkeit und Genauigkeit das Kommandogerät 6-60 deutlich, erforderte aber auch einen höheren Wartungs- und Abstimmaufwand.

Das FlaK-Kdo-Gerät E-2BD diente der Feuerführung einer 57-mm FlaK-Batterie. Es arbeitete mit folgenden Eingangswerten (Koordinaten): Schrägentfernung, Höhenwinkel, Richtung und Zielhöhe. Diese Koordinaten wurden entweder durch die GRS oder das EM-Gerät DJa-6 bestimmt.

Beim *Arbeitsverfahren GRS* lieferte die GRS die Werte Höhenwinkel, Richtung und Schrägentfernung. Beim *Arbeitsverfahren EM-Gerät* lieferte das Entfernungsmess-Gerät die Werte Höhenwinkel, Richtung und Zielhöhe. Es bestand die Möglichkeit des kombinierten Betriebes. Dabei wurden Höhen- und Seitenwinkel vom EM-Gerät und die Schrägentfernung von der GRS bestimmt. Hatte das FlaK-Kommandogerät nach Angaben der GRS für ein Ziel Schusswerte errechnet und die GRS das Ziel aus irgendeinem Grund verloren, so bildete das FlaK-Kommandogerät die Schusswerte automatisch weiter und steuerte die GRS auf das Ziel zurück.

Das FlaK-Kdo-Gerät E-2BD bestimmte den Vorhaltepunkt unter der Voraussetzung, dass sich das Ziel während der Geschossflugzeit mit gleichbleibender Geschwindigkeit geradlinig bewegte. Dabei wurden Abweichungen der Anfangsgeschwindigkeiten der Geschosse, die ballistischen Abweichungen der Luftdichte, der Windrichtung und -geschwindigkeit sowie die Drallabweichung berücksichtigt. Es errechnete die Schusswerte *Richtung zum Ziel* und *Rohrerhöhung* und übertrug diese Werte an die Geschütze.

Die wichtigsten Baugruppen des FlaK-Kommandogerätes waren das Basisfahrzeug ZIL-157 mit Kofferaufbau, das Zentralgerät E-2BD, der Stromversorgungsblock mit Netzschalttafel, das Zusatzgerät für den Batteriechef sowie fünf Kabeltrommeln, der EWZ-, Ersatzteil- und Zubehörsatz. Das Zusatzgerät für den Batteriechef ermöglichte die Kontrolle des FlaK-

Das Basisfahrzeug des FlaK-Kommandogerätes E-2BD war ein mittlerer Lkw ZIL-157 mit Kofferaufbau. Das Bild stammt aus der DV-42/55 Bedienungsanleitung und technische Beschreibung für das Kdo-Gerät E-2BD und das EM-Gerät DJa6 (Bildteil) 1966.

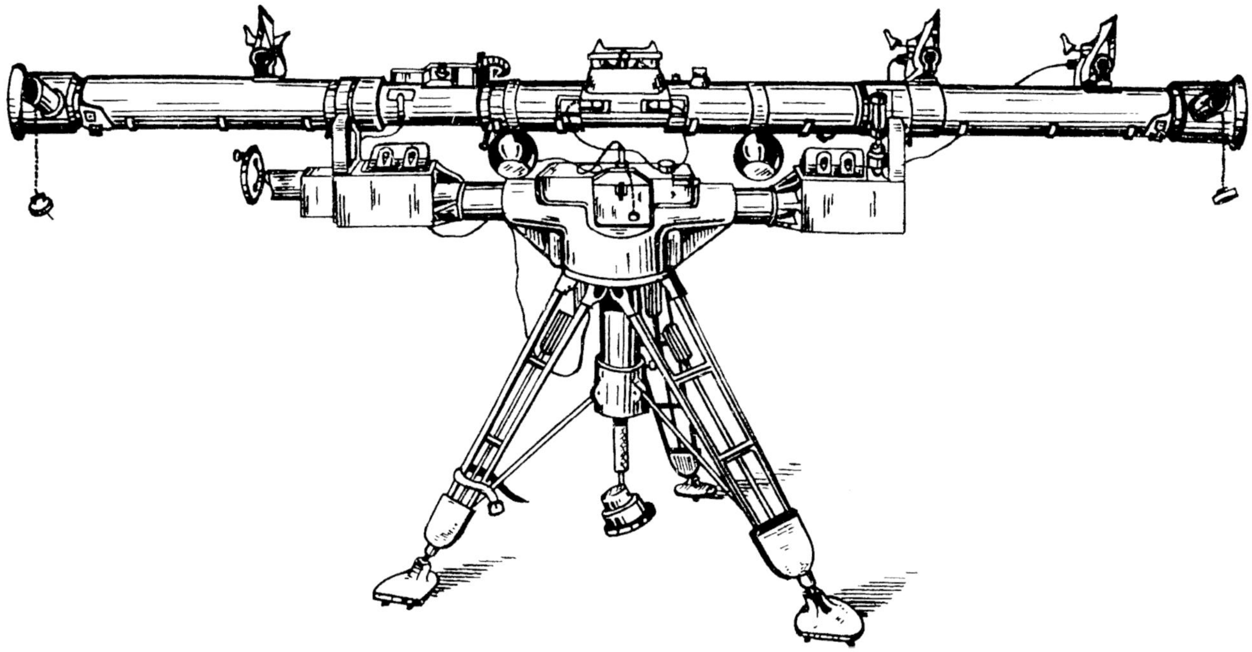

Das Entfernungsmess-Gerätes DJa-6 in der Rückansicht. Die Zeichnung stammt aus der DV-42/55 Bedienungsanleitung und technische Beschreibung für das Kdo.-Gerät E-2BD und das EM-Gerät DJa6 (Bildteil) 1966.

Kommandogerätes und diente als Fernsprechvermittlung. Es präsentierte die Richtung, die Entfernung und die Zielhöhe. Mit Hilfe der Kabelverbindungen wurden die Verbindungen zur GRS, zum EM-Gerät, zum Zusatzgerät für den Batteriechef und zu den Geschützen hergestellt. Das EM-Gerät DJa-6 diente dem Bestimmen der Zielkoordinaten von Luftzielen und deren Übermittlung an das FlaK-Kommandogerät. Mit ihm wurden der Höhenwinkel, die Richtung, die Schrägentfernung und die Zielhöhe bestimmt. Die Höhenwinkel und die Richtung wurden synchron an das Kommandogerät übertragen. Die Zielhöhe wurde vom Entfernungsmesser fernmündlich übermittelt.

Die Arbeitsweise des Entfernungsmess-Gerätes wurde laut DV-42/55 wie folgt beschrieben:

Das Entfernungsmessen beruht auf dem Prinzip der Ermittlung von Strecken und Winkeln in einem rechtwinkligen Dreieck. In diesem Dreieck wird die Schrägentfernung bestimmt. Da die Basis konstant bleibt, ist die Schrägentfernung nur vom Parallaxenwinkel abhängig. Die optische Ausrüstung des EM-Geräts besteht aus zwei voneinander unabhängigen Fernrohrsystemen, deren optische Achsen parallel zueinander verlaufen. Im Gesichtsfeld des EM-Geräts befinden sich Messmarken, die mit beiden Augen betrachtet ein räumliches Bild ergeben. Zum Entfernungsmessen wird das Ziel so angerichtet, dass das Zielbild senkrecht in die linke Eintrittsöffnung fällt. Im linken Okular erscheint das Zielbild in der Mitte des Gesichtsfeldes, während es im Okular seitlich verschroben erscheint. Im rechten Teil des EM-Geräts befindet sich ein Ausgleichssystem, mit dem das Zielbild im Gesichtsfeld des rechten Okulars seitlich verschoben werden kann. Beim Entfernungsmessen wird die entsprechende Messmarke mit dem Zielbild des rechten Okulars räumlich in Übereinstimmung gebracht. Dabei wird der Parallaxenwinkel gebildet, der von der Entfernung abhängig ist. Das Ausgleichssystem ist mit der Entfernungsskala verbunden, an der die Entfernung abgelesen werden kann. Die Höhe wird mit der Höhenmesseinrichtung anhand des Höhenwinkels und der Entfernung bestimmt. Der Höhen- und der Seitenwinkel können an den entsprechenden Skalen des EM-Geräts abgelesen werden.

Von 1966 bis 1970 erhielt die NVA 21 FlaK-Kommandogeräte E-2BD. In diesem Zeitraum gab es in den drei Kampf-Divisionen des MB III je eine FlaK-Abteilung mit vier FlaK-Batterien (zwölf Geräte), im FR-3 zwei FlaK-Batterien und an der OHS der LaSK eine FlaK-Batterie. Die überzähligen sechs FlaK-Kdo-Geräte wurden als zentrale Reserven eingelagert.

Mit Einführung des Funkmess-Feuerleitgerätes RPK-1 ab 1968 erfolgte sukzessiv die Verschiebung in die Mob.-Einheiten. Nachdem ausreichend Funkmess-Feuerleitgeräte RPK-1 importiert werden konnten, erfolgte die Aussonderung der FlaK-Kommandogeräte E-2BD. In der Regel wurden die Koffer demontiert und die Basisfahrzeuge anderen Verwendungen oder der Volkswirtschaft zugeführt.

Funkmess-Technik

Im *Entwurf zur Entwicklung der Luftstreitkräfte und der Truppen der Luftverteidigung der DDR bis 1965* aus dem Jahr 1958 wurde unter 3. Funktechnische Truppen festgelegt:
Der Aufbau des Funkmesssystems geht von dem Grundsatz aus, dass zu jeder Zeit die Beobachtung des Luftraumes der DDR gewährleistet werden muss. Die Größe des Territoriums der DDR erfordert, ausgehend vom Typ der zur Verfügung stehenden Funkmessstationen, den Einsatz von 22 Funkmessposten. Damit ist es möglich, ein lückenloses Funkmessfeld von 500 m Höhe bis 25.000 m Höhe (durch Einsatz von Höhenmesser) zu schaffen. Organisatorisch wird dieses System in den zwei Funktechnischen Regimentern (FuTR-2 und FuTR-4) erfasst. Im Nordteil und Südteil der DDR werden je ein Funktechnisches Regiment mit je elf Funktechnischen Kompanien eingesetzt. Die Regiments-Gefechtsstände sind mit den Gefechtsständen der Jagdflieger-Divisionen zu vereinigen.
Um das geforderte Funkmessfeld zu etablieren, wurden elf FuMS P-30, 25 FuMS P-15, 21 FuMS P-10 sowie acht Höhenmesser geplant.
Bis zur Auflösung der Nationalen Volksarmee befanden sich sieben Funktechnische Bataillone in den LSK/LV und zwei FuTB im Bestand der LaSK. Die Streitkräfte der GSSD verfügten über weitere 13 FuTB.

In den FlaK-Einheiten der Landstreitkräfte und der Luftstreitkräfte/Luftverteidigung kam Funkmess-Technik als Geschützrichtstationen, als Funkmess-Feuerleitgeräte und als Funkmess-Stationen zum Einsatz.

Geschützrichtstation 4 und 4M

Станция орудийной наводки 4 - СОН-4 Луч
= Station für Waffenführung 4 - SON-4 STRAHL

Die Geschützrichtstation 4 unterstützte die Feuerleitung der 100-mm FlaK KS-19, indem sie unabhängig von der Sicht und den Wetterverhältnissen Ziele in Entfernungen, die eine rechtzeitige Feuereröffnung der FlaK-Artillerie erlaubte, feststellte und deren Koordinaten bestimmte. Dabei wurden bei der Auffassung von Zielen die Richtung sowie die Schrägentfernung, bei der Begleitung des Zieles automatisch der Seiten- und der Höhenwinkel und durch Handbetrieb die Schrägentfernung bestimmt. Die Antenne diente dem Abstrahlen der elektromagnetischen Energie und dem Empfang der Echosignale. Die GRS 4 war in einer wasserdichten, wärmeisolierten geschlossenen Kabine untergebracht, die mit vier Winden horizontiert wurde. Das Fahrgestell bestand aus zwei doppelbereiften Achsen mit Federaufhängung. Die Energieversorgung stellte ein separates Stromversorgungsgerät sicher. Die GRS 4 besaß noch keine Störschutzeinrichtung gegen Funkmess-Störung und kein Kennungsgerät zur Identifizierung des Luftgegners.

Geschützrichtstation 4	
Einsatzebene	Armee
Entfernung des Auffassens (km)	55
Entfernung der Begleitung eines Zieles (km)	35
Wellenbereich (cm)	10,5 bis 11,1
Impulsleistung (kW)	250
Dauer des Impulses (Mikrosekunden)	0,8
Antenne	Parabolspiegel
Durchmesser der Antenne (m)	1,8
Arbeitsbereich Höhe (Strich)	- 0-80 bis + 4-15
Seitenschwenkbereich (Grad)	360
Dauer zum Aufbau der Station (min)	60
Länge in Marschlage (mm)	9405
Breite in Marschlage (mm)	2564
Höhe in Marschlage (mm)	3230
Bodenfreiheit (mm)	430
Achsabstand (mm)	5410
Spurweite (mm)	1920
Masse (kg)	14.500
Transportgeschwindigkeit (km/h)	40
Stromversorgungsgeräte	SP-L-30 od. SP-O-30

1957 befanden sich zehn GRS 4 im Bestand der NVA. Die FlaK-Regimenter-3 und -5 der LaSK nutzten jeweils eine Station, zum Bestand des FlaK-Schießplatzes gehörten zwei Stationen. Sechs weitere GRS 4 nutzten die FlaK-Einheiten der Luftverteidigung. Mit Einführung der GRS 9A wurden sämtliche GRS 4 ausgemustert.
1970 erlebte die GRS 4 eine unerwartete Renaissance. Für die Sicherstellung des FlaK-Schießens orderte die *Verwaltung*

Truppenluftabwehr das Schießplatzkontrollgerät AsheP-41 mit folgender Begründung: *Eine Erprobung bei der GSSD ergab, dass der vorgesehene Einsatz von Geschützrichtstationen 9A als Kontrollpaar zur Aufnahme des Schießens nicht geeignet ist. Daher ist die Aufnahme von vier Stück Geschützrichtstationen SON-4 (M) mit modernisiertem Zusatzgerät ASheP-41/42 erforderlich (GSSD wurde kürzlich mit diesem Typ ausgerüstet).*
Für 1970 wurden vier *Geschützrichtstationen SON-4 mit Zusatzgerät für Flakschießplatz AShеP-41* in den avisierten Importplan aufgenommen.

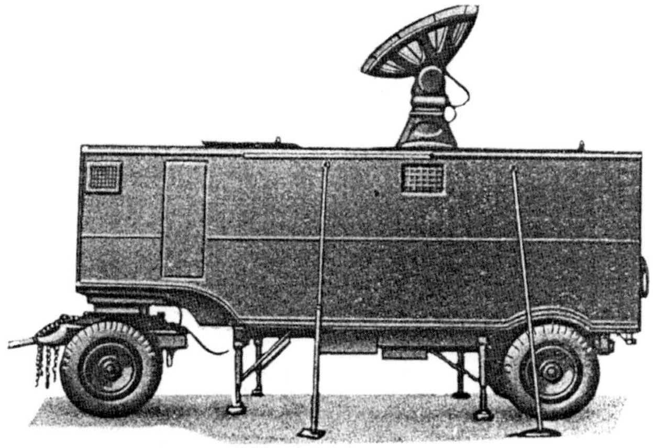

Die Geschützrichtstation 4 in Arbeitslage. Das Bild stammt aus der DV-42/21a von 1956.

Geschützrichtstation 9 und 9A

Станция орудийной наводки 9 - СОН 9 Гром-2
= Station für Waffenführung 9 - SON 9 DONNER-2
Станция орудийной наводки 9A - СОН 9A Глобус
= Station für Waffenführung 9A - SON 9A GLOBUS

Die **Geschützrichtstation 9** fand in Zusammenarbeit mit dem Kommandogerät 6 bei der FlaK-Artillerie kleinen und mittleren Kalibers Verwendung. Ab 1957 wurden in den FlaK-Regimentern der MB die vorhandenen GRS 4 nach und nach ausgesondert und die GRS 9 eingeführt. Damit stand ein Gerät zur Verfügung, das den Luftgegner auf Entfernungen von 50.000 m auffassen, ihn identifizieren sowie die Koordinaten und Parameter der Zielbewegung ununterbrochen ermitteln konnte. Zur kompletten Ausrüstung der Station gehörte der Stationswagen mit einem ZIS-151 als Zugmittel. Auf der Ladefläche des Zugmittels befand sich neben dem Elektroaggregat APG-15 auch das notwendige EWZ. Wurde bei unwegsamem Gelände ein mittleres Kettenzugmittel ATS (Objekt-712) eingesetzt, kam als Transportmittel für das Elektroaggregat ein mittlerer Lkw ZIS-151 zum Einsatz. Mit der ab 1958 eingeführten Nachfolgeversion GRS 9A konnte das Gefechtsgewicht verringert und die Aufbauzeiten deutlich verkürzt werden. Im Unterschied zur GRS 9 konnte die neue Version die Gefechtsarbeit auch bei aktiven Funkmess-Störungen führen.

In der Meldung des *Chefs der Artillerie-Truppen* vom Oktober 1956 an den *1. Stellvertreter des Ministers für Nationale Verteidigung* über die *Verteilung von FlaK-Waffen und Gerät* wurde ein Bestand von 14 GRS 9 gemeldet, der sich auf die neun FlaK-Regimenter der LaSK (je eine Station), auf das FlaK-Artillerie-

Geschützrichtstation 9	
Einführungszeitraum	ab 1957
Einsatzebene	Armee
Entfernung des Auffassens (km)	50
Entfernung der Begleitung eines Zieles (km)	35
Wellenbereich (cm)	10,5 - 11,1
Impulsleistung (kW)	250
Dauer des Impulses (Mikrosekunden)	0,5
Antenne	Parabolspiegel
Durchmesser der Antenne (m)	1,5
Arbeitsbereich Höhe (Strich)	- 0-50 bis + 14-50
Seitenschwenkbereich (Grad)	360
Dauer zum Aufbau der Station (min)	15
Länge in Marschlage (mm)	6500
Breite in Marschlage (mm)	2400
Höhe in Marschlage (mm)	3200
Bodenfreiheit (mm)	330
Achsabstand (mm)	3500
Spurweite (mm)	1980
Masse (kg)	7000
Transportgeschwindigkeit (km/h)	40
Stromversorgungsgeräte	APG-15

Regiment STRAUSBERG (drei Geräte), auf die FlaK-Artillerie-Offiziersschule und auf die Funkmess-Offiziersschule aufteilten. 1970 waren noch acht Stationen in Mob.-Einheiten eingesetzt.
Die Zuführung der ersten 21 **Geschützrichtstationen 9A** erfolgte 1957, 1958 folgten weitere 20 Stück. Eine wesentliche Neuerung war der Einbau einer Störschutzapparatur. Um die GRS in der Ausbildung nutzen zu können, war der Einsatz eines Antennen-Äquivalents notwendig. Dazu setzte sich die

Die Geschützrichtstation 9A in Arbeitsstellung. Diese Station stellte für lange Zeit das Schießen der FlaK-Einheiten sicher.

Verwaltung Bewaffnung mit der Ingenieur-Technischen Verwaltung in Verbindung, die sich ihrerseits an die Verwaltung Bewaffnung mit folgendem Schreiben wandte:
Nach Mitteilung des Lieferanten ist für die Geschützrichtstation SON-9A zur Geheimhaltung der Störschutzapparatur in Friedenszeiten das Antennen-Äquivalent Typ EKNM-7 vorgesehen. Da dieses Gerät nicht zur Komplettierung der Geschützrichtstation SON-9A gehört, seine Verwendung jedoch wünschenswert erscheint, wurde der Ingenieur-Technischen Verwaltung eine Nachbestellung für die im Jahre 1957 zur Auslieferung gelangenden Stationen, beziehungsweise eine Nachplanung für 1958 nahegelegt. Die Ingenieur-Technische Verwaltung bittet bis 22.7.1957 um Entscheid, ob und in welcher Menge ein Bedarf für 1957 und 1958 vorliegt. In diesem Falle wird um Übersendung eines bestätigten Nachtrages zum Importplan 1957 und 1958 gebeten. Die notwendigen 41 Antennen-Äquivalente wurden 1958 in den Importplan nachträglich aufgenommen.
Bis '70 stieg der Bestand auf 58 GRS 9A an. Durch die Einführung des Funkmess-Feuerleitgerätes RPK-1 konnten die FlaK-Einheiten der Mob.-Divisionen ausgerüstet werden. Im Zeitraum '76 bis '80 spielten die GRS 9 und 9A keine Rolle mehr.

Funkmess-Feuerleitgerät RPK-1 VASE

радиолокационный приборный комплекс рпк-1 Ваза = Radar Instrumenten Komplex RPK-1 VASE

Geschützrichtstation RPK-1 mit Kommandogerät auf Spezial-Kfz Ural 375 (K), unter dieser Bezeichnung wurde das Funkmess-Feuerleitgerät RPK-1 ab 1968 zur Feuerleitung der 57-mm FlaK-Batterien der FlaK-Regimenter der MB und der FlaK-Abteilungen der Divisionen eingeführt. Die neue Qualität der Funkmess-Feuerleitgerätetechnik in der NVA zeigte sich in der Vereinigung von Funkmessgerät, elektronischem Rechengerät (Kommandogerät), Kennungsapparatur, Trainingseinrichtung und leistungsstarker Stromversorgungsanlage, gemeinsam montiert in einem Koffer auf dem Fahrgestell des mittleren Lkw URAL-375 mit Kofferaufbau. Ebenfalls neu war die Nutzung eines Fernsehvisiers zur Begleitung von Luftzielen bei Ausfall des Funkmessgerätes. Weitere Verbesserungen äußerten sich in einem umfassenden Störschutzsystem zur Unterdrückung oder Kompensierung aller derzeitigen Funkmess-Störungen. Luftziele mit hohen Fluggeschwindigkeiten konnten weiterhin erfasst, automatisch begleitet und die Schusswerte zur Bekämpfung errechnet werden. Durch die Nutzung neuer Sichtgeräte konnten die Wirkungsbereiche der

Funkmess-Feuerleitgerät RPK-1	
GRAU-Index	1-RL-35
Einführungszeitraum	ab 1968
Einsatzebene	Regiment
Entfernung des Auffassens (km)	60
Ortungsentfernung mit Fernsehvisier (km)	10 - 12
Entfernung der automatischen Zielbegleitung (km)	40
Mögliche Zielgeschwindigkeit (m/s)	450
Antenne	Parabol
Antennendrehung (U/min)	1
Marschgeschwindigkeit (km/h)	50
Wellenbereich (cm)	3,12 – 3,28
Impulsleistung (kW)	150
Dauer des Impulses (Mikrosekunden)	0,35
Höhenwinkel (Strich)	0-25 bis 14-50
Seitenwinkel (Grad)	360
Dauer zum Aufbau der Station (min)	10
Länge in Marschlage (mm)	7440
Breite in Marschlage (mm)	2792
Höhe in Marschlage (mm)	3467
Basisfahrzeuge	URAL-375 (K)
Masse Gerätefahrzeug (kg)	13.590
Bedienung	6
Entfernung zur Kennungsabfrage (km)	60
Stromversorgungsgeräte	AB-16-äT/230-400

Das Funkmess-Feuerleitgerät RPK-1A in Gefechtslage.

57-mm FlaK bei der Feuerführung maximal ausgenutzt werden. Da die Einführung sieben Jahre dauerte, bedingt durch die technische Entwicklung und die Produktionsmöglichkeiten der Sowjetunion, waren in den FlaK-Einheiten drei verschiedene Versionen des Funkmess-Gerätes vorhanden: die Versionen RPK-1A, RPK-1M und RPK-1N.
1968 wurden die ersten fünf Funkmess-Feuerleitgeräte RPK-1 im MB-V eingesetzt, bis 1981 stieg der Bestand in der NVA auf 37 Geräte an.
Als die Bundeswehr den gesamten Bestand übernahm, befanden sich acht Geräte RPK-1 in Kampfeinheiten, 29 waren als zentrale Reserve eingelagert.

Funkmess-Station P-8 WOLGA

Seit 1952 gehörte die 85-mm-FlaK Modell 1939 (52-K) zur Bewaffnung der KVP-Einheiten. Die Funkmess-Sicherstellung erfolgte durch die Funkmess-Station P-8 (FuMS). Mit Gründung der NVA 1956 erhielt die Funkmess-Station P-8 die Kennungsanlage NRZ-8. Die FuMS kam neben der Luftraumüberwachung auch für das Leiten von Jagdflugzeugen in den Truppenteilen der LSK/LV zum Einsatz.
Die bodengestützte FuMS P-8 WOLGA operierte im Meterwellenbereich. Sie wurde von 1949 bis 1950 im *GORKI-Forschungsinstitut für Radiotechnik* konstruiert und 1951 in die sowjetische Armee übernommen.
Bei den FlaK-Einheiten der LaSK wies die FuMS P-8 WOLGA den Geschützrichtstationen die Ziele zu. Durch den Einsatz des Freund-Feind-Kennungsgerätes NRZ-8 *(Наземный радиолокационный запросчик НРЗ = Bodenfunkbefrager NRZ)* konnten eigene von gegnerischen Flugzeugen unterschieden werden. Die Sende- und Empfangsapparatur, die Sichtgeräte und die Stromversorgungsaggregate waren in zwei Fahrzeugkoffern auf Fahrgestell des mittleren Lkw ZIS-151 untergebracht. Ein abgesetzter, bis zu 30 m hoher Teleskopmast trug einen Drehmotor und die Hauptantenne, bestehend aus 2x2 Yagi-Antennen, die von einem Röhrensender gespeist wurden. Die vier Antennen wurden sowohl zum Senden als auch zum Empfangen von Echosignalen der Funkmess-Impulse verwendet. Dazu verfügten die vier Dipolreihen des Antennensystems über jeweils einen Reflektor und sechs Direktoren.

Auf einem weiteren Mast mit Drehmotor war die Antenne des Freund-Feind-Kennungsgerätes NRZ-8 aufgebaut. Da die Hauptantenne und die Antenne des Kennungsgerätes nicht synchron arbeiteten, musste die Antenne des Kennungsgerätes nach erfolgter Aufklärung zur Kennungsabfrage extra auf das Ziel ausgerichtet werden. Die Zeichen der aufgeklärten Ziele wurden auf einem Rundsichtgerät und einem weiteren Sicht-

Zwei Funkmess-Station P-8 WOLGA auf Basis des mittleren Lkw ZIS-151. Die Hauptantenne und die Antenne des Kennungsgerätes wurden auf separaten Antennenmasten neben dem Antennenwagen aufgebaut. Die vier Dipolreihen des Antennensystems waren mit je einem Reflektor und sechs Direktoren ausgerüstet. Nachdem ein Luftziel aufgeklärt war, musste die Antenne des Kennungsgerätes auf das Ziel ausgerichtet werden.

gerät dargestellt. Mit der FuMS P-8 wurden die Richtung und die Entfernung zum Ziel bestimmt. Eine Winkelmess-Schaltung ermöglichte durch die Analyse der Signale in den beiden Antennenebenen eine grobe Höhenbestimmung. Die Aufklärungsentfernung bei mittleren Bombenflugzeugen betrug bei einer Flughöhe von 2000 m etwa 65 km, bei einer Flughöhe von 8000 m bis 150 km. Bei der maximalen Aufklärungsentfernung lag die Fehlergrenze beim Bestimmen der Entfernung bei +/- 700 m, bei einer Höhe von 4000 m bei +/- 300 m.

Die zehn vorhandenen Funkmess-Stationen P-8 WOLGA wurden bis 1965 durch die FuMS P-10 und P-12 ersetzt. Sie waren über zehn Jahre im Einsatz und entsprachen nicht mehr den technischen Anforderungen. Eine Hauptinstandsetzung war nicht mehr möglich, da im Herstellerland die Produktion 1954 eingestellt wurde und keine Ersatzteile mehr zu beschaffen waren.
Für kurze Zeit wurden die Funkmess-Stationen P-8 WOLGA noch zu Ausbildungszwecken eingesetzt.

Funkmess-Station P-10 WOLGA-A

Zum Bestand eines FlaK-Regimentes der LSK/LV von 1958, ausgerüstet mit drei FlaK-Abteilungen (2x100-mm FlaK, 1x57-mm FlaK), gehörte eine FuMS P-10, eingesetzt im Funkmess-Zug der Führungs-Batterie. Bereits im Oktober 1956 wurde die Station bei der *Gruppe der Sowjetischen Streitkräfte in Deutschland* einer Delegation von NVA-Offizieren vorgestellt.
Die FuMS diente der Ortung und Begleitung von Luftzielen, der Bestimmung der Zielkoordinaten Entfernung, Richtung und Höhe sowie der Übergabe der Zieldaten an die Geschützrichtstation. Die Gipfelhöhe der Auffassungszone lag bei mindestens 16 km, die Entfernung zum Auffassen von Zielen konnte bis 200 km betragen. Die FuMS P-10 war zusätzlich mit Schaltungen zum Schutz vor aktiven und passiven Funkmess-Störungen ausgestattet. Bei aktiven Störungen konnten Sender und Empfänger elektro-mechanisch auf eine von vier vorabgestimmten Frequenzen umgeschaltet werden.

Zum Bestand der FuMS P-10 gehörten der Gerätewagen mit Antennensystem und der Aggregatewagen mit zwei Elektroaggregaten. Beide Wagen nutzten den mittleren Lkw ZIS-151 mit Koffer KUNG als Basis. Die Ausmaße beider Fahrzeuge (LxBxH) betrugen je 7400x2420x3200 mm bei einer Masse von 9100 kg (Gerätewagen), beziehungsweise 9300 kg (Aggregatewagen). Am Gerätewagen hinter dem Führerhaus wurde der viergliedrige Antennenmast aufgebaut. Die in zwei Ebenen angeordneten 2x2 Yagi-Antennen montierte man zusammen mit einem Drehmotor auf dem Gittermast. Jede Yagi-Antenne be-

Funkmess-Station P-10 WOLGA-A	
Einführungszeitraum	ab 1957
Einsatzebene	Regiment
Entfernung des Auffassens (km)	180 - 200
Gipfelhöhe (km)	16
Impulsfolgefrequenz (Hz)	100
Impulsleistung (kW)	75
Dauer des Impulses (Mikrosekunden)	8
Wellenbereich (m)	3
Antenne	2 x 2 Yagi
Antennendrehung max. (U/min)	3
Seitenschwenkbereich Sektor (Grad)	90 - 120
Seitenschwenkbereich rundum (Grad)	360
Dauer zum Aufbau der Station (min)	90
Länge in Marschlage (mm)	7400
Breite in Marschlage (mm)	2420
Höhe in Marschlage (mm)	3200
Basisfahrzeuge	ZIS-151, ZIL- 157
Masse Gerätefahrzeug (kg)	9100
Masse Aggregatefahrzeug (kg)	9300
Entfernung zur Kennungsabfrage (km)	bis 190
Stromversorgungsgeräte	2

Das Aggregatefahrzeug der Funkmess-Station P-10 WOLGA-A auf dem mittleren Lkw ZIS-151 mit Koffer KUNG.

stand aus einem Reflektor, sieben Direktoren und einem Faltdipol, der beim Senden vom Sender gespeist und aufgenommene reflektierte Energie an den Empfänger leitete. Dabei konnte die Antenne für die Rundumbeobachtung oder Sektorensuche eingesetzt werden. Der Antennenmast wurde mit Hilfe einer Winde am Gerätewagen aufgebaut. Die Elemente der Antennenkonstruktion wurden am, unter und im Fahrzeug untergebracht. Die Station arbeitete mit einer Betriebsfrequenz von 88 +/- 6 MHz, einer Sendeleistung von 75 kW und einer Impulsfrequenz von 100 Hz. Die Zeit zum Bestimmen der Koordinaten lag bei zehn Sekunden. Die Umdrehungsgeschwindigkeit der Antenne lag zwischen 0,8 bis 4,5 U/min.

Das Antennenfahrzeug der Funkmess-Station P-10 WOLGA-A auf dem mittleren Lkw ZIS-151, typisch für die FuMS war die Ausstattung der Antenne. Zu jeder der vier Yagi-Antennen gehörten ein Reflektor, sieben Direktoren und ein Faltdipol.

Zur Station gehörte das Freund-Feind-Kennungsgerät NRZ-10 KREMNIJ-2. Die Antenne des NRZ-10 wurde auf einem eigenen Gittermast aufgebaut und drehte sich synchron mit den Yagi-Antennen. Dabei betrug die Entfernung zur Kennungsabfrage maximal 190 km. Die Antenne des Kennungsgerätes wurde mit einem einfachen Hebebaum aufgestellt und abgespannt. Im Aggregatewagen waren zwei unabhängig voneinander arbeitende Dieselaggregate vom Typ ALD-10A mit einer Nutzleistung von 5 kW untergebracht. Obwohl die FuMS P-10 eine Weiterentwicklung der FuMS P-8 war, stellte sie Mitte der 1950er Jahre keine bemerkenswerte Verbesserung dar. Aufgrund ihrer relativ großen Wellenlänge war das Auflösungsvermögen unbefriedigend. Ein Störsender konnte die im Meter-Wellenbereich arbeitende Station leicht stören. Auch die Bildgerätetechnik entsprach nicht dem neuesten Stand der Technik. Außerdem erreichte die FuMS P-10 eine äußerst niedrige Aufklärungsrate bei Anflügen und Angriffen

in geringen Höhen und im Tiefflug. In einem Protokoll zur Planung des Einsatzes der FuMS P-10 von 1962 wurde die Gesamtzahl mit 34 Stück angegeben, 23 Stück waren bei den LSK/LV und elf Stück bei den LaSK eingesetzt. Die letzten eingeführten FuMS P-10 nutzten den mittleren Lkw ZIL-157 als Basisfahrzeug.

Da 1961 die Produktion der FuMS P-10 eingestellt wurde, kam die FuMS P-12 in den Importplan. Ab 1965 begann die Aussonderung der FuMS zur Ersatzteilgewinnung und zur Herstellung von Lehrgeräten, die Basisfahrzeuge wurden an die Volkswirtschaft abgegeben. Im Planungszeitraum 1971 bis 1975 spielte die FuMS P-10 keine Rolle mehr.

Bei der Funkmess-Station P-8 WOLGA auf Basis des mittleren Lkw ZIS-151 wurden die Hauptantenne und die Antenne des Kennungsgerätes auf separaten Antennenmasten neben dem Antennenwagen aufgebaut. Die vier Dipolreihen des Antennensystems waren mit je einem Reflektor und sechs Direktoren ausgerüstet. Nachdem ein Luftziel aufgeklärt war, musste die Antenne des Kennungsgerätes auf das Ziel ausgerichtet werden.

Funkmess-Station P-12 JENISSEI, P-12MA SURA und P-12NA/NP IRTYSCH

П-12 Енисей = P-12 JENISSEI - П-12МА Сура = P-12MA SURA - П-12НА / П-12НП Иртыш = P-12NA/NP IRTYSCH

Im Herbst 1961 erfolgte die Einführung der Funkmess-Station P-12 JENISSEI als derzeit modernste im Meter-Wellenbereich, ausgerüstet mit einer Störschutzapparatur und halbautomatischer Frequenzumstimmung. Ihr Einsatz erfolgte zur Luftraumaufklärung und Zielzuweisung in den Funktechnischen-, FlaK- und Fla-Raketen-Truppenteilen der LSK/LV sowie in den Funktechnischen- und FlaK-Truppenteilen der LaSK. Sie kam beispielsweise im Aufklärungszug/Flak-Regiment-3 für die funkmesstechnische Sicherstellung des Schießens der 100-mm Flak-Batterien zum Einsatz.

Die FuMS P-12 diente dem Orten von Flugzeugen, der Bestimmung ihrer laufenden Koordinaten (Richtung, Schrägentfer-

Das Gerätefahrzeug mit Koffer KUNG-1 auf ZIL-157 (links) und das Antennenfahrzeug der Funkmess-Station P-12MA SURA in Arbeitsstellung (rechts).

nung, Höhenwinkel und Höhe), der Beobachtung der Luftlage in der Auffassungszone der Station sowie der Zielzuweisung für Raketenleit- und Geschützrichtstationen. Der maximale Erfassungsbereich lag bei 200 km, die maximale Erfassungshöhe bei 25 km. Zum Schutz der Station vor aktiven Funkstörungen war die Möglichkeit einer Umstimmung der Station im befohlenen Frequenzbereich vorgesehen. Gegen passive Störungen, die durch die Reflexion an Festzielen und Düppelstreifen entstanden, fand eine Kohärent-Kompensationsschaltung Verwendung, die gleichfalls den Schutz gegen asynchrone Impulsstörungen gewährleistete. In der Station befand sich das Kennungsgerät NRS-10 oder NRS-12 zur Unterscheidung der eigenen Flugzeuge von denen des Gegners. Die Auffassungsentfernung hing von der Flughöhe, von der Lage im Raum, vom Typ und von der Anzahl der Flugzeuge in der Gruppe sowie vom Standort der Station ab. Die FuMS gestattete es, die Richtung, die Entfernung und den Höhenwinkel des Zieles unmittelbar von den Bildschirmen der Sichtgeräte abzulesen. Die Zielhöhe wurde mit Hilfe eines Nomogramms unter Berücksichtigung der Erdkrümmung aus dem abgelesenen Höhenwinkel und der Schrägentfernung ermittelt. Als Energiequelle fanden zwei Aggregate vom Typ AD-10 Verwendung.

Zur Station gehörten der Gerätewagen auf Spezial-Kfz ZIL-157 mit Kofferaufbau KUNG-1, der Antennenwagen mit der Antennen-Mastanlage, einem Spezial-Kfz ZIL-157 sowie zwei Einachs-Anhänger vom Typ 1-AP-1,5 mit den Elektroaggregaten.
Die Antenne diente der gerichteten Ausstrahlung und dem gerichteten Empfang der elektromagnetischen HF-Impulse. Sie strahlte die starken HF-Impulse in den Raum, die vom HF-Generator erzeugt wurden. Die HF-Impulse, die von den Zielen in Richtung Station reflektiert wurden, empfing die Antenne und leitete sie an den Eingang des Empfängers. Das Speiseleitungssystem der Antenne diente der Übertragung der HF-Energie beim Senden (vom Generator zur Antenne) und beim Empfang (von der Antenne zum Empfänger). Die Mastanlage gewährleistete das Aufstellen der Antenne in der erforderlichen Höhe und stützte das Getriebe und die Antenne. Mit Hilfe des Reduziergetriebes wurde die Antenne gedreht und von 7° bis 10° nach oben geschwenkt. Der Antennenumschalter schaltete das Speiseleitungssystem von Senden auf Empfang und umgekehrt. Das Goniometer maß den Höhenwinkel des Zieles und gestattete die beiden Betriebsarten der Station - RUNDSICHT und HÖHENWINKEL.
Das Antennensystem bestand aus zwölf gleichen Antennenteilen. Die einzelnen Elemente waren in zwei Etagen zu je sechs

Funkmess-Station P-12	
Einführungszeitraum	ab 1961
GRAU-Index P-12	1RL14
GRAU-Index P-12MA	1RL14MA
GRAU-Index P-12NP	1RL14NP
Einsatzebene	Regiment
Marschgeschwindigkeit (km/h)	55
Seitenschwenkbereich (Grad)	360
Dauer zum Aufbau der Station (min)	90
Länge in Marschlage (mm)	7150
Breite in Marschlage (mm)	2550
Höhe in Marschlage (mm)	3300
Basisfahrzeuge	ZIL-157
Masse Gerätefahrzeug (kg)	8500
Bedienung	11
Stromversorgungsgeräte	2 x AD-10

Stück angeordnet. Das System war auf einem elf Meter langem Querträger montiert. Wenn der Antennenwagen auf der Erdoberfläche aufgebaut war, betrug die Höhe bis zum Querträger 5,75 m. Zur Gewährleistung der Festigkeit der Antenne und zur Verhinderung des Durchbiegens des Querträgers wurden sechs Abspannseile mit Spannschlössern verwendet. Der Antennenmast stand auf dem Fahrgestell des Spezial-Kfz ZIL-157. Die Standfestigkeit des Antennenwagens mit aufgebauter Antennen-Mastanlage sowie die horizontale Lage der einzelnen Antennenteile wurden mit Hilfe von Horizontierungsspindeln gewährleistet. Die Stabilität der Antennen-Mastanlage bei Sturm oder unter Einfluss einer Druckwelle sicherten zwei am Heck befestigte Stützen. Der Mast war zusammenklappbar und bestand aus dem Fuß, dem Hauptsegment und der Drehfläche. Auf der Drehfläche war das Reduziergetriebe dauerhaft befestigt. Beim Aufstellen des Antennenwagens in einer Stellung wurde die Masthöhe durch das Einsetzen zusätzlicher Segmente vergrößert.

Die Sichtgeräteanlage der FuMS bestand aus dem Rund-, dem Höhen- und dem Kontrollsichtgerät. Die Sichtgeräteanlage war mit dem Kennungsgerät gekoppelt, von dem die Antwortsignale der eigenen Flugzeuge, die mit Kennungsgeräten ausgerüstet waren, auf das Rundsicht- und das Kontrollsichtgerät gelangten. Das Rundsichtgerät bestimmte die Schrägentfernung und die Richtung des Zieles. Das Höhensichtgerät diente in Verbindung mit dem Goniometer der unmittelbaren Bestimmung des Höhenwinkels des Zieles. Das Bestimmen der Ziel-Koordinaten erfolgte in der Station bei ununterbrochener Dre-

Bei der Funkmess-Station P-12NA IRTYSCH kam ein Anhänger als Antennenfahrzeug zum Einsatz. Die einzelnen Elemente von links nach rechts: Geräteanhänger, Antennen-Anlage der Freund-Feind-Kennungsgerät, Antennenanhänger mit Sende- und Empfangsantenne, zwei Diesel-Elektroaggregate GAD-15.

hung der Antenne mit einer Geschwindigkeit bis sechs U/min. Die Schrägentfernung, die Richtung und der Höhenwinkel der Ziele wurden direkt von den Bildschirmen der Sichtgeräte abgelesen. Die Verwendung von Elektronenstrahlröhren mit langer Nachleuchtzeit der Bildschirme (beim Rundsichtgerät und beim Höhensichtgerät) ermöglichte es, die Koordinaten zu jedem Zeitpunkt abzulesen, ohne die Antennendrehung zu unterbrechen. Die Schrägentfernung konnte praktisch an jedem Sichtgerät abgelesen werden, da alle Sichtgeräte nach jeweils zehn Kilometern mit den Entfernungsmarken geeicht waren. Zur Erleichterung des Ablesens der Schrägentfernung leuchteten die Maßstabsmarken heller.

Ab 1965 begann in den Landstreitkräften die systematische Umrüstung der FuTK und der Aufklärungseinheiten der 57-mm FlaK-Regimenter von der FuMS P-10 auf die FuMS P-12. Diese Modernisierung war durch die enorme Entwicklung auf dem Gebiet der Funkmesstechnik und im Interesse der Gewährleistung einer lückenlosen Aufklärung in mittleren und großen Höhen notwendig geworden. Durch die höchste Antennendrehgeschwindigkeit von sechs U/min konnten auch schnell fliegende Ziele zuverlässig aufgefasst werden. Die maximale Auffassungsentfernung lag bei 260 km, die Auffassungshöhe bei 25 km. Die Impulsleistung der Station betrug 200 kW, die Impulsfolgefrequenz 345 Hz. In der Station befand sich das synchron mit der Antenne arbeitende Kennungsgerät NRS-10 oder NRS-12 zur ständigen Freund-Feind-Abfrage. Die automatische Höhenbestimmung, der Anschluss eines Tochtersichtgerätes und automatisierter Auswertesysteme (bei den LSK/LV) sowie die Ausschnittbeobachtung auf dem Rundsichtgerät komplettierten die Möglichkeiten der FuMS P-12.

Mit den Versionen P-12M SURA (rechter Nebenfluss der Wolga) und P-12N IRTYSCH (Fluss im Süden Russlands) wurde die Ausrüstung entweder auf zwei Spezial-Kfz als Version A (A stand für Автомобил = Automobil) oder auf zwei Spezial-Anhänger als Version P (P stand für П - Прицеп = Anhänger) aufgebaut. In der NVA kamen die FuMS P-12MA und P-12NA auf Spezial-Kfz ZIL-157 und die Anhänger-Variante P-12NP zum Einsatz.
Ab 1966 erfolgte der Import der Funkmess-Station P-12NP. Das Aufgabenspektrum entsprach dem Grundmodell P-12. Die gesamte Ausrüstung der FuMS P-12 wurde in zwei 7 t Anhängern verbaut, als Zugmittel kamen zwei mittlere Lkw URAL-375 zum Einsatz. Da die Station ohne Elektroaggregate importiert wurde, setzte die NVA zwei Diesel-Elektroaggregate GAD-15 aus DDR-Produktion ein.

Der Gesamtbedarf für die Ausrüstung der NVA mit FuMS P-12 im Soll 2 belief sich auf 80 Stationen, 22 für die LaSK und 58 für die LSK/LV. Zusätzlich sollten 23 FuMS P-12NP ab 1966 auf Empfehlung des Vereinten Oberkommandos von 1966 bis 1970 in den LaSK und LSK/LV eingeführt werden.
1977 begann mit Einführung der Funkmess-Station P-18 der Austausch der FuMS P-12. Im 1980 aufgesetzten *Nachweis über Hauptarten der Kampftechnik und Bewaffnung der NVA* wurden 23 FuMS-12 aufgelistet. Da in den späteren Kampfbestandsmeldungen die beiden FuMS P-12 und P-18 zusammengefasst wurden, ließ sich die genaue Anzahl an FuMS P-12 nicht mehr feststellen.
Im Bestandsnachweis der Bundeswehr nach Übernahme des NVA-Materials wurden noch 18 FuMS P-12 aller Varianten geführt. Sie stufte man in Kategorie III - Aussonderung ein.

Funkmess-Station P-15 TROPA

П-15 Тропа = P-15 PFAD

Bereits für 1958 waren die ersten drei FuMS P-15 für die Luftraumüberwachung und für die Aufklärung von tieffliegenden Zielen in der NVA geplant. Erst 1960 begann die Zuführung der FuMS P-15 in den Aufklärungseinheiten der 57-mm FlaK-Einheiten (je Einheit eine FuMS P-15).
Die fahrbare Funkmess-Station P-15 war eine Zwei-Koordinaten-Funkmess-Station im Dezimeter-Wellenbereich. Sie diente der Aufklärung des Luftraumes in geringen und mittleren Höhen bei einer maximalen Auffassungsentfernung von 180 km (Flughöhe 4000 m), die Auffassungshöhe lag bei maximal 6000 m. Mit der Station konnten der Seitenwinkel, die Entfernung und die annähernde Anzahl der Flugzeuge im Ziel sowie die Kennung der eigenen Flugzeuge mit dem Kennungsgerät NRS-15, das in der Station untergebracht war, festgestellt werden. Die in der FuMS ermittelten Werte wurden zur Führungs-

Funkmess-Station P-15	
Einführungszeitraum	ab 1960
GRAU-Index	1RL13
Einsatzebene	Regiment
Entfernung des Auffassens (km)	150 - 180
Gipfelhöhe (km)	6
Impulsfolgefrequenz (Hz)	500
Impulsleistung (kW)	210
Dauer des Impulses (Mikrosekunden)	2 - 5
Antenne	Parabol
Antennendrehung max. (U/min)	6
Seitenschwenkbereich Sektor (Grad)	90 - 120
Seitenschwenkbereich rundum (Grad)	360
Dauer zum Aufbau der Station (min)	10
Länge in Marschlage (mm)	7400
Breite in Marschlage (mm)	3100
Höhe in Marschlage (mm)	3850
Basisfahrzeuge	ZIL-157
Masse Gerätefahrzeug (kg)	9150
Entfernung zur Kennungsabfrage (km)	bis 225
Stromversorgungsgeräte	2
Bedienung	10

Die Funkmess-Station P-15 TROPA in Arbeitslage. Auf dem Einachs-Anhänger befanden sich unter anderem das Elektroaggregat und die Horizontierungsspindeln mit Stützen.

Diese Gesamtansicht der Funkmess-Station P-15 TROPA zeigte die Lage der Antenne, vorbereitet für den Eisenbahntransport (zur Sicherstellung der Bewegung des Fahrzeuges auf dem Bahnhofsgelände wurden die Seitenteile der Reflektoren an den Kabinenwänden angebracht, die mittleren Antennensegmente beförderte der Anhänger). Links neben den beiden Seitenteilen des Reflektors wurde einer der beiden Strahler am Koffer transportiert.

stelle der Einheit weitergegeben, wo sie zur Beurteilung der Luftlage, zur Benachrichtigung der Truppen über den Luftgegner sowie zur Zielanweisung für die Geschützrichtstationen der Flakartillerie verwendet wurden.

Die FuMS P-15 war auf einem Spezial-Kfz ZIL-157 mit Kofferaufbau und dem Einachs-Anhänger 1-AP-1,5 montiert. Im Kofferaufbau des Kfz war die Funkmessanlage und das Reservestromaggregat untergebracht. Im Aufbau des Anhängers wurden das Hauptstromaggregat mit der Verteilertafel, ein Vorratsbehälter für Kraft- und Schmierstoff, Kabel zum Anschluss der Stromversorgungsaggregate an das Kraftfahrzeug, Horizontierungsspindeln mit Stützen und ein Zwischenstück des Antennenmastes für den Aufbau im Graben untergebracht. Beim Eisenbahntransport beförderte der Anhänger die beiden mittleren Antennensegmente.

Eine exakte Höhenbestimmung war mit der Station nicht möglich. Im vorderen Teil des Kfz war der drehbare Antennenmast untergebracht. Damit war eine Rundum- oder eine Sektorensuche möglich. Die Sektorensuche gewährleistete ein Begleiten des Zieles im Beobachtungssektor, eine gedeckte Arbeit der Station, da nur im festgelegten Sektor ausgestrahlt wurde, und die beschleunigte Ortung des Zieles. Die Station war mit zwei übereinander angeordneten Antennen ausgerüstet, die jeweils aus einem Strahler und einem dreiteiligen Reflektor bestanden.

Bei der Variante FuMS P-15MS kamen neue Baugruppen und das Elektroaggregat AB-8M zum Einsatz. Ab 1976 wurde die letzte Version, die FuMS P-15M2 eingeführt. Sie bestand aus dem Basisfahrzeug ZIL-157K mit Einachs-Anhänger für ein Elektroaggregat. Bedient wurde diese Station von nur noch vier Mann.

Zwei FuMS P-15 klärten die Luftlage für die 57-mm FlaK-Batterien der Gefechts-Divisionen/LaSK ab 1968 auf. Sukzessiv wurden die FuMS P-15 in den FlaK-Abteilungen der Mob.-Divisionen umgesetzt. In den funktechnischen Bataillonen der LSK/LV wurden FuMS der P-15-Serie in Kombination mit der Antennenanlage AMU-15 bis zur Auflösung der NVA eingesetzt. Zur Verbesserung der Ortung von extrem tief fliegenden Zielen wurden einzelne FuMS P-15 mit der Antennenanlage AMU-15 (АМУ - антенно-мачтовых устройство = AMU - Antennenmastgerät/GRAU-Index 1RL82) auf dem bis zu 50 m hohen Gittermast UNSHA-2 ausgerüstet. Die Auffassungsentfernung bei Flugzeugen mit einer Flughöhe von nur 100 m lag bei etwa 50 km. Ziele mit einer Flughöhe von 2500 m wurden bereits ab 145 km erfasst.

Im *Nachweis der Hauptarten der Kampftechnik und Bewaffnung der NVA* von '80 wurden für die Landstreitkräfte 14, für die LSK/LV 49 und für die Marine zwei FuMS P-15 aller Versionen gelistet. Die Bundeswehr übernahm 52 FuMS P-15 TROPA und ordnete sie in die Kategorie III - Aussonderung ein.

Funkmess-Station P-19 DUNAI

П-19 Дунай = P-19 DONAU

Die Funkmess-Station P-19 DUNAI löste ab 1978 sukzessiv die FuMS P-15 in den funktechnischen Bataillonen und den Fla-Raketen-Regimentern der Militärbezirke, in den Fla-Raketen-Regimentern der Kampf-Divisionen sowie in den FlaK-Regimentern der Mob.-Divisionen ab. Sie diente der Aufklärung von Luftzielen in geringen Höhen, dem Bestimmen des Seitenwinkels und der Entfernung der Luftziele sowie der Beobachtung von Handlungen eigener Flugzeuge auch bei starken Funkmess-Störungen. Bei Kopplung mit einem Höhenmesser PRW-9B oder PRW-16B konnte zusätzlich die genaue Höhe des Luftzieles bestimmt werden. Außerdem war die Übermittlung der primären Luftlage an andere Funkmess-Stationen, automatisierte Führungssysteme oder Führungsstellen möglich. Die Störschutzeinrichtung der FuMS umfasste den Schutz vor gezielten aktiven und passiven Funkmess-Störungen, Rausch- und asynchronen Impulsstörungen. Zum Schutz vor asynchronen Impulsstörungen wurde eine Subtraktionsschaltung verwendet, die nur Signale passieren ließ, deren Folgefrequenz mit der der FuMS übereinstimmte. Zur Trennung sich bewegender Ziele von Festzielen kam das Festziel-

Der Antennenwagen (links) und der Gerätewagen (rechts) der Funkmess-Station P-19 DUNAI in Gefechtslage.

Das Antennenfahrzeug der Funkmess-Station P-19 DUNAI in Marschlage. Die beiden Antennen-Reflektoren wurden auf den Aufbauten abgelegt und seitlich arretiert.

Unterdrückungssystem (SBZ-System - Selektion beweglicher Ziele) zum Einsatz. Dabei wurde der Phasenunterschied von sich bewegenden und sich nicht bewegenden Zielen ausgewertet. War kein Schutz vor aktiven Störungen möglich, konnte allerdings der Störträger gepeilt und sein Seitenwinkel bestimmt werden.

Die Station konnte in Deckungen untergebracht und fernbedient werden. Bei einer Flughöhe von 100/8000 m lag die Aufklärungsentfernung bei 40/200 km. Mit einer Drehzahl von sechs und zehn U/min konnte die strukturmäßige Antenne arbeiten. Zur Identifizierung der Luftziele diente das Kennungsgerät NRZ-15F1. Die beiden Strahler des Kennungsgerätes waren auf den Hornstrahlern der beiden Antennen-Reflektoren befestigt.

Zur Station gehörten der Antennen- und der Gerätewagen. Beide nutzten ein Spezial-Kfz ZIL-131 als Basisfahrzeug. Die Ausmaße des Gerätewagens (LxBxH) betrugen 7450x2400x3335 mm bei einer Masse von 9800 kg. Er transportierte in einem Koffer K4.131 das Funkmessgerät, das Kennungsgerät, die Haupt- und die Hilfsausrüstung sowie den EWZ-Satz. Da der Koffer hermetisierbar war und über eine Kernwaffenschutz- sowie eine Belüftungsanlage verfügte, konnte beim Einsatz von Massenvernichtungsmitteln uneingeschränkt gearbeitet werden. Der Antennenwagen hatte die Ausmaße (LxBxH) 7740x2600x3337 mm bei einer Masse von 10.170 kg. Auf der Spezial-Pritsche wurden die beiden Reflektoren, die Dreheinrichtung und der Antennenantrieb, zwei Elektroaggregate AB-16, die Mastelemente der Antenne sowie die Elemente der Antennenzuleitung und Verbindungskabel untergebracht. Jeder Reflektor setzte sich aus fünf Sektionen zusammen, die durch Bolzen und Klinken miteinander verbunden waren. Beim Herstellen der Marschlage konnten die Segmente gelöst und um den Kofferaufbau des Antennenwagens gelegt werden.

Die primäre Stromversorgung erfolgte über die beiden Elektroaggregate AB-16. Es bestand auch die Möglichkeit, mit Hilfe des Frequenzumformers WPL-30, Elektroenergie aus einer Fremdspannungsquelle zu nutzen. Ein Tochtersichtgerät diente der parallelen Arbeit mit der FuMS P-19 aus einer bis zu 300 m entfernten stationären oder beweglichen Führungsstelle. Es gewährleistete außerdem die vollständige Fernbedienung der FuMS und eines Elektroaggregates. Es musste in einem Spezialcontainer auf einem gesonderten Fahrzeug transportiert werden.

1978 erhielt die NVA die ersten zwei Funkmess-Stationen P-19 DUNAI. Bis 1983 sollte der Bestand auf 22 Stationen anwachsen. Von 1984 bis 1987 kamen weitere 15 Stationen der modernisierten Variante P-19-4, von 1988 bis 1989 nochmals zwölf neue Stationen des Typs P-19Sch3-1 dazu. Für die industrielle Instandsetzung nach 1980 war das VEB Kombinat Spezialtechnik Dresden vorgesehen. Somit erhielten die Einheiten der Truppenluftabwehr 49 Funkmess-Stationen P-19 DUNAI, die von der Bundeswehr übernommen wurden.

Elektroaggregate

Stromversorgungsgerät SP-L-30-1 und SP-O-30

Станция питания СПЛ-30-1
= Stromversorgungsstation SPL-30-1
Станция питания СПО-30
= Stromversorgungsstation SPO-30

Die fahrbaren Stromversorgungsgeräte SP-L-30-1 und SP-O-30 waren für die Energieversorgung der sechs FlaK-Geschütze und des Kommandogerätes einer FlaK-Batterie bestimmt. Das Stromversorgungsgerät SP-L-30-1 erzeugte eine Wechselspannung von 127 V und eine Gleichspannung von 230 V/ 300 kW, das Stromversorgungsgerät SP-O-30 erzeugte eine Wechselspannung von 230 V/30 kW. Beide Geräte konnten durch den Generator DGS-91/4 (Spannung 230 V) oder durch eine Nebenquelle (Netz) mit einer Spannung von 220 oder 380 V betrieben werden. Die Aggregate und Einrichtungen der beiden Stromversorgungsgeräte waren auf Anhängern gleicher Art montiert, die von einem Kraftfahrzeug gezogen wurden. Zur Ausrüstung des Gerätes SP-L-30-1 gehörten das Fahrgestell mit Aufbau, das Elektroaggregat ALD-60K, ein Motorgenerator, der Transformator TSN-24/0,5, eine Verteiler- und Leitungstafel sowie eine 100 m Kabelrolle. Das Gerät SP-O-30 setzte sich aus dem Fahrgestell mit Aufbau, dem Aggregat ALD-60K, dem Selengleichrichter WSA-10, der Verteilertafel und zwei Kabelrollen (je 100 m) zusammen.

Die Zahlenangaben zu diesen Geräten waren sehr dürftig. 1957 befanden sich 35 Stromversorgungsgeräte SPO-30 für die 57-mm und die 100-mm Flak-Batterien im Bestand der NVA.

Da die DDR über eine eigene leistungsstarke Elektroindustrie verfügte, wurden große Anstrengungen unternommen, den Kauf teurer Importgeräte durch eigene Elektroaggregate, wie die Geräte der GAD-Serie, abzulösen. Für die Stromversorgungsgeräte SP-L und SP-O wurde das fahrbare Diesel-Elektroaggregat DiDF 30-4 (Drehstrom 225 V und 390 V) oder GAD-30 in die Ausrüstung genommen. Für die Versorgung einer FlaK-Abteilung mit drei FlaK-Batterien wurden drei Geräte benötigt.

Stromversorgungsgerät SP-L-30-1 (links) und SP-O-30 (rechts).

Stromaggregat APG-15

Агрегат питания АПГ-15 = Elektroaggregat APG-15

Das Stromaggregat APG-15 war als bewegliche Elektrostation zur Versorgung der Geschützrichtstationen 9 und 9A vorgesehen. Es wurde auf der Ladefläche eines Spezial-Kfz transportiert, der gleichzeitig als Zugmittel für die GRS eingesetzt wurde. Bei Verlegungen im schweren Gelände konnte ein mittleres Kettenzugmittel ATS (Objekt-712) für die GRS eingesetzt werden, das Spezial-Kfz transportierte dann das Stromaggregat.
Das Stromaggregat mit seinen Hauptteilen war auf einem Karren mit vier Rädern, einer starren und einer beweglichen Achse montiert. Bei einer Masse von 1570 kg war der Transport des Aggregates nur bedingt möglich, weshalb es auch auf der Ladefläche des Zugmittels betrieben werden konnte. Der 22 PS leistende Vierzylinder-Viertakt-Benzinmotor GAZ-MKB war durch eine Gelenkwelle mit dem Generator MSA-72 verbunden, der Drehstrom von 200 bis 250 V mit 38 kW und 50 Hz erzeugte. Dieser Drehstrom wurde im Maschinenaggregat zu Wechselstrom mit 115 V/427 Hz umgewandelt. Ein Selengleichrichter lieferte Gleichstrom von wahlweise 6 V oder 12 V zum Laden der Kfz-Akkumulatoren. Zwei Kabeltrommeln dienten der Aufnahme der Kabel während des Transportes. Die Kabel verbanden das Stromaggregat mit den Verbrauchern. Die Trommeln wurden mit Halterungen unter der Ladefläche am Heck des Zugmittels aufgehängt. Mit zwei handbetriebenen Kurbeln mussten die Kabel nach dem Einsatz aufgetrommelt werden. Von außen waren die Trommeln mit einem Mantel verschlossen. Mit Hilfe von zwei auf der Ladefläche montierten Gleitschienen und einer manuell betriebenen Seilwinde konnte das Stromaggregat von zwei Soldaten in elf Minuten auf- und in sechs Minuten abgeladen werden.
Als Zug- und Transportmittel der GRS 9 und des Stromaggregates wurde der mittlere Lkw ZIS-151 mit Pritsche/Plane eingesetzt, die Ausmaße (LxBxH) des Spezial-Kraftfahrzeug betrugen 7250x2320x3100 mm bei einer Masse unbeladen/beladen von 5941/7511 kg.
Mit Einführung der Geschützrichtstation 9A kam ein Spezial-Kfz ZIL-157 Pritsche/Plane als Zugmittel zum Einsatz. In die vordere Stoßstange wurde eine Winde integriert, die das Stromaggregat mit Hilfe des Lkw-Motors auf die Ladefläche zog. Dazu wurde das Seil mit einem Stativ über das Fahrerhaus auf die Ladefläche geführt. Damit konnte die Dauer zum Be- und Entladen erheblich reduziert und die Arbeitsbedingungen für die Bedienung deutlich erleichtert werden.

Die Gesamtansicht des Stromaggregates APG-15.

Das Transportmittel des Stromaggregates APG-15 für die GRS 9, ein mittlerer Lkw ZIS-151 (oben), unten ein mittlerer Lkw ZIL-157 für die GRS 9A. Am Heck unter der Ladefläche befanden sich die ummantelten Kabeltrommeln.

EINE LETZTE FRAGE

Zum Schluss sollen hier Fragen zu nicht realisierten Plänen und Fragen zu Planungen der Ausrüstung der NVA mit Artillerietechnik nach 1990 behandelt werden.

Das für die Beschaffung neuer Kampftechnik mitverantwortliche Gremium im Warschauer Vertrag war der Militärisch Wissenschaftlich-Technische Rat (MWTR). Für die Ausrüstung bis 1995 war die 37. Tagung im April 1988 in Budapest von großer Bedeutung. Hier in Stichpunkten die wichtigsten Maßnahmen in Bezug auf Artilleriewaffen:

Bei der Artillerie ist vorgesehen, den Austausch veralteter Artilleriesysteme der Kaliber 76 bis 100 mm durch Geschütze der Kaliber 122 bis 152 mm und die Einführung moderner Panzerabwehrmittel fortzusetzen. In den Verbänden und Truppenteilen ist mit dem Austausch der Haubitzen D-20 und ML-20 durch moderne 152-mm Haubitzen MSTA-B sowie mit der Einführung der neuen Geschosswerfer URAGAN, GRAD-I (VRB) und PRIMA zu beginnen. Die Umrüstung der Artillerie-Regimenter der MSD und PD auf 152-mm Geschütze als Ersatz für die 122-mm Geschütze ist fortzusetzen. Die Umrüstung der Artillerieabteilungen der Mot.-Schützen- und Panzer-Regimenter auf die 122-mm SFL-Haubitze GWOSDIKA sowie der Granatwerfer-Batterien der Mot.-Schützen-Bataillone auf die selbstfahrenden 120-mm Granatwerfer PRAM-S und TUNDSCHA sowie auf die verlastbaren 120-mm Granatwerfer SANI und PRAM-L ist fortzusetzen. Zur Verstärkung der Panzerbekämpfung, insbesondere in der Verteidigung ist mit dem Beginn der Auffüllung der Panzerjäger-Regimenter mit 125-mm Panzerabwehrkanonen SPRUT zu beginnen.

Durch den Stellvertreter des Ministers und Chef Technik und Bewaffnung wurde im November 1989 eine *Analyse der Altersstruktur von ausgewählter Kampftechnik, Bewaffnung und Ausrüstung* und, daraus abgeleitet, *Aufgaben zur Aufrechterhaltung der Einsatzbereitschaft* vorgelegt.

Besonders ungünstig war die Altersstruktur bei jener Militärtechnik, die sich über 20 Jahre in Nutzung befand. Das betraf:

- 100 Prozent der 122-mm Haubitzen M-30
- 100 Prozent der 82-mm Granatwerfer 37/41 und 120-mm Granatwerfer 43
- 65 Prozent der 130-mm Kanonen M-46
- 45 Prozent der 122-mm Geschosswerfer BM-21

Zwei Drittel des Bestandes an 23-mm Fla-SFL 23-4 SCHILKA waren älter als 16 Jahre.

Die Pläne für die Entwicklung der NVA im Zeitraum 1990 bis 1995 sahen bescheidener aus. Die Einheiten, die mit der 122-mm SFL-Haubitze 2S1 ausgerüstet waren, sollten komplett bis 1995 mit dem Führungskomplex für die Feuerleitung 1W12-1 MASCHINA ausgerüstet werden.

Lediglich die 120-mm GW-SFL TUNDSCHA, vorgesehen zur Einführung ab 1988, war als völlig neues Waffensystem vorgesehen. Die Aufnahme von endphasengelenkter Munition für die 152-mm Haubitze D-20 und die 152-mm SFL-Haubitze 2S3M wurde Mitte 1989 als unumgänglich bewertet. Die Sowjetunion stellte bereits im April 1989 das lasergelenkte 152-mm Geschoss KRASNOPOL vor. Unter Berücksichtigung des eigenen Bedarfs (auch des möglichen Exportes) und der zu erwartenden Beschaffungskosten sollte die Möglichkeit einer eigenen Produktion dieses Geschosses geprüft werden. Für die Entwicklung des Laser-Zielsuchlenkkopfes sollte der VEB Carl Zeiss Jena gewonnen werden.

Auf der im April 1989 in Warschau durchgeführten 39. Tagung des Militär-Wissenschaftlich-Technischen Rates der Vereinten Streitkräfte kündigte die DDR in Auswertung der Militärdoktrin und der dazu getroffenen Entscheidungen über die Kürzung der Verteidigungsausgaben an, dass die Reduzierung folgender Zuführungen erfolgen wird: 30 (von162 bestellten) 122-mm SFL-Haubitzen 2S1, 36 (von bestellten 74) Geschosswerfern RM-70 und 35 (von bestellten 215) Flak ZU-23.

So sollte die Zukunft aussehen: Die 152-mm Haubitze MSTA-B (oben) und die 125-mm PaK SPRUT (unten).

Die Startrampe 9P140 und das Transport-Ladefahrzeug 9T452-1 gehörten zum Geschosswerfersystem URAGAN, beide nutzten den schweren Lkw ZIL-135 als Basisfahrzeug.

ABKÜRZUNGSVERZEICHNIS

AA	Artillerie-Abteilung
AR	Artillerie-Regiment
BG	Beton-Granate
Bg	Brand-Geschoss
BO	Batterieoffizier
EWZ	Ersatzteile, Werkzeug, Zubehör
FD	Flak-Division
Flak	Flugabwehrkanone
Fla-MG	Flugabwehr-Maschinengewehr
FLG	Fallschirmleucht-Geschoss
FuMS	Funkmess-Station
FR	Flak-Regiment
FRR	Fla-Raketen-Regiment
GAU-Index	bis 1956 Haupt-Verwaltung für Artillerie des Verteidigungsministeriums der UdSSR
Индексы оружин ГАУ	Главное артиллерийское управление -
GeW	Geschosswerfer
GeWA	Geschosswerfer-Abteilung
GeWR	Geschosswerfer-Regiment
GKdos	Geheime Kommandosache
GRAU-Index	ab 1956 Haupt-Verwaltung für Raketen und Artillerie des Verteidigungsministeriums der UdSSR
Индексы оружия ГРАУ	Главное ракетно артиллерийское управление -
GRS	Geschützrichtstation
GrW	Granatwerfer
GSSD	Gruppe der sowjetischen Streitkräfte in Deutschland
GT	Grenztruppen
HL	Hohlladungs-Granate
HL-SplG	Hohlladungs-Splitter-Granate
HL-WG	Hohlladungs-Wurf-Granate
HVA	Hauptverwaltung für Ausbildung
ID	Infanterie-Division
KH	Kanonen-Haubitze
KS	Kampfsatz
KVP	Kasernierte Volkspolizei
LaSK	Landstreitkräfte
LS	Leuchtspur
LSK/LV	Luftstreitkräfte/Luftverteidigung
LSR	Luftsturm-Regiment
MB	Militärbezirk
MD	mechanisierte Division
MdI	Ministerium des Inneren
MfNV	Ministerium für Nationale Verteidigung
MG	Maschinengewehr
MSB	Mot.-Schützen-Bataillon
MSD	Mot.-Schützen-Division
MSR	Mot.-Schützen-Regiment
MWTR	Militär-Wissenschaftlich-Technischer Rat
Pak	Panzerabwehrkanone
PD	Panzer-Division
PG	Panzer-Granate
Pzbg	Panzerbrand-Geschoss
PzbG	Panzerbrand-Granate
RG	rückstoßfreies Geschütz
RTA	Raketentruppen und Artillerie
SFL	Selbstfahrlafette
sMG	schweres Maschinengewehr
SplG	Splitter-Granate
Spl-SprBrG	Splitter-Sprengbrand-Granate
Spl-SprG	Splitter-Spreng-Granate
Spl-Sprg	Splitter-Spreng-Geschoss
Spl-Spr-WG	Splitter-Spreng-Wurf-Granate
Spl-WG	Splitter-Wurf-Granate
Sprg	Spreng-Geschoss
STAN	Stellenplan und Ausrüstungsnachweis
S/min	Schuss pro Minute
TLA	Truppenluftabwehr
UK	Unterkaliber-Granate
US-I	Unteroffiziersschule-I
VP	Volkspolizei
Zg	Zugmittel

WEITERE INTERESSANTE BÜCHER ZUM THEMA

In diesem Buch werden die gepanzerten Rad-Panzer und Spezialfahrzeuge des Militär-Transportwesens, der Nachrichten- und Pioniertruppen, des Kfz-Dienstes und des Militär-Bauwesens beschrieben, wie sie bis 1989 bei der NVA im Dienst standen.

160 Seiten, 301 Bilder, Format 210 x 280 mm
ISBN 978-3-613-04513-2
€ 24,90 / € (A) 25,60

Jörg Siegert stellt in diesem Band die Rad- und Kettenfahrzeuge vor, mit denen die NVA bis zur Integration in die Bundeswehr ausgerüstet war. Detailliert vorgestellt werden etwa 50 verschiedene Grundfahrzeuge und ihre Versionen.

160 Seiten, 229 Bilder, Format 230 x 265 mm
ISBN 978-3-613-04331-2
€ 19,95 / € (A) 20,60

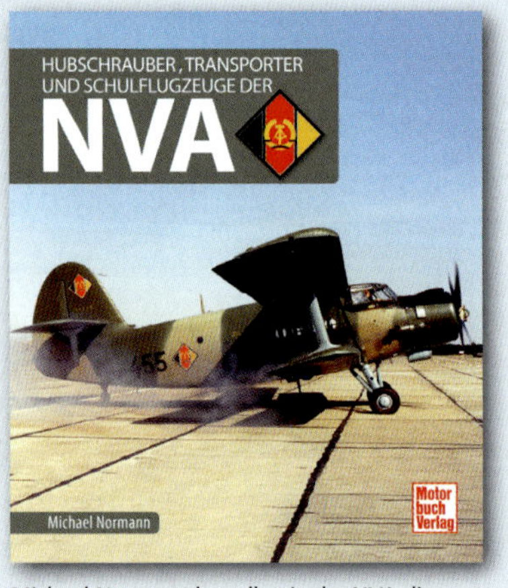

Michael Norman, der selbst in der NVA diente, stellt in diesem Band die Hubschrauber, Transporter und Schulflugzeuge der Nationalen Volksarmee im Detail vor – von der legendären AN-2 bis zum Kampfhubschrauber Mi-24.

192 Seiten, 180 Bilder, Format 230 x 265 mm
ISBN 978-3-613-04353-4
€ 24,90 / € (A) 25,60

Peter Kraus hat als Offizier die Entwicklung und Aufstellung des Fla-Ra-Komplexes S 200 »Wega« von Anfang an erlebt. In seinem Buch gibt er ein profundes und detailliertes Portrait dieser Waffe mit all ihren Besonderheiten wieder.

240 Seiten, 350 Bilder, Format 230 x 265 mm
ISBN 978-3-613-04212-4
€ 29,90 / € (A) 30,80

Leseproben zu allen Titeln auf unserer Internetseite

Stand März 2023
Änderungen in Preis und Lieferfähigkeit vorbehalten.

Überall, wo es Bücher gibt, oder unter
WWW.MOTORBUCH-VERSAND.DE
Service-Hotline: 0711 / 78 99 21 51

Motor buch Verlag